V&R

INTERDISZIPLINÄRE BERATUNGSFORSCHUNG

Herausgegeben von
Stefan Busse, Rolf Haubl, Heidi Möller,
Christiane Schiersmann

Band 9: Heidi Möller/Ronja Müller-Kalkstein (Hg.)
        Gender und Beratung

Heidi Möller / Ronja Müller-Kalkstein (Hg.)

Gender und Beratung

Auf dem Weg zu mehr Geschlechtergerechtigkeit in Organisationen

Vandenhoeck & Ruprecht

Mit 8 Abbildungen und 3 Tabellen

Bibliografische Information der Deutschen Nationalbibliothek

Die Deutsche Nationalbibliothek verzeichnet diese Publikation in der
Deutschen Nationalbibliografie; detaillierte bibliografische Daten sind
im Internet über http://dnb.d-nb.de abrufbar.

ISBN 978-3-525-40366-2

Weitere Ausgaben und Online-Angebote sind erhältlich unter: www.v-r.de

Satz: SchwabScantechnik, Göttingen
Umschlag: SchwabScantechnik, Göttingen
Druck und Bindung: CPI buchbücher.de GmbH, Birkach

Gedruckt auf alterungsbeständigem Papier.

Inhalt

Vorwort

Das Thema Geschlechtergerechtigkeit in Organisationen hat Hochkonjunktur. Diskussionen um Frauenquoten, Kampagnen für mehr Frauen in Aufsichtsräten, Strategien wie Diversity Management und Gender Mainstreaming prägen den gesellschaftlichen Diskurs. Aufgrund der demografischen Entwicklungen in Deutschland wird die Debatte zunehmend mit ökonomischen Argumenten geführt.

Dieser Band widmet sich der Frage, welche Rolle arbeitsweltbezogener Beratung auf dem Weg zur Geschlechtergerechtigkeit zukommt. Wie kann durch Supervision, Coaching oder Organisationsberatung das Querschnittsthema Geschlechtergerechtigkeit in die Organisationen getragen und ein Beitrag dazu geleistet werden, dass Männer und Frauen ihre Handlungsmöglichkeiten erweitern, sich für die eigene Wahrnehmung von Benachteiligung sensibilisieren und ihre jeweiligen Verwirklichungschancen nutzen? Welche Möglichkeiten zeigen sich uns in personaler Hinsicht, wenn es etwa um das geschlechtsrollenspezifische Selbstkonzept oder um Karriereorientierungen geht? Welche Möglichkeiten zeigen sich uns mit Blick auf bestimmte Lebens- und Arbeitssituationen, beispielsweise bezüglich hinderlicher und förderlicher Komponenten im beruflichen und privaten Umfeld oder bezüglich Fragen der Vereinbarkeit von Familie und Beruf? Wie scheinen diese in komplexen Beratungsprozessen auf? Wie kann Beratung auch Menschen für die Auseinandersetzung mit Genderthemen gewinnen, die sich ungern damit auseinandersetzen? Besonders Arbeitsteams oder Projektgruppen zeigen häufig unterschiedliche Grade der Durchdringung dieser Themen; was folgt daraus für die Beratungs- und Entwicklungsarbeit?

In den Curricula zur Weiterbildung von Berater_innen spielt die Genderthematik in dieser Tiefe häufig noch keine angemessene Rolle. Der Band soll ein Beitrag sein, um Gender in der Beratungspraxis und in der Qualifizierung von Berater_innen stärken ins Zentrum der Auseinandersetzung zu rücken. Die ersten Ergebnisse des Verbundvorhabens »GEnderMAINStreAMing. Veränderungen erreichen (GEMAINSAM)«[1] werden präsentiert, um auf ihrer Basis unterschiedliche Facetten

---

1 Das dieser Publikation zugrundeliegende Verbundvorhaben »GEnderMAIN
StreAMing. Veränderungen erreichen (GEMAINSAM)« wurde mit Mitteln

der Beratungsarbeit im Zusammenhang mit Geschlechtergerechtigkeit
zu fokussieren.

Der Band ist thematisch in drei Teile aufgeteilt. Im ersten Teil
Geschlechtergerechtigkeit im Kontext von GEMAINSAM fokussiert
Heidi Möller in ihrem Beitrag die Rolle, die Beratung auf dem Weg zu
mehr Geschlechtergerechtigkeit in Organisationen einnehmen kann.
Anhand der Schwerpunktthemen des Sprechverhaltens, der Karriere, der
Macht, des Wettbewerbs und der Proaktivität zeigt sie die Möglichkeiten
für mehr Geschlechtergerechtigkeit in Organisationen durch Coaching
von weiblichen Führungskräften auf. Zudem geht sie der Frage nach, ob
die Beratungsszene selber geschlechtergerecht ist.

Im Beitrag von *Martin K. W. Schweer und Robert P. Lachner* wird der
Begriff des Genderbewusstseins im Kontext theoretischen Verständnis-
ses des Verbundvorhabens erläutert und dessen Förderung als Ziel der
Beratungsarbeit herausgestellt. Infolge der Skizzierung der Wirkmecha-
nismen implizierter Beratungstheorien, fokussieren sie die Komponente
Vertrauen als Voraussetzung gelungener genderbewusster Beratung.

Julia Rohde und Nina Oelkers erläutern das Konzept von Geschlechtergerechtigkeit des Verbundvorhabens in Anlehnung an den Capability-Ansatz, auf dessen Rahmung die Konzeption der Schulungen des
Verbundvorhabens aufbaut, und nehmen eine theoretische Verortung der
Schulungsziele vor. Sie geben Einblicke in das methodische Vorgehen,
beschreiben die konkrete Umsetzung des Konzepts und erläutern den
Dreischritt Konstruktion–Rekonstruktion–Dekonstruktion am Beispiel
von Schulungsübungen.

Der letzte Beitrag in diesem Teilabschnitt trägt der Tatsache Rechnung,
dass im Verlauf des Verbundvorhabens die Identifizierung und Übersetzung von Vorteilen der Geschlechtergerechtigkeit für Männer bezie-
hungsweise für alle Geschlechter als Notwendigkeit für die Schaffung
von Geschlechtergerechtigkeit in Organisationen prozesshaft prägnanter
wurde. *Ronja Müller-Kalkstein* zieht für ihre Überlegungen Ergebnisse

─────────────

des Bundesministeriums für Bildung und Forschung und aus dem Europäischen Sozialfonds der Europäischen Union unter den Förderkennzeichen
01FP1151, 01FP1152, 01FP1153, 01FP1154 gefördert. Die Verantwortung für
den Inhalt dieser Veröffentlichung liegt bei den Autor_innen.
Der Europäische Sozialfonds ist das zentrale arbeitsmarktpolitische Förderinstrument der Europäischen Union. Er leistet einen Beitrag zur Entwicklung
der Beschäftigung durch Förderung der Beschäftigungsfähigkeit, des Unternehmergeistes, der Anpassungsfähigkeit sowie der Chancengleichheit und der
Investition in die Humanressourcen.

aus dem im Verbundvorhaben gewonnene qualitativen Datenmaterial heran.

Im zweiten Teil *Theoretische Rahmung der geschlechtergerechten Beratung* wird die Beratung im Kontext von gendertheoretischen Überlegungen behandelt.

Brigitte Schigl erläutert zunächst die Ordnungskategorie Gender in der Arbeitswelt sowie in Supervision und Coaching. Anschließend geht sie in ihrem Beitrag der Frage nach, welche Rolle die Geschlechtszugehörigkeit in Supervision und Coaching spielt, und setzt sich kritisch mit der Abbildung von Gender in supervisorischen Prozessen auseinander. Darüber hinaus erweitert sie das Konzept von »doing gender« um »doing gender while doing supervision«.

Um Mikropolitik als Aufstiegskompetenz für Frauen geht es im Beitrag von *Doris Cornils,* die zunächst Mikropolitik in Organisationen theoretisch aufbereitet und auf die Machtspiele im Management eingeht. Die Ergebnisse des Teilvorhabens »Mikropolitik: Aufstiegskompetenz von Frauen«, ein Teilvorhaben des Vorhabens »Aufstiegskompetenz von Frauen: Entwicklungspotentiale und Hindernisse auf dem Weg zur Spitze«, werden aufgezeigt und das Mikropolitik-Coaching für den Aufstieg von Frauen in Führungspositionen wird dargestellt und bewertet.[2]

Sabine Scheffler und Agnes Büchele stellen den Diskussionsstand zum Thema Geschlechterverhältnisse wieder und zeigen die Geschlechterdichotomie auf den Ebenen Gesellschaft, Organisation und Individuum. Sie fokussieren die Möglichkeiten, die sich durch genderspezifische Erfahrungsräume im Rahmen von Beratung auftun.

Der Beitrag »Ansätze der Geschlechterforschung« in Beratung und Coaching von *Elisabeth Tuider* erläutert zunächst theoretische Zugänge wie den Gleichheitsdiskurs, den Differenzdiskurs, den Konstruktivismus, den Dekonstruktivismus und schließlich die aktuellen Diskurse zu Diversity, Geschlecht und Intersektionalität. Elisabeth Tuider zeigt, dass sich die geschlechtertheoretischen Ansätze und auch die feministischen Handlungsstrategien verändert haben und geht der Frage nach, wie Handeln in diesem Kontext von Geschlecht und Beratung aussehen kann.

---

2 Das dieser Publikation zugrundeliegende Teilvorhaben »Mikropolitik: Aufstiegskompetenz von Frauen« (Universität Hamburg, Leitung Prof. Dr. D. Rastetter) war ein Teilvorhaben des Vorhabens »Aufstiegskompetenz von Frauen: Entwicklungspotentiale und Hindernisse auf dem Weg zur Spitze«, das mit Mitteln des Bundesministeriums für Bildung und Forschung und aus dem Europäischen Sozialfonds der Europäischen Union unter den Förderkennzeichen 01FP0831 und 01FP0841 gefördert wurde. Die Verantwortung für den Inhalt dieser Veröffentlichung liegt bei der Autorin.

Der dritte Teil *Praxeologie der geschlechtergerechten Beratung* beschäftigt sich mit der Operationalisierung von geschlechtergerechter Beratungsarbeit. So expliziert *Katrin Oellerich* in ihrem Beitrag die Trainingsplanung und Durchführung einer Gendermaßnahme im Kontext des Verständnisses des Verbundvorhabens. Dabei nimmt sie die Leser_innen an die Hand und durchläuft mit ihnen alle notwendigen Schritte anhand von Beispielen.

Astrid Schreyögg definiert in ihrem Beitrag Dual Career Couples und zeigt die typischen Probleme und Konflikte auf, wie beispielsweise die Verhandlung über die Aufgabenverteilung in der Familie oder über die Karrierebestrebungen der Partner_innen, mit denen sich Dual Career Couples auseinandersetzen müssen. Abschließend beschreibt sie die Unterstützungsmöglichkeiten dieser Paare und Familien innerhalb der Arbeitswelt und anhand von Coaching.

Gertrud A. Arlinghaus skizziert zuerst den aktuellen Diskurs zum Thema Geschlechtergerechtigkeit, um dann anhand von Studienergebnissen einer laufenden Studie den Tango Argentino als Medium zur Steigerung von Geschlechtergerechtigkeit zu fokussieren. Abschließend stellt sie zwei konzipierte Coaching Tools für den Transfer in Führungskräftetrainings dar.

Die Idee für diesen Band entstand in der Vorbereitungsphase des Fachforums »Geschlechtergerechtigkeit und Beratung«, das vom Lehrstuhl »Theorie und Methodik der Beratung« am Institut für Psychologie der Universität Kassel und dem »Zentrum für Vertrauensforschung« an der Universität Vechta in Zusammenarbeit mit der Deutschen Gesellschaft für Supervision e. V. (DGSv) im Rahmen des Verbundvorhabens »GEnderMAINStreAMing. Veränderungen erreichen (GEMAINSAM)« der Universität Vechta und der Universität Kassel veranstaltet wurde. Wir bedanken uns bei allen Beteiligten und Teilnehmenden sowie bei den Autorinnen und Autoren, die zum Gelingen dieses Buches beigetragen haben.

Heidi Möller und Ronja Müller-Kalkstein

Teil 1: Geschlechtergerechtigkeit im Kontext von GEMAINSAM

Heidi Möller

Die Bedeutung der Beratung für die Geschlechtergerechtigkeit in Organisationen

Vorbemerkungen

Die gesellschaftliche Entwicklung in Deutschland ist inzwischen soweit vorangeschritten, dass Geschlechtergerechtigkeit ein Thema ist, das keine Organisation mehr ignorieren kann. Externe und interne Beratung wird von Einzelnen, Gruppen, Teams und Organisationen im Profit- und Non-Profitbereich, in Verwaltung, Wirtschaft und im psychosozialen Feld genutzt, um die Effizienz der Arbeit zu erhöhen, um Personal- und Teamentwicklung zu betreiben, um Organisationsstrukturen zu opti-mieren und die fachliche und persönliche Entwicklung der Mitarbei-ter_innen zu fördern (vgl. Möller, 2012a).

Die Beratung bietet einen geschützten Reflexionsraum in Organi-sationen, und vor dem Hintergrund der »üblichen Verdächtigen«, wie Kühl (2008) die Determinanten des erhöhten Beratungsbedarfs nennt, ist die Nachfrage hierfür in den letzten Jahren gestiegen: die immense Komplexität der Organisationen, die kaum noch zu bewältigenden Ent-scheidungsanforderungen, die Tempoverschärfung, der technologische Fortschritt, die Entgrenzung der Arbeitswelt und schließlich die Glo-balisierung mit ihren Anforderungen und Krisen. All diese struktu-rellen Veränderungen haben zur Folge, dass sich das Verhältnis von Erwerbstätigkeit und Privatsphäre verschiebt. Den Arbeitskraftunter-nehmer_innen – schließlich verstehen sich auch Angestellte als Unter-nehmerinnen ihrer eigenen Arbeitskraft – wird immer mehr Flexibilität und Mobilität abverlangt. Die zeitliche und räumliche Entgrenzung der Arbeit hat zur Folge, dass über neue Arbeitszeitmodelle nachgedacht wird und die Arbeit nicht mehr an einen festen Ort gekoppelt ist. Das birgt einerseits Chancen, wie zum Beispiel Telearbeit für junge Eltern, andererseits aber auch Gefahren, wie zum Beispiel Überforderung durch ständige Erreichbarkeit. Viele junge Menschen befinden sich in pre-kären Arbeitsverhältnissen, befristeten Verträgen oder Projekten, was dazu führt, dass eine zusammenhängende Lebensgeschichte kaum noch geschrieben werden kann (vgl. Möller, 2010). Die Beratung greift diese Spannungsverhältnisse auf.

Folgt man der obigen sicherlich unvollständigen Aufzählung, erscheint Geschlechtergerechtigkeit als Querschnittsthema somit als omnipräsent – dann können Berater und Beraterinnen als Multiplikator_innen und Veränderungsagent_innen in den Unternehmen, den sozialen Dienstleistungsunternehmen, im Gesundheitswesen und der öffentlichen Verwaltung verstanden werden.

Wenn man über die Bedeutung der Beratung für die Geschlechtergerechtigkeit in Organisationen sprechen will, hat dieses Thema zwei Foki:
1. Was kann der Beitrag der Beratung im Prozess hin zu mehr Geschlechtergerechtigkeit in Organisationen sein?
2. Wie geschlechtergerecht ist die Beratungsszene selbst?

Was kann Beratung zur Veränderung der Geschlechterrollen und Stereotypen und damit zur Geschlechtergerechtigkeit beitragen?

»Doing Gender means creating differences between […] women and men, differences that are not natural, essential, or biological. Once the differences have been constructed, they are used to reinforce the‚essentialness' of gender« (Butler, 1990). Akzeptieren wir »Doing Gender« als sozialkonstruktivistisches Konzept, stellt sich die Frage, wie geschlechtsspezifisches Verhalten in Organisationen hergestellt wird. Im sozialen Kontext einer Organisation ist Geschlecht etwas, »das man tut, darstellt, fühlt und denkt und nicht etwas, was man im Sinne einer konstanten Persönlichkeitseigenschaft hat […]. Geschlecht ist ein interaktives situationsgebundenes Konstrukt« (Scheffler, 2005, S. 26). Somit ist auch die viel zitierte »gläserne Decke« eine, die durch Frauen (mit-)konstruiert wird. Dazu später mehr.

»Doing gender while doing work« ist omnipräsent. Täglich, zu jeder Stunde und Sekunde findet in der Arbeitswelt die normativen Aushandlung der Geschlechtskategorien statt. Überall herrscht die Normativität von Verhaltenserwartungen, zum Beispiel bei der Frage, was das angemessene Führungsverhalten von Frauen ist. Führungspositionen werden durch die Wunschwelt der Mitarbeiter_innen aufgeladen, und die Muster der Übertragung auf weibliche Führungskräfte unterscheiden sich massiv von denen männlicher Führungskräfte (vgl. Lohmer u. Möller, 2014; Möller, 2005).

Das Dilemma zwischen der Thematisierung der Konstruktion von Geschlechterdifferenzen und der geforderten und dringend erforderlichen Dekonstruktion geschlechtsnormativer Kategorien begleitet uns dabei im Bereich der Beratung genauso, wie es uns in der Forschung immer wieder in dieses Verhaltensdilemmata zwingt (vgl. Rohde und Oelkers in diesem Band). Um Bewusstheit über die Herstellung von Geschlechterdifferenzen in der Arbeitswelt herzustellen, müssen Forscher_innen und Berater_innen auf tradierte Klischees zurückgreifen und machen sich damit selbst »schuldig« am Weiterbestehen dieser Differenzen.

Die Erfordernisse der Beratung für Frauen in der Arbeitswelt sind inzwischen weitgehend akzeptiert, und in vielen Unternehmen werden entsprechende Angebote – wie Coaching für Nachwuchsführungskräfte – vorgehalten. Frauen erhalten durch organisationsinterne oder -externe Beratungsformate Unterstützung:

– für die Entwicklung von Bewusstsein, was das Besondere an ihrer Leistung ist;
– um ihre internale Kontrollüberzeugung zu erhöhen;
– um blinde Flecken in mikropolitischen Arenen auszuradieren;
– um bessere Strategien des Selfmarketing und der Selbstpositionierung zu entwickeln;
– um deutlich sagen zu lernen, was als nächster Karriereschritt gewünscht ist;
– ………

Auf dem Weg zu Geschlechtergerechtigkeit in Unternehmen sind allerdings Unterstützungsprogramme für Frauen stets in der Gefahr, Geschlechter-Stereotypisierungen zu perpetuieren – im Sinne von: *Die schwachen Frauen brauchen etwas Nachhilfeunterricht.* Auf der anderen Seite gibt es Unternehmen, die wir in der explorativen Phase unseres Vorhabens kennenlernen durften, in denen eben diese Empowerment-Programme dringend notwendig sind, zum Beispiel als Beratung von Frauen für den Aufstieg. Etwas weiter reichende Angebote greifen differenzierende Fragestellungen auf: Was können Vorgesetzte dafür tun, dass in die Aufstiegsdynamik mehr Frauen einsteigen, die zwar die gemeinsame Konstruktion der Geschlechterdifferenzen aktiv in den Blick nehmen, aber noch im Unterstützungsmodell haften bleiben (vgl. Mohr, 2012). Wann kann als Beratungsformat der Wahl ein Coaching in Frage kommen, das Phänomene der Männlichkeit reflektiert (vgl. Krell, 2004)?

Alle Vorgehensweisen dürfen nicht aus den Augen verlieren, dass das Ziel Geschlechtergerechtigkeit in einem Unternehmen mehr Entfaltungsmöglichkeiten für Männer *und* Frauen aufzeigt (vgl. Capability-Ansatz, Rohde und Oelkers in diesem Band).

Ein Ausweg aus dem Dilemma zur Frage des adäquaten Angebots mag die Orientierung an den Entwicklungsphasen von Organisationen sein, die

sich um die Frage des Entwicklungsstandes in Hinblick auf Geschlechtergerechtigkeit erweitern lässt (ein Konzept von Glasl u. Lievegood, 2004).
In der Pionierphase eines Unternehmens sind es einige Protagonist_
innen, die sich des Themas Geschlechtergerechtigkeit annehmen. Sie
haben erste Ideen, sehen Veränderungsbedarf und engagieren sich. Güns-
tigenfalls verfügen sie über ausreichende informelle Macht, so dass sie in
der Führungsebene und/oder Personalentwicklung Verbündete finden,
die ihre Anstrengungen unterstützen. Oftmals ist es aber nur ihrer Poten-
zialität als Changeagents geschuldet, inwieweit das Thema Geschlechtergerechtigkeit (oder jetzt noch Frauenförderung genannt), im Unternehmen Resonanz erfährt.

     In der Differenzierungsphase findet das Thema Geschlechtergerech-
tigkeit dann eine strukturelle Verankerung. Systematische Steuerung
von Gleichstellungsfragen bilden sich in Organigrammen ab. Rationale
Standardisierung wie zum Beispiel die Implementierung von Gleichstellungsbeauftragten greifen Raum, Formalisierungen wie zum Beispiel
die Rekrutierungspolitik werden unter Aspekten der Geschlechtergerechtigkeit betrachtet, Modelle des Equal Pay werden in die Unterneh-
mensstrategie aufgenommen. Spezialist_innen der Frage Geschlechtergerechtigkeit sind mit formaler Macht ausgestattet, und das Thema ist
verlässlich als Teil der internen und externen Unternehmenskommuni-
kation etabliert.

     Sprechen wir über die Stufe gelebter Geschlechtergerechtigkeit, so
ließe sich diese als Integrationsphase des Unternehmens skizzieren. Die
bisher gelebte Kultur wird reflektiert, und die Gefahr der Bürokrati-
sierung der Geschlechterfrage wird wahrgenommen. Da es einen funk-
tionsfähigen und eingespielten Apparat gibt, der stabil ist und routiniert
arbeitet, kann das Unternehmen es *sich leisten,* das Know-how zu vertiefen, Neues zu denken und starre Routinen wieder zu verflüssigen.
An die Stelle von Überformalisierung tritt in einer reifen Organisation
dann die gemeinsam getragene Haltung. Geschlechtergerechtigkeit ist
ein gemeinsamer Wert, der sich in den Kooperationsbeziehungen der
Mitarbeiter_innen abbildet, von der Führungsetage unterstützt wird
und die gemeinsame aktuelle und zukünftige Ausrichtung der Organisation bestimmt. Ein Prozess ist etabliert, der das stetige Ringen um
mehr Lebens- und Arbeitsmöglichkeiten für Männer und Frauen wie
selbstverständlich unterlegt.

     Aus unseren Daten ist deutlich ersichtlich, dass es Entwicklungs-
phasen von Organisationen entlang der Geschlechtergerechtigkeitsfrage
gibt. Wenn ein Unternehmen sich der Frage Geschlechtergerechtigkeit
überhaupt zuwendet, dann kann man schon von einem höheren Reife-
grad der Organisation sprechen. Wir starteten mit IT-Unternehmen, die

eine breite Bandbreite ihres jeweiligen Bewusstseinsgrades aufwiesen: von der Weigerung, das Thema Geschlechtergerechtigkeit überhaupt zur Kenntnis zu nehmen, bis hin zu Firmen mit elaboriertesten Angeboten im Sinne eines gezielten Sponsorings für Frauen, das die Platzierung von Frauen in Führungspositionen als einen zentralen Bestandteil in die Strategie des Unternehmens versteht und entsprechende Aktivitäten in die Zielvereinbarungen ihrer Mitarbeiter_innen verpflichtend aufnimmt (vgl. Möller u. Müller-Kalkstein, 2012).

Beratung kann sicherlich dazu beitragen, Geschlechtergerechtigkeit als Querschnittsthema in Organisationen zu etablieren, aber Berater_innen müssen bei ihren Angeboten den Entwicklungsstand der Organisation berücksichtigen, um anschlussfähig zu sein. Je nach Reflexionsgrad der Führungsebene und der Mitarbeiter_innen kann es um bloße Frauenförderung gehen oder es dürfen bereits *genderbewusstere* Konzepte bereitgestellt werden. Wir können den Entwicklungsstand eines Unternehmens mithilfe des im Verbundvorhaben entwickelten Diagnose-Instruments bestimmen und können deshalb passgenaue Angebote machen (vgl. Rohde und Oelkers sowie Oellerich in diesem Band). Wichtig ist, dabei zu berücksichtigen, dass unterschiedliche Subsysteme einer Organisation durchaus ganz unterschiedlich entwickelt sein können: Ist im HR-Bereich oder beim Marketing die Repräsentanz von Frauen kaum noch eine Frage, sieht es im Bereich von Forschung und Entwicklung oft ganz anders aus. Ganz im Sinne eines altbekannten Merksatzes aus der Pädagogik müssen die einzelnen Subsysteme eben genau da abgeholt werden, wo sie gerade stehen.

Die Möglichkeiten, die das Coaching weiblicher Führungskräfte bietet[1]

Folgen wir Schermuly (2014, S. 17), ist »Coaching ist ein sehr beliebtes Personalentwicklungsinstrument, was an verschiedenen Zahlen ablesbar ist. In der Europäischen Union arbeiten mehr als 20.000 Personen, die sich als Coaches bezeichnen. Dies macht ca. 45 % der weltweiten Berufsgruppe aus (International Coach Federation [ICF], 2012). Laut der Marktanalyse eines Coachingverbandes sind in Deutschland ca. 8.000 Coaches tätig, die zwischen 2006 und 2010 einen deutlichen Auftrags-

---

1 Teile sind folgendem Beitrag entnommen:Möller, H. (2012b). Sie kamen sahen und siegten – der lange Marsch der Frauen in Organisationen. In T. Giernalczyk, M. Lohmer, Das Unbewusste im Unternehmen (S. 91–110). Stuttgart: Schäeffer-Poeschel.

zuwachs zu verzeichnen hatten (DBVC, 2011)«. Coaching scheint den klassischen Trainings den Rang abzulaufen. Der kommerzielle Erfolg von Coachings scheint auch weiterhin gesichert. In einer empirischen Delphi-Studie über die Zukunft der Personalentwicklung in Deutschland (Schermuly, Schröder, Nachtwei, Kauffeld u. Gläs, 2012) zeigte sich, dass der zweithöchste Bedeutungsgewinn aller Personalentwicklungsinstrumente dem Coaching zugesprochen wurde.

Im Folgenden werden einige Möglichkeiten aufgezeigt, wie durch das Beratungsformat Coaching für weibliche Führungskräfte – und für die, die es noch werden wollen – Ansatzpunkte der Unterstützung hin zu mehr Repräsentanz von Frauen in höheren Hierarchieebenen zu finden sind.

Fokus Sprechverhalten

Nicht nur in der Körpersprache – auch in der verbalen Sprache der Frauen findet sich Konstruktion von Weiblichkeit. Frauen reden kürzer und seltener. Entgegen dem Klischee des weiblichen Redeflusses zeigen Untersuchungen weiblichen Sprechverhaltens, zum Beispiel in Einstellungsgesprächen oder Vorstellungsrunden zu Seminarbeginn (vgl. Trömel-Plötz, 1996): Frauen

– stellen mehr Fragen;
– kleiden auch Behauptungen in Frageform;
– gebrauchen häufiger »bitte«;
– nutzen häufiger Einschränkungen wie: »ich glaube«, »eigentlich«, »ziemlich«;
– lächeln mehr, lachen häufiger;
– zeigen mehr Aufmerksamkeitsreaktionen wie Blickkontakt oder verbale Einfügungen wie »ich verstehe«, »ach ja« etc.;
– sind körperlich zugewandter;
– gebrauchen häufiger Verniedlichungen und
– unterbrechen den Gesprächspartner seltener.

Typisch weibliches Sprechverhalten lässt dem Gesprächspartner oder der Gesprächspartnerin viel Raum und Entscheidungsfreiheit. Der weibliche Sprachstil nimmt jede Art von Bedrohung, zum Beispiel durch das Lächeln (vgl. Krumpholz, 2004). Frauen schaffen durch ihre Art zu sprechen eine lockere und freundliche Atmosphäre gerade auch im Umgang mit eher schüchternen oder ängstlichen Personen. Aber sie signalisieren durch ihre Freundlichkeit auch, es möge ihnen niemand böse sein und mit ihnen in Konkurrenz treten. Die (un-)bewusste Intention ist die

Vermeidung von Konflikten. Frauen schützen sich auf diese Weise vor Konfrontation mit Unterschiedlichkeit in den Positionen. Dies bedeutet auch die Verweigerung der Übernahme von Verantwortung für die Differenz in der eigenen Meinung. Ihre Bedürfnisse drücken Frauen oft recht indirekt aus, was auch als Schutz davor verstanden werden kann, Zurückweisung und Ablehnung ihrer Ideen zu erfahren. Nur allzu oft wird die Verwerfung einer Anregung als ein Nein gegen die gesamte Person gewertet.

Die Sprache der Männer ist zugespitzt eine andere (vgl. Krumpholz, 2004, S. 64 ff.):

– einfaches Auftrumpfen (das sollten Frauen in einer reinen Frauengruppe mal wagen!);
– sich mit Autoritäten schmücken (Namedropping);
– schlichte Drohungen;
– die eigene Wichtigkeit gnadenlos betonen;
– lange reden;
– dem Gegenüber bohrende Nachfragen stellen und Definitionen abfragen;
– Einschüchterungen;
– Belehrungen;
– anderen Unfähigkeit unterstellen und sich selbst als Experten loben;
– Unverständlichkeit und
– direkter Angriff auf den Gesprächspartner.

Die Frage, die sich auch wissenschaftlich für weibliche Führungskräfte stellt, ist die nach Henne und Ei: Ist die kommunikativ dominante Position der Männer darauf zurückzuführen, dass sie Männer sind, oder auf die Tatsache, dass sie über mehr Macht und Prestige verfügen (Krumpholz, 2004, S. 62)? Männer erreichen durch ihren Sprachstil Unabhängigkeit und Status, sagen sehr klar und direkt, was ihre Wünsche sind und haben kaum Schwierigkeiten mit Konfrontation und Statuskämpfen. Frauen hingegen sorgen eher für menschliche Nähe und festigen Beziehung durch Übereinstimmung. Die Tragik dieses Aspektes des Doing Gender ist, dass das höflichere, vorsichtigere Sprechverhalten von Frauen oft eine die männliche Hegemonie unterstützende Funktion hat. Das Sprechverhalten von Frauen trägt dazu bei, die Hierarchie zwischen den Geschlechtern ständig neu zu reproduzieren und zu stabilisieren.

Hier ist ein Teufelskreis beschrieben: Der weibliche Gesprächsstil wird in Richtung Schwäche interpretiert. Dies führt zu relativer Nachrangigkeit in kommunikativen Situationen und ergänzt das weibliche Geschlechtsrollenstereotyp. Frauen tragen also selbst zur Herstellung der eigenen Zweitrangigkeit bei. Selten schlägt sich eine Frau selbst für

den Vorsitz einer Kommission vor, bei Männern gibt es durchaus Selbst-
ernennungen (vgl. Derichs-Kunstmann et al., 1999). Frauen erklären sich
mit ihrer spezifischen Art zu sprechen für zuständig für das Klima des
Miteinanders, des Wohlbefindens aller. Männer sehen ihren Einsatz an
Stellen, wo es um strategische Planungen und Sachinhalte geht. Hier
kann Coaching Bewusstheit schaffen und konkret günstigeres Verhalten einüben.

Fokus Karriere

Im Gespräch mit weiblichen Studierenden über ihre Zukunftsentwürfe
ist die Orientierung auf Erfolg im Beruf inzwischen eine klare Zielperspektive. Zur Frage der Karriere hingegen reagieren sie meist recht
zögerlich. Hier mag die etymologische Herleitung hilfreich sein, denn
Karriere heißt zunächst nichts anderes als beruflicher Werdegang. Im
Alltagsverständnis wird aber unter dem Begriff Karriere fast immer
eine rasche Abfolge von Aufwärtsbewegungen in einem Unternehmen
gefasst: »Sie macht Karriere«, das heißt, sie bekommt mehr Status, mehr
Prestige, dokumentiert durch die entsprechenden Statussymbole wie
zum Beispiel: größerer Dienstwagen, größeres Büro, mehr Macht und
mehr Einkommen. Ein Karriereversprechen wird zudem als elementa-
rer Bestandteil eines psychologischen Vertrags zwischen den Mitarbeiterinnen und der Organisation verstanden, so dass Karriereaussichten
für besondere Belastungen wie Überstunden zu Lasten der Familie,
Urlaubsverkürzungen oder auch ungeliebte Aufgaben wie beispielsweise
Sanierung in Ostpolen entschädigen: »Die höchste Form der sozialen
Validierung von Selbstwertgefühl und Selbstanerkennung, die die Organisation zu vergeben hat, bleibt der hierarchische Aufstieg« (Popitz,
1992, S. 113). So geht es in der Beratung von Frauen vor allem darum, ihr
jeweiliges Karriereverständnis herauszuarbeiten und ihren spezifischen
Begriff von Karriere zu entwickeln.

Fokus Macht

Karriere in Organisationen lässt sich nicht ohne Macht denken. Krug
und Kuhl (2006, S. 109) zeigen in einem typischen Managementprofil
die hohe Bedeutung von Machtmotiven in Führungspositionen. Weber
(1980, S. 21) versteht Macht als »jede Chance innerhalb einer sozialen
Beziehung, den eigenen Willen auch gegen Widerstreben durchzusetzen,
gleichviel worauf diese Chance beruht«. So lässt sich die im Folgenden

beschriebene Aggressionshemmung sicherlich als ein Aspekt des nicht einfachen Verhältnisses vieler Frauen zur Macht annehmen. Es mag aber zudem die Gleichsetzung von Macht mit Machtmissbrauch sein, die Frauen vor der Machtfrage scheuen lässt. Frauen, die ins Coaching kommen, tun sich oft schwer, ihr Machtmotiv zu sehen und die mikropolitischen Konstellationen in ihren Organisationen wahrzunehmen (vgl. auch Cornils in diesem Band). Der Machtbegriff ist bei ihnen oft negativ konnotiert. Sozialisationsbedingt sind traditionell weibliche Machtstile im Wesentlichen durch indirekte Machtausübung gekennzeichnet: Macht der Mütterlichkeit, Macht durch Schwäche, Macht durch Leiden und moralisierende Verpflichtungen, Macht durch Liebesentzug, hinter dem Rücken Bündnisse schmieden, über andere schlecht reden, ein schlechtes Gewissen und/oder Schuldgefühle einreden etc.

Männer sind in ihrem Verhältnis zur Macht oft viel ungebrochener: Männer wollen Macht. Für sie ist Macht etwas Selbstverständliches. Sie haben einen positiven Machtbegriff. Frauen lehnen Macht oft ab. Für sie ist Macht etwas Böses. Sie haben somit einen negativen Machtbegriff. In Beratungsprozessen mit Frauen ist die Analyse der Biografie unter dem Aspekt der Macht und Einflussnahme zentral. Ziel ist die Erarbeitung eines eigenen Verständnisses von Macht, das mit der eigenen Werteorientierung kongruent ist. Fuchs-Brüninghoff (2009, S. 107) beschreibt einen Machtbegriff, den Frauen oft akzeptieren können, wenn sie ihnen vorschlägt, Macht zu verstehen als Ermächtigung. Als Kennzeichen von Macht notiert sie:

– Sie ist Lust, etwas zu bewirken – für sich, für die Gemeinschaft.
– Sie wird ausgeübt von Menschen mit sicherem Selbstwertgefühl.
– Sie beinhaltet Respekt vor dem Gegenüber.

Einen positiv besetzten Begriff der Macht zu entwickeln, ist in der Beratung zumeist der Schlüssel dazu, sich den notwendigen Auseinandersetzungen in der Organisation zu stellen.

Fokus Wettbewerb

Direkt die Konkurrenz zu suchen – das haben Frauen oft nicht gelernt. Buben lernen das »Sich-ins-Verhältnis-Setzen« wie selbstverständlich auf dem Schulhof. Aber Frauen fällt es oft schwer, im internen organisationalen Wettbewerb mitzuspielen oder die Konkurrenz gar aktiv zu suchen. Frauen konkurrieren selbstverständlich auch, aber zumeist sehr viel indirekter, versteckter, und das ist oft nicht zielführend. Frauen konkurrieren oft mit viel Angst: »Darf ich mehr Geld verdienen, mehr

gute Aufträge haben als mein Partner? Was geschieht mir dann? Verliere
ich gegebenenfalls seine Unterstützung und Zuneigung?« Die Angst vor
Einsamkeit ist es, die viele Frauen lieber gedrosselt und gebunden lässt.
»Friedfertig aus Angst vor Liebesverlust« hat Margarete Mitscherlich
(1985) dieses Phänomen genannt.

Erfolgreich sein heißt, anderen überlegen zu sein. Es entsteht eine
Differenz zu anderen Frauen und Männern, die für viele Frauen nicht
einfach zu ertragen ist. Männer entwickeln ihre Identität aber vor allem
über das »Sichunterscheiden«, Frauen eher über die Ähnlichkeit und
Bindung. Frauen wollen oft etwas Widersprüchliches und befinden sich
damit in einem Dilemma zwischen Partnerschaft und Ungleichheit. Der
Schritt zum Sowohl-als-auch gelingt häufig nicht.

»Männer haben es da einfacher: Sie wollen Ungleichheit und können
daher offen konkurrieren; sie kommen nicht in innere Konflikte, wenn
sie Spielregeln machen und auch durchsetzen; Konflikte mit anderen
riskieren sie« (Edding, 2001, S. 125). Männer arbeiten im beruflichen
Kontext (leider oft auch privat) mit der Dimension Überlegenheit und
Unterlegenheit, also mit Gefälle. Frauen hingegen geraten bei empfun-
dener Überlegenheit schnell in innere Not.

Fokus Proaktivität

Proaktivität wird im engen Zusammenhang mit Eigenverantwortung
und Eigeninitiative gesehen. Nach Crant (2000) »suchen Menschen mit
hoher Proaktivität Handlungsgelegenheiten, zeigen Initiative, um gegebene Situationen zu verändern und halten ihre Handlungsabsicht so lange
aufrecht, bis eine aus ihrer Sicht sinnvolle Veränderung erreicht ist« (zit.
nach Lang von Wins u. Triebel, 2012, S. 26). Im Gegensatz hierzu passen
sich Menschen mit wenig ausgeprägter Proaktivität eher passiv an neue
veränderte Rahmenbedingungen an, was allgemein reaktive Handlungsmuster nach sich zieht.

Die eigenen Ziele konsequent zu verfolgen, setzt einen Zugang zum
aggressiven Potenzial voraus (vgl. Möller, 2012). Nach der ursprünglichen Wortbedeutung von »aggredi« (lat.) heißt Aggression zunächst
einmal »herangehen, etwas unternehmen, beginnen, auf jemanden zugehen«. Ein Aggressionsbegriff, der den Drang nach Erkenntnis beinhaltet, aggressiv sein als neugierig sein, beharrlich sein, begehrlich und
widerspenstig sein versteht, macht es Frauen im Coaching leichter, sich
ihrer Aggressivität bewusst zu werden und diese konstruktiv zu nutzen.
Eine solche Vorstellung von Aggressivität beinhaltet auch den Wunsch,
sich zu unterscheiden, etwas in Angriff zu nehmen. Frauen erleben ihr

aggressives Potenzial häufig als ihnen äußerlich, fremd und böse. Sie entwickeln ihren aggressiven Regungen gegenüber weitaus mehr Schuldgefühle, als Männer dies tun. Versuchen sie, ihre aggressiven Impulse zu verleugnen, kostet es sie oft den Preis der Vitalität, Kreativität und letztlich auch des Erfolgs. Aggression ist ein unabdingbarer Faktor, das Leben bedürfnisgerecht zu gestalten. Geschlechtergerechtigkeit bedeutet auch, den männlich gestalteten öffentlichen Raum aktiv zu verändern und zu erobern. Die »Hälfte des Himmels« für sich zu beanspruchen, kann nicht nur friedlich vonstatten gehen. Im Coaching kann reflektiert werden, wie das »Edelmuts-Paradigma« den Verlust der Lebendigkeit und gesellschaftlichen Wirksamkeit nach sich zieht. Missverständliche Vorstellungen von Aggression machen es Frauen oft schwer, ihr weiblich aggressives Potenzial als ihnen zugehörig zu erachten. Folgen wir Dorsch (1994, S. 9) in seinen Definitionen: »Als Aggression bezeichnet man einen körperlichen oder symbolischen Angriff mit dem Ziel, Schaden zuzufügen« oder »jedes Angriffsverhalten, das die Steigerung der Macht des Angreifers und die Minderung des Angegriffenen zum Ziele hat«, so lässt sich eine Gleichsetzung von Aggression mit Destruktivität, Gewalt und Übergriff feststellen. Beide Verstehensweisen von Aggressivität schließen sich nahezu aus: Geht es in der ersten Definition um die Ausschaltung des anderen, geht es im ursprünglichen Wortsinn von Aggressivität um das Lebenlassen des anderen. Von Braun (1988) sieht hierin die unterschiedliche Bewertung männlicher und weiblicher Aggression.

Eine Möglichkeit, sich den zahlreichen im Text aufgeworfenen Fragen zu stellen, ist das Coaching für Frauen. Allein oder in einer Gruppe von Mitstreiterinnen können sie lernen, innere Erfolgsverhinderer zu bewältigen. Durch Imaginationsübungen und Probehandeln, durch Rückerinnerung und Vorwärtswendung finden sich Antworten auf die Fragen: Woher kommen die Karrierehemmungen? Und was für ein Kraut mag dagegen gewachsen sein?

Was kann in Gruppensettings getan werden?

Neben dem Coaching sind die Formate Supervision, Teamentwicklung und Teamcoaching in vielen Organisationen etabliert. Das Gruppensetting bietet den Vorteil, dass sie schlicht nicht ohne eine sich entfaltende Dynamik der Geschlechter denkbar ist. Im Hier und Jetzt des gemeinsamen Arbeitens geschieht Doing Gender, spielt die Frage der Geschlechtergerechtigkeit also immer eine Rolle. Implizit werden ständig Rollen verhandelt, formale und informelle Machtverhältnisse bekräftigt oder in Frage gestellt. Die vom Team hergestellte Gruppendynamik – kontextualisiert durch die Organisationsdynamik – ist von allen Beteiligten erlebbar und kann, wenn durch den externen Blick der Berater_in entsprechend konfrontiert und zur gemeinsamen Reflexion aufgefordert wird, in den Fokus der Aufmerksamkeit geraten. Die Wahrnehmung der sich entfaltenden Geschlechterdynamiken ist im gemeinsamen Erleben abgebildet und kann einer Veränderung in Richtung auf mehr Geschlechtergerechtigkeit zugeführt werden.

Eine junge, männliche Führungskraft nimmt sich allen Mut zusammen und beginnt zunächst zaghaft, sich über eine weibliche Mitarbeiterin, die aus der Elternzeit in Teilzeit in das Unternehmen zurückkehrte, zu beschweren. Sie sei nie vor 9 Uhr greifbar, ginge dann frühzeitig zum ausgedehnten Mittagessen und spätestens um 15 Uhr verließe sie ihr Büro. Das Aufgabenprofil der Mitarbeiterin in der internen Organisationsentwicklung sähe die Begleitung von Changeprozessen vor, die schlecht um 15 Uhr ein tägliches Ende nehmen könnten. Jeden Morgen verginge eine Stunde mit dem Update für die Mitarbeiterin. Alles, was die anderen bis in die späten Abendstunden entwickelten, müsse aufwendig kommuniziert werden und ab 14 Uhr erfolge dann die Übergabe, die auch fast eine Stunde dauere. Somit beliefe sich die Nettoarbeitszeit seiner Mitarbeiterin auf noch nicht einmal drei Stunden bei 75 % Bezahlung. Nicht nur er, sondern sein ganzes Team sähe in ihr nichts als eine Belastung, eine ineffektive Frau, die auf Kosten aller »mitgeschleppt« werden müsse. Er sei es leid, zudem die Potenzialträgerin von einst seit ihrer Mutterschaft seltsam verwandelt sei und kaum Initiative zeige, geschweige denn gute Impulse setze. Ein Muttertier halt. Er sei am Ende mit seiner Geduld, sähe aber keinerlei Spielraum, um die Situation zu entspannen. Im Zuge seiner Schilderungen nimmt er langsam Fahrt auf und wird immer ärgerlicher und zensiert seine Empfindungen kaum noch.
Aus beraterischer Sicht waren seine Schilderungen eine Glücksfall. Wie nun reagierte die Coachinggruppe, die zu zwei Dritteln aus Frauen bestand? Da es sich um eine reife Arbeitsgruppe handelte, fiel sie nicht über den »Macho« her. Es gelang im Sinne eines angemessenen Dialogs die Resonanzen auf die Problemlage des Kollegen im Suspending der unterschiedlichen Affekte und Einfälle gleichermaßen gültig im Raum schweben zu lassen. Niemand wollte Recht haben. Die Perspektiven der anwesenden Mütter: »Weißt du eigentlich, wie sehr man sich freut, einmal in Ruhe Mittag zu essen, wenn man die ganze Nacht die Kotze aufgewischt hat?«, konnten genauso geäußert werden, wie die Freude einiger Männer Ausdruck fand, dass nun endlich einmal Tacheles geredet würde.
Nachdem die unterschiedlichsten Perspektiven der Frauen mit und ohne Kinder, der Männer mit und ohne Führungsfunktion im Raum waren, konnte die Bearbeitung der Fragestellung mit einem instruktiven Beitrag einer anwesenden Personalentwicklerin enden, die den Falleinbringer auf differenzierte Möglichkeiten der Arbeitszeitgestaltung hinwies. Es sei nun ihr täglich Brot,

Modelle zu »erfinden«, die sowohl der komplexen Aufgabenerfüllung als auch der Teilzeitkraft dienten. Alle möglichen Ideen konnten durchdacht werden, und vor allem wurde klar, dass es zu den zentralen Aufgaben der modernen Personalentwicklung gehört, eben diese Adaptionen an Person und Aufgabe kreativ zu gestalten. Der Konflikt konnte entindividualisiert werden.

Voraussetzung der Wirkmächtigkeit gruppaler Beratungssettings in Hinblick auf mehr Geschlechtergerechtigkeit in Organisationen ist, dass es gelingt, einen wirklichen Dialog der Geschlechter zu entfalten. Dialog ist dabei nach Bohm (2008) oder Hartkemeyer et al. (2001) zu verstehen als mehr als ein einfaches »Darübersprechen«. Dialog ist gekennzeichnet durch vier wesentliche Prinzipien (zit. nach Giesecke: http://www.mythen-der-buchkultur.de/Mythen3D.htm):

– *Die Fähigkeit, die eigene (innere) Stimme in den Raum zu bringen (»voicing«):* »Die Fähigkeit, die Stimme in den Raum zu bringen, meint, sich der inneren Stimmen bewusst zu werden und davon das in den Raum zu bringen, was in den Vordergrund tritt: ›Was ist es, was ich meine, und wie sage ich das, was ich meine?‹ Es bedeutet, in der Unsicherheit, die vorhanden ist, der inneren Stimme nach außen Ausdruck zu verleihen und dabei für sein eigenes Denken einzustehen. Dazu gehört, Fragen nicht nur an andere, sondern auch an sich selbst zu stellen.

– *Die Fähigkeit des Zuhörens (»listening«):* Die Fähigkeit des Zuhörens bedeutet, sich innerlich leer zu machen und Raum zu haben, damit das, was der andere sagt, in einen selbst eindringen und so Resonanz erzeugen kann. Dabei geht es darum, nicht nur auf die Inhalte zu achten, sondern auch auf deren affektive Begleitung. Es bedeutet darüber hinaus, Fragen zu formulieren, die eine neue Sichtweise auf die Dinge ermöglichen, und diese Fragen in den Raum zu bringen, bevor Behauptungen aufkommen.

– *Die Fähigkeit zum Respekt (»respecting«):* Die Fähigkeit zum Respekt bedeutet, Personen und Funktionen wertschätzend zu begegnen. Wertschätzend meint, achtsam und aufmerksam zu sein und nicht nach inneren Bildern und Ordnungsvorstellung zu beurteilen, sondern zuerst einmal wahrzunehmen, was ist.

– *Die Fähigkeit, Gedanken in der Schwebe zu halten (»suspending«):* Die Fähigkeit, Gedanken in der Schwebe zu halten, ist die Fähigkeit, zwischen Beobachten und Bewerten zu unterscheiden, die Bewertung zeitlich zu verzögern und somit das Denken zu verlangsamen. Dabei lassen sich eigene Gedanken und Impulse beobachten. Sie in dcr Schwebe zu halten, meint, sie nicht zu unterdrücken und sie (noch) nicht in Aktion umzusetzen, sondern in diesem Zustand innezuhalten, um sie zu beobachten. Es geht auch um die Fähigkeit, unterschiedliche und widersprüchliche Aussagen zur gleichen Zeit im Raum zu lassen und dem Impuls zu widerstehen, sie in einen geordneten Zusammenhang zu bringen«.

Die Einhaltung dialogischer Prinzipien ist zur Frage der Geschlechtergerechtigkeit deshalb so bedeutsam, da der Geschlechterdiskurs massiv ideologisch überlagert ist. Um Veränderungen im Sinne der Nutzung aller Lebensmöglichkeiten durch Männer und Frauen zu erzielen (vgl. Rohde und Oelkers in diesem Band), muss es gelingen, aus der Normativität politisch korrekten Sprechens auszubrechen. Geschlechterdialog kann nur dann gelingen, wenn auch das schwer Ansprechbare, das politisch Unkorrekte (s. Fallbeispiel) verwörtert werden darf. Eine Entwicklung ist für Teams nur dann anzunehmen, wenn Dialog jenseits der sozial erwünschten Statements, die nicht mit innerer Resonanz einhergehen, durch die Facilitator_in (Dialogbegleiter_in) in der Rolle der externen Berater_in ermöglicht wird. Nur so kann es gelingen, latente und offensichtliche Machtfragen, die Ängste vieler Männer vor institutionellem (und auch privatem?) Machtverlust, die gegenseitige Stereotypenbildung sowie Urteile und Annahmen in Frage zu stellen. Beim Dialog sind die Teilnehmer_innen von einer Haltung des Lernens geprägt, die Offenheit schafft, es möglich macht, Ungewissheiten einzugestehen und den Raum öffnet, alte Denk- und Verhaltensmuster in Frage zu stellen (vgl. Hartkemeyer et al., 2001). Dialog findet dann statt, wenn sowohl aktiv und mitfühlend zugehört wird als auch gesagt werden kann, was den einzelnen Männern und Frauen in Bezug auf die Geschlechtergerechtigkeit wirklich am Herzen liegt. Dialog macht es möglich, die Entwicklung von Vielfalt im Rollenrepertoire von Frauen und Männern zu unterstützen, Genderkonstruktionen sichtbar zu machen und Genderdekonstruktionsprozesse einzuleiten, in denen sich Gruppen- und/oder Teammitglieder selbst beim Denken zuschauen. Stereotype, einsozialisierte Annahmen, Interpretationen und Bewertungen finden sich quasi automatisiert, als vorbewusste Muster in der Kommunikation im Unternehmen. Bewusstheit für Geschlechtergerechtigkeit herzustellen, einen offenen Austausch über Vorurteile, Zweifel und unterschiedliche Sichtweisen zu erreichen, sind die Ziele der gendersensiblen Beratung. Mit Hilfe einer erkundenden Haltung, mit Neugier und Achtsamkeit können neue Lernmöglichkeiten geschaffen werden. Die unterschwellig wirkmächtigen Geschlechterkonstruktionen, die die Interaktion in Organisationen prägen, können durch den dialogischen Prozess sichtbar gemacht und automatisierte Annahmen verändert werden.

In einer Teamsupervision einer psychosomatischen Klinik spricht eine junge Psychotherapeutin stets in der männlichen Form. Auf meine Intervention hin: »Meinen Sie auch die anwesenden Frauen?« ernte ich heftiges Nicken der älteren Kolleginnen und dagegen Unverständnis bei den eher jüngeren Mitarbeiter_innen wegen des Benennens einer derartigen Lappalie. Es entspinnt sich eine emotional aufgeladene Auseinandersetzung zwischen jungen und älteren Frauen. Diese erläutern ihren Jahrzehnte langen Kampf für die Gleichberechtigung und die Bedeutsamkeit, diese auch sprachlich zum Ausdruck zu bringen. Die jungen Mitarbeiterinnen halten dieses Unterfangen für einen alten Hut, darüber sei man doch längst hinaus. Sie sähen keinerlei Notwendigkeit, sich diesem Thema zu stellen. Die älteren Mitarbeiterinnen beginnen aufzuklären, fast zu missionieren. Im Laufe des Supervisionsprozesses konnten die Diskrepanzen in der Bedeutung des Themas Geschlechtergerechtigkeit für jede Einzelne gesehen zu werden. Zudem gelang es den Jüngeren, die Vorarbeit der älteren Kolleginnen wertzuschätzen, die es ihnen heute zumindest auf der unteren Stufe der Hierarchie im Gesundheitswesen möglich macht, recht uneingeschränkt ihre beruflichen Ziele zu verwirklichen.

Das Fallbeispiel zeigt die generationale Perspektive zum Thema Geschlechtergerechtigkeit auf, die eine weitere Dimension der Diversitythematik in Organisationen darstellt. Es zeigt auf der anderen Seite aber auch die Herausforderungen, denen sich Männer und Frauen in Organisationen stellen müssen. Diversity in Unternehmen zu leben – dieser Anspruch steht in fast jedem Leitbild, aber Gender-Diversity zu realisieren, ist nach wie vor »work in progress«.

Wie geschlechtergerecht ist die Berater_innenszene selbst?

Setzen wir einmal, dass »doing gender while doing work« unentwegt stattfindet, dann findet auch »doing gender while doing counseling« statt. Die horizontale und vertikale Segregation des Arbeitsmarktes, also die unterschiedliche Repräsentanz von Männern und Frauen in den Berufsbildern und der Geschlechter in der Hierarchie müsste sich auch in der Beratungsszene wiederfinden. Beratung wird ja nicht gesellschaftlich dekontexualisiert stattfinden, so dass sich strukturelle Bedingungen auch in Beratungsbeziehungen aufspüren lassen müssen.

Die Ausbildungssituation in Bezug auf das Coaching hat sich nach Einschätzung langjährig tätiger Weiterbildner_innen in den letzten 20 Jahren hin zu einem weiblichen Beruf entwickelt. Waren vor Jahren in den ersten Coaching-Ausbildungsgruppen überwiegend Männer vertreten, sind sie heute seltener, in Supervisionsausbildungen dominieren aktuell die Frauen. Die Genderthematik selbst spielt – wie Scheffler (2005) recherchierte – in kaum einem Ausbildungscurriculum eine fest verankerte Rolle. Es ist also dem Zufall überlassen, ob es behandelt wird. So kann es also sein oder ist sogar wahrscheinlich, dass jemand eine Beratungsausbildung oder ein Beratungsstudium verlässt, ohne sich selbstreflexiv mit Genderfragen auseinandergesetzt zu haben. Das muss sich ohne Zweifel ändern, denn sonst kann der so wichtige Transmissionsriemen Beratung keine Wirkung für mehr Geschlechtergerechtigkeit zeitigen.

Zur Klärung der Frage, ob es nicht in der Beratungsszene selbst eine gläserne Decke gibt, ist noch eine Menge Recherche von Nöten: Wer berät die Vorstände? In welchen Branchen finden wir welche Berater_innenverteilung? Die Sozialpsychologie zeigt, dass Sympathie nach Ähnlichkeit verteilt wird, Unternehmenseliten rekrutieren sich nach dem Ähnlichkeitsprinzip: »Männer kennen Männer und vertrauen Männern«, beschreibt Heiß (2011, S. 187) und das bestimmt vermutlich die Berater_innenauswahl. Männer bleiben gern unter sich, denn unter Seinesgleichen entsteht schnell Vertrauen. Ein Eigenbeispiel:Wie oft bin ich vor Neid zergangen, wenn meine männlichen Beraterkollegen in Kooperationsprojekten in endlosen Gesprächen über Autos die Rituale im Topmanagement bedienen konnten. Schnelle Identifikationsmuster greifen und stellen Nähe her, und ich konnte in letzter Not die Fußballkarte ziehen, um dem Phänomen des Ausgeschlossenseins zu entkommen. Dabei ist die Anpassung an Männlichkeitsrituale sicher keine zielführende Strategie.

Anschlussprojekte könnten sich zum Beispiel auch der Frage stellen, wer welche Honorare durchsetzt. Gibt es Equal Pay in der Beratung? Durch Mitgliederbefragungen der einschlägigen Berufsverbände ließe sich diese Frage beantworten. Die üblichen 22 % geringeren Verdienste für Frauen (https://www.destatis.de/DE/PresseService/Presse/Pressemitteilungen/2014/03/PD14_104_621pdf.pdf?__blob=publicationFil2) werden sich vermutlich auch in den Honorarverhandlung der Supervisor_innen, Coaches und Organisationsberater_innen niederschlagen. Die aus meiner Kenntnis bestbezahlten Supervisoren sind jedenfalls männlich.

Aber wie beraten denn nun Frauen und Männer die Frauen und Männer in Organisationen? Dazu finden wir eine dünne und zudem widersprüchliche Forschungslage vor. Pannewitz (2012) legt in ihrer Dissertationsschrift unter anderem eine Zusammenstellung der Datenlage vor. An dieser Stelle werden einige wenige Studien herausgegriffen, um den weiteren Forschungsbedarf zu skizzieren und die Notwenigkeit einer eingehenden Selbstreflexion der Berater_innen selbst herzuleiten. Dabei sind vor allem qualitativ vorgehende Prozessanalysen von Wichtigkeit.

Nelson und Holloway untersuchten 1990 Lehrsupervisionsgespräche inhaltsanalytisch anhand zweier Hauptkategorien: Macht und Beteiligung. »Zur inhaltsanalytischen Auswertung verwenden sie jeweils die mittleren 15 Minuten eines Gespräches. Dabei werden sowohl latente als auch manifeste Interaktionsebenen untersucht. Zu den beiden Hauptkategorien Macht und Beteiligung werden jeweils Gesprächselemente zugeordnet. Dadurch ergeben sich die Subkategorien ›high-power‹, ›low-power‹ sowie ›high-involvement‹. Unter High-power-Mitteilungen verstehen Nelson und Holloway Haltungen wie Kontrollieren, Initiieren bzw. Teilen. Unter Low-power-Mitteilungen verstehen sie aufgeben/sich fügen, sich enthalten, nach Worten bzw. einer Haltung suchen etc. Ihre Ergebnisse sind: (1) dass männliche und weibliche Supervisor_innen die High-power-Mitteilungen von Supervisandinnen entkräften, (2) dass sowohl männliche als auch weibliche Supervisor_innen Mitteilungen von Supervisandinnen weniger oft ermutigen als die von Supervisanden und (3) dass Supervisandinnen auf die Low-power-Mitteilung der Supervisor_innen ebenfalls mit Low-power-Mitteilungen reagieren und (4) dass Supervisandinnen signifikant weniger Mitteilungen mit High-power-Charakter bei den Supervisor_innen anregen als Supervisanden« (Pannewitz, 2012, S. 53).

Zwar bewegen sich Nelson und Holloway im Paradigma der zweigeschlechtlich konstruierten Geschlechterdifferenz, dennoch sind die Analysen bemerkenswert, da auf diese Weise gezeigt werden kann, wie sich gesellschaftliche Verhältnisse unmittelbar in der Beratungsinteraktion niederschlagen.

Granello, Beamish und Davis (1997) zeigen an ebenfalls in Lehrsupervisionssequenzen gewonnenen Daten, dass Supervisanden zum Beispiel zweimal so oft nach ihrer Meinung gefragt wurden als Supervisandinnen, unabhängig vom Geschlecht der Lehrsupervisor_innen. Dies ist deshalb so bemerkenswert, da es sich bei Lehrsupervisor_innen um reflektierte und erfahrene Praktiker_innen handelt, von denen eine geschlechtsnormative Gesprächsführung nicht erwartet wird. Es zeigt, wie (vorbewusst?) wirkmächtig die von Goffman (2001) beschriebenen unterschiedlichen Verhaltensweisen sind, die nach der Zuordnung eines Menschen zur männlichen oder weiblichen Klasse abgerufen werden.

Sells, Goodyear, Lichtenberg und Polkinghorne (1997) untersuchten das gleiche Setting und konnten für die Mann-berät-Mann-Dyade deutlich mehr Aufgabenbezogenheit als denn Beziehungsorientierung finden. Dies unterstreicht, dass andere Erwartungen an Männer und Frauen geknüpft werden und diese vermutlich durch automatisierte Verhaltensbereitschaft auch erfüllt werden.

Beratung läuft also durchaus geschlechtsnormativ ab, und das tut sie, obwohl, wie Aichholzer (2004) untersucht, Coaches sich im Selbstbericht als sensibel für Geschlechterfragen beschreiben. Geschlechterdynamiken in den zu beratenden Systemen werden also angenommen, aber die Berater_innen-Kund_innen-Interaktion davon ausgenommen.

Da das Beratungsgeschehen immer ein Interaktionsprozess ist, haben sich Erger und Molling (1991) der Fragestellung zugewandt, wie geschlechtsstereotypes Verhalten von Seiten der Ratsuchenden selbst hergestellt wird: Wer sucht sich welche Berater_in für welchen Zweck? Vorausgeschickt muss werden, dass alle untersuchten Berater_innen selbst einen Anspruch auf Gleichwertigkeit der proklamieren, der aber wohl im täglichen Tun nivelliert wird.

Frauen suchen sich einen männlichen Supervisor, damit keine geschlechtliche Konkurrenz befürchtet werden muss. Suchen sie für ihre Anliegen vor allem eine Vertrauensbeziehung und Orientierung, werden weibliche Supervisoren als Identifikationsfigur gewählt.

Männer wählen Männer wegen der zugeschriebenen höheren Konflikt- und Konfrontationsfähigkeit. Auch die Themenwahl zeigt einen Genderbias: Frauen behandeln mehr biografische Zusammenhänge und Team- und Beziehungskonflikte (vgl. Pannewitz, 2012, S. 62). Männer hingegen »legen mehr Gewicht auf eine sachliche Auseinandersetzung und fachliche Qualifizierung« (ebenda, S. 63). Conen (1993) zeigt, dass Supervisand_innen von Supervisoren und Supervisor_innen gleichermaßen hohe Kompetenz erwarten, sich aber von den Männern mehr Strukturiertheit und Ergebnisorientierung und von den weiblichen Beratern mehr Bestätigung und Anerkennung versprechen.

Diese kurzen Spotlights mögen an dieser Stelle genügen, um zu zeigen, dass nicht nur die Erwartungen an Berater und Beraterinnen eine Spielwiese wechselseitiger Konstruktion von Geschlechtsstereotypen sind, sondern auch das vorbewusste Beratungshandeln traditionellen Vorstellungen entspricht. Ernüchtert stellt Pannewitz (2012) in der Diskussion ihrer Arbeiten zum Geschlecht der Führung fest, dass selbst in Beratungsprozessen von in Gendermainstreaming ausgebildeten Berater_innen »keine offene Aushandlung von Geschlechternormen in der Interaktion stattfinden« (S. 352) Geschlechtsbezogene Einordnungen entziehen sich auf Seiten der Berater_innen wie Kund_innen der Kontrolle.

Setzten wir dieses Verhalten als nicht intentiert, wird deutlich, dass der Bedarf immens ist, beraterisches Handeln durch die Analyse von Bandaufzeichnungen und deren Reflexion in der Intervision und/oder Kontrollsupervision unter dem Aspekt Gender zu verstärken.

Literatur

Aichholzer, V. (2004). Systemisches Coaching und Gender: Eine Explorations-studie zu gender-spezifischen Faktoren im Coachingprozess aus der Sicht weiblicher und männlicher Coachs. Grin-Verlag.

Bohm, D., Nichol, L., Grube, A. (2008). Der Dialog: Das offene Gespräch am Ende der Diskussionen. Stuttgart: Klett-Cotta.

Braun, C. von (1988): Nicht Ich. Logik, Lüge, Libido. Frankfurt a.M.: Neue Kritik.

Butler, J. (1990). Gender Trouble: Feminism and the Subversion of Identity. Rout-ledge.

Derichs-Kunstmann, K., Auszra, S., Müthing, B. (1999). Von der Inszenierung des Geschlechterverhältnisses zur geschlechtsgerechten Didaktik. Bielefeld: Kleine.

Dorsch, F. (1994). Psychologisches Wörterbuch. Bern u.a.: Hans Huber.

Edding, C. (2001). Einflussreicher werden. Ein Bericht aus der Coaching-Werk-statt. OSC, 8 (2), 121–134.

Erger, R., Molling, M. (1991). Der kleine Unterschied: Frauen und Männer in Supervision. Hille: Ursel Busch Fachverlag.

Fuchs-Brünighoff, E. (2009). Machtverhalten zwischen Sucht und Lust. In P. Wahl; H. Sasse, U. Lehmkuhl (Hrsg.), Macht – Lust. Beiträge zur Indivi-dualpsychologie, Bd. 35 (S. 106–118). Göttingen: Vandenhoeck & Ruprecht.

Glasl, F., Lievegoed, B. (2004). Dynamische Unternehmensentwicklung. Grund-lagen für ein nachhaltiges Management (3. Aufl.). Bern: Haupt.

Goffman, E. (2001). Das Arrangement der Geschlechter. In E. Goffman, H. A. Knoblauch (Hrsg.), Interaktion und Geschlecht. Frankfurt a.M.: Campus.

Granello, D. H., Beamish, P. M., Davis, T. E. (1997). Supervisee empowerment: Does gender make a difference? Counseler Education and Supervision, 36, 4, 305–317.

Hartkemeyer, M., Hartkemeyer, J. F., Dhority, L. F. (2001). Miteinander Denken. Das Geheimnis des Dialogs (3. Aufl.). Stuttgart: Klett-Cotta.

Heiß, M. (2011). Yes, she can. Die Zukunft des Managements ist weiblich. Mün-chen: Redline.

Krell, G. (2004). Managing Diversity: Chancengleichheit als Wettbewerbsfaktor. In G. Krell (Hrsg.), Chancengleichheit durch Personalpolitik. Gleichstellung von Frauen und Männern in Unternehmen und Verwaltungen; rechtliche Regelungen – Problemanalyse – Lösungen (S. 41–56). Wiesbaden: Gabler.

Krug, J. S., Kuhl, U. (2006). Macht, Leistung, Freundschaft. Motive als Erfolgs-faktoren in Wirtschaft, Politik und Spitzensport. Stuttgart: Kohlhammer.

Krumpholz, D. (2004). Einsame Spitze – Frauen in Organisationen. Wiesbaden: Verlag für Sozialwirtschaft.

Kühl, S. (2008). Coaching und Supervision. Zur personenorientierten Beratung in Organisationen. Wiesbaden: VS Verlag für Sozialwissenschaften.

Lang von Wins, T., Triebel, C. (2012). Karriereberatung (2. Aufl.). Berlin: Springer.

Lohmer, M., Möller, H. (2014). Psychoanalyse in Organisationen. Psychoanalyse im 21. Jahrhundert. Stuttgart: Kohlhammer.

Mitscherlich, M. (1985). Die friedfertige Frau. Frankfurt a. M.: Fischer.
Mohr, G. (2012). Aufstiegskompetenz von Frauen. Entwicklungspotenziale
    und Hindernisse auf dem Weg zur Spitze. Handout Vorgesetztenverhalten,
    Universität Leipzig. Zugriff am 21.04.2014 unter http://www.google.de/
    search?client=safari&rls=en&q=gisela+mohr&ie=UTF-8&oe=UTF-8&gfe_
    rd=cr&ei=9eNUU_TaF87a8gehyYHoBg#q=gisela+mohr+aufstieg&rls=en,
Möller, H. (2005). Stolpersteine weiblicher Karrieren. Organisationsberatung,
    Supervision, Coaching, 3, 333–343
Möller, H. (2010). Beratung in der ratlosen Arbeitswelt. Göttingen: Vandenho-
    eck&Ruprecht.
Möller, H. (2012a). Was ist gute Supervision? Kassel: university press.
Möller, H., Hausinger, B. (Hrsg.) (2009). Quo vadis Beratungswissenschaft?
    Wiesbaden: VS-Verlag für Sozialwissenschaften.
Möller, H. (2012b). Sie kamen, sahen und siegten – der lange Marsch der Frauen
    in Organisationen. In T. Giernalczyk, M. Lohmer, Das Unbewusste im Unter-
    nehmen (S. 91–110). Stuttgart: Schäeffer-Poeschel.
Nelson, M. L., Holloway, E. L. (1990). Relation of gender to power and invol-
    vement in supervision. Journal of Counseling Psychology, 37, 4, 473–481.
Pannewitz, A. (2012). Das Geschlecht der Führung. Supervisorische Interaktion
    zwischen Tradition und Transformation. Göttingen: Vandenhoeck & Ruprecht.
Popitz, H. (1992). Phänomene der Macht. Tübingen: Mohr Siebeck.
Scheffler, S. (2005). »Frauenwelten – Männerwelten« in der Supervision. In Ver-
    bändeforum Supervision (Hrsg.), Die Zukunft der Supervision zwischen
    Person und Organisation. Neue Herausforderungen – Neue Ideen, 23–27.
Schermuly, C. C., Schermuly-Haupt, M.-L., Schölmerich, F. &Rauterberg, H.
    (2014). Zu Risiken und Nebenwirkungen lesen Sie … Negative Effekte von
    Coaching. Zeitschrift für Arbeits- und Organisationspsychologie, 58, 17–33.
Schermuly, C. C., Schröder, T., Nachtwei, J., Kauffeld, S., Gläs, K. (2012). Die
    Zukunft der Personalentwicklung. Eine Delphi-Studie. Zeitschrift für Arbeits-
    und Organisationspsychologie, 56, 111–122. doi: 10.1026/0932-4089/a000078
Sells, J. N., Goodjear, R. K., Lichtenberg, J. W., Polkinghorne, D. E. (1997). Rela-
    tionship of supervisor and trainee gender to in-session verbal behavoir and
    ratings of trainee skills. Journal of Counseling Psychology, 44 (4), 406–412.
Trömel-Plötz, S. (1996) Frauengespräche: Sprache der Verständigung. Frank-
    furt a. M.: Fischer.
Weber, M. (1980). Wirtschaft und Gesellschaft. Grundriss der verstehenden Sozio-
    logie. Tübingen: Mohr.

Martin K. W. Schweer und Robert P. Lachner

Vertrauen als Basisvariable genderbewusster Beratung

Einführung in den Problemkreis: Zu den Rahmenbedingungen zielführender Beratung

Gegenwärtige gesellschaftliche Prozesse, die oftmals mit Begriffen wie Heterogenisierung, Pluralisierung und Individualisierung umschrieben werden (s. etwa Peuckert, 2008), sind von einer Plastizität und biografischen Offenheit gekennzeichnet, welche individuelle und kollektive Handlungsoptionen zwar grundsätzlich vergrößern, gleichermaßen jedoch auch wachsende Herausforderungen implizieren. Solche Herausforderungen beziehen sich etwa auf die Wahl eines spezifischen Studiengangs, die persönliche Entscheidung zur Art der Berufsausbildung oder auch auf die Frage der Teilnahme an Fort- und Weiterbildungsveranstaltungen; Hitzler und Honer (1994) sprechen in diesem Zusammenhang mit Blick auf die private Lebensgestaltung sowie die eigene Bildungs- und Berufsbiografie von einer eigenverantwortlichen »Bastelexistenz«. Ursächlich für diesen Trend sind vor allem die gestiegenen Partizipationsmöglichkeiten am Bildungssystem (Bildungsexpansion) sowie die Notwendigkeit des lebenslangen Lernens vor dem Hintergrund zunehmender Anforderungen auf dem Arbeitsmarkt (»employability«). Hierbei spielen nicht-institutionalisierte Bildungsprozesse, also das informelle und selbstgesteuerte Lernen (bspw. arbeitsbegleitende und computer- bzw. netzbasierte Lernkontexte), eine immer größere Rolle für die eigene Bildungsbiografie (Schiersmann, 2010).

Diese Entwicklung führt auf Seiten der Akteur_innen oftmals zu gravierenden Unsicherheiten hinsichtlich der Fragen, inwiefern sie den Ansprüchen potenzieller Arbeitgeber_innen genügen, welche spezifischen Kompetenzen sie denn überhaupt vorweisen sollten und auf welche Art und Weise sie diese gegebenenfalls zielführend ausbauen können. Die diesbezüglichen Intentionen können vielfältig sein, sie tangieren Fragen des (Wieder-)Einstiegs in das Berufsleben (etwa nach familienbedingter Unterbrechung) ebenso wie einen Berufs- oder Arbeitsplatzwechsel, die Arbeitslosigkeit oder den beruflichen Aufstieg.

Demzufolge lässt sich ein wachsender Bedarf an professioneller Beratung als personenspezifische Orientierungshilfe für individualisierte Bildungs- und Berufsentscheidungen feststellen (Schiersmann, 2010). Die verschiedenen Beratungsanliegen sind hierbei stets eingebettet in die jeweilige Lebensgeschichte und -situation der Ratsuchenden, die es im Beratungsprozess hervorgehoben zu berücksichtigen gilt (s. etwa Brems u. Johnson, 1997). Mit Blick auf die skizzierte Zunahme sozialer Vielfalt (Pries, 2013) hat dies zur Folge, dass zum einen der Bedarf an passgenauer Beratung kontinuierlich steigt, gleichermaßen aber immer schwieriger zu realisieren ist. Vor allem in Bezug auf das zentrale Beratungsziel, Entwicklungschancen und -potenziale der Klient_innen optimal zu unterstützen und zu fördern (Lenz, 2004), werden dabei Fragen der sozialen Gerechtigkeit für den Beratungskontext umso dringlicher. Gerade die Wahrnehmung und Reflexion genderrelevanter Aspekte stellt in dieser Hinsicht einen ganz zentralen Faktor dar, verfügen Individuen doch aufgrund ihrer jeweiligen (beruflichen) Sozialisationserfahrungen über sehr unterschiedliche Bewusstseinsgrade für (geschlechterbedingte) Benachteiligungen und damit verbundene Handlungsoptionen, die sie zu entsprechenden Denk- und Handlungsmustern bewegen (Macdonald, Sprenger u. Dubel, 1997).

Für eine effektive Förderung dementsprechender Reflexionsniveaus im Sinne der Ausprägung des Genderbewusstseins ist in erster Linie die Initiierung vertrauensbasierter Beratungsprozesse unerlässlich: Vertrauen erfüllt fundamentale menschliche Bedürfnisse nach Sicherheit und Kontrolle und stellt eine wirksame Strategie zur psychologischen Risikominimierung dar (u. a. Schweer u. Thies, 2008), Vertrauen ist gleichermaßen Voraussetzung und Resultat erfolgreicher Beratung (zur Messbarkeit von Beratungserfolg siehe etwa zu Knyphausen-Aufseß, Schweizer u. Rajes, 2009). Die wenigen einschlägigen Forschungsbefunde weisen allerdings einerseits auf eine unzureichende Passung vertrauensbildender Strategien zu den jeweiligen Person-Situations-Konstellationen hin (siehe u. a. Back et al., 2011), andererseits wurde die Bedeutung von Vertrauen für den spezifischen Kontext genderbewusster Beratung bislang kaum systematisch untersucht.

In diesem Beitrag wird insofern skizziert, inwiefern Genderbewusstsein einen integralen Bestandteil zielgruppenspezifischer Beratungsarbeit darstellt und unter welchen Prämissen genderbewusste Beratung auf dem Fundament von Vertrauen gelingen kann. Hierzu wird ein differenzieller Beratungsansatz auf der Folie eines dynamisch-transaktionalen Paradigmas entfaltet, die daraus resultierenden Implikationen für die Beratungspraxis werden abschließend zusammenfassend diskutiert.

Genderbewusstsein – Annäherung an ein komplexes Phänomen

Die Berücksichtigung von »Gender« ist für eine gelingende Beratungs-arbeit in zweierlei Hinsicht von besonderer Bedeutung:

a) Es ist eine Diagnosekompetenz dahingehend erforderlich, ob und inwiefern genderrelevante Aspekte für die gegenwärtige Situation der jeweiligen Klient_innen in den Blick zu nehmen sind.

b) Es ist eine Interventionskompetenz dahingehend erforderlich, inwie-fern zur Unterstützung der Klient_innen genderrelevante Maßnah-men zu ergreifen sind (bspw. Stärkung des Vertrauens in die eige-nen Fähigkeiten und Fertigkeiten der Klient_innen oder Aufzeigen von Ansprechpartner_innen für Diversity respektive Gleichstellung innerhalb der Organisation, in welcher die Klient_innen tätig sind).

Für beide Aspekte ist demgemäß sowohl auf Seiten der Beratenden als auch seitens der Klient_innen Genderkompetenz als das »Wissen über das Entstehen und die soziale Konstruktion von Geschlechterrollen und Geschlechterverhältnissen (Doing Gender), Fähigkeit zur Reflexion von (eigenen) Geschlechterrollenbildern und zur Anwendung von Gender (Gender Diversity) als Analysekategorie im beruflichen und Organisa-tionskontext« (Blickhäuser u. Bargen, 2005, S. 11) erforderlich, um über den Abbau von Stereotypen und Vorurteilen sowie über die Öffnung der eigenen Perspektive für eine Vielfalt von Handlungsmöglichkeiten (zum Capabilities-Ansatz siehe den Beitrag von Rohde und Oelkers in diesem Band) benachteiligungssensible und karrierefördernde Handlungsmuster auf Seiten der Klient_innen zielführend unterstützen zu können.

Die Förderung des Genderbewusstseins als Ergebnis eines subjekti-ven Erkenntnis- und Anerkennungsprozesses wird demnach hinsichtlich der spezifischen Zielvorstellungen und Potenziale, aber auch bezogen auf die damit verbundenen Probleme von Personen in den verschiede-nen Lebensrealitäten, zum Kernziel der Beratungsarbeit. Genderbe-wusstsein umfasst insofern die individuelle Wahrnehmung, Erklärung und Bewertung der jeweiligen Chancen und Barrieren aller Geschlech-ter in sozialer, ökonomischer und politischer Hinsicht. In der Folge sollen Denk- und Handlungsmuster angestoßen werden, die idealiter auf die Herstellung von Geschlechtergerechtigkeit zielen. So könnte etwa eine Beraterin geringe berufliche Aufstiegschancen ihrer Klien-tin wahrnehmen, diesen Umstand negativ beurteilen und ihn durch mangelnde Förderung weiblicher Angestellten seitens der Führungs-kräfte erklären, um vor dem Hintergrund dieser Einschätzung schließ-lich im Zuge des Beratungsprozesses Überlegungen zur Überwindung des Status Quo anzustoßen. Wie dieses Beispiel bereits erkennen lässt, ist eine auf das Genderbewusstsein ausgerichtete Beratung immer auch mit normativen Komponenten dahingehend verbunden, welche Denk- und Handlungsmuster denn als genderbewusst aufgefasst werden. Grundsätzlich zeichnet sich ein stark ausgeprägter Reflexionsscore zum Genderbewusstsein durch die Berücksichtigung und Anerkennung der Vielfalt von Lebensrealitäten in den kognitiven und behavioralen Strukturen aus. Ein hohes Maß an einer solchen lebensvielfalt-orientierten kognitiven Komplexität (zum Konzept siehe etwa von Eye, 1999) ist somit die Voraussetzung für die Realisierung dementsprechender Handlungsoptionen.

Dem dynamisch-transaktionalen Paradigma (s. etwa Mischel, 2004; Wirth, Stiehler u. Wünsch, 2007) folgend, stellt individuelles Genderbewusstsein das Ergebnis einer fortwährenden, komplexen Wechselwirkung potenzieller Einflüsse in der subjektiven Auseinandersetzung einer Person mit seiner psychologischen Umwelt dar (Schweer, 2009; siehe a. Vaske u. Schweer, 2011). In Anlehnung an das Modell BELA-M (Abele, 2002) werden dabei Ausbildung und Grad des Genderbewusstseins als ein zirkulärer Prozess in einem sozialisationsgeprägten Handlungsrahmen betrachtet.

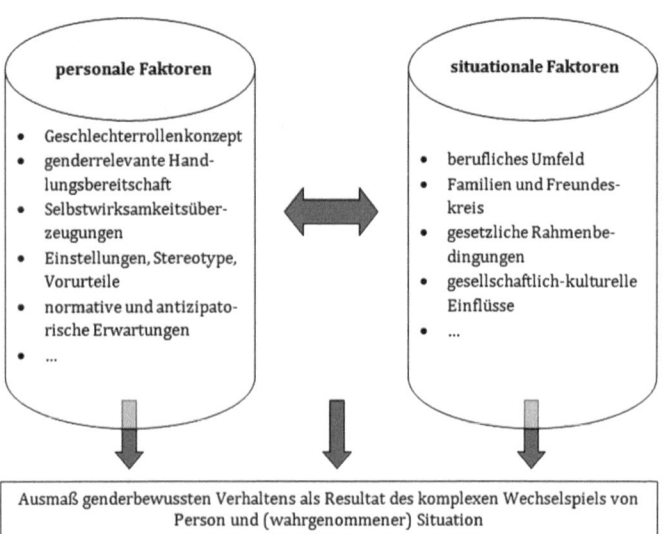

Abbildung 1: Genderbewusstsein aus dynamisch-transaktionaler Perspektive

Wie in Abbildung 1 veranschaulicht, stellen auf personaler Seite Geschlechterrollenkonzepte, die genderrelevante Handlungsbereitschaft, Selbstwirksamkeitsüberzeugungen, Einstellungen, Stereotype und Vorurteile sowie normative und antizipatorische Erwartungen hervorgehobene kognitive Elemente für die Entwicklung des individuellen Genderbewusstseins dar. Im Wechselspiel dieser Faktoren mit der individuellen Wahrnehmung der jeweiligen Umgebungsfaktoren (etwa Ausgestaltung des beruflichen Umfeldes, Familienkonstellation, Freundeskreis, gesetzliche Rahmenbedingungen, gesellschaftlich-kulturelle Einflüsse) zeigt sich schließlich die Ausprägung genderbewussten Verhaltens.

Wirkmechanismen impliziter Beratungstheorien

In Bezug auf eine passgenaue Beratung orientiert sich das Genderbewusstsein, wie soeben skizziert, also eben nicht an der biologischen Zweigeschlechtlichkeit (»Frau« und »Mann«), sondern vielmehr an der differenziell-psychologischen Diskrepanz, die sich als Ergebnis dieses komplexen Wechselwirkungsprozesses in der Beratungssituation manifestiert. Auf diese Weise wird auch der Gefahr entgegengewirkt, dass sich etwaige stereotyper Schemata und Vorurteile als manifeste Denkstrukturen in dem Prozess etablieren (»der Berater«/»die Klientin«). Eine Ausrichtung des beraterischen Handelns an dieser Grundprämisse impliziert eine Ausrichtung an genderrelevanter Vielfalt im Beratungsprozess. In der Folge hängt der Beratungserfolg ganz entscheidend von den normativen (und daraus resultierenden antizipatorischen) Erwartungen seitens der Berater_innen und Klient_innen ab, die mit ihrer jeweiligen Vorstellung von »idealen Beratungspersonen« respektive »idealen Klient_innen« verbunden sind. Die Bedeutung der Erwartungen seitens der Klient_innen für den Beratungserfolg ist mittlerweile hinreichend empirisch belegt (s. etwa Dew u. Bickman, 2005; Greenberg, Constantino u. Bruce, 2005).

Im Zuge der »impliziten Beratungstheorien« werden in Anlehnung an das Konstrukt der impliziten Persönlichkeitstheorien (s. bereits Bruner u. Taguiri, 1954; Riemann, 2006; Wolfradt, 2008) mehrere Merkmale zu übergeordneten Merkmalsgruppen (Stereotype) zusammengefasst, die auf diese Weise entstehenden Denkmuster repräsentieren individuell angesammeltes Wissen und sind das Ergebnis aller Erfahrungen und Erwartungen darüber, wie Persönlichkeitszüge bei anderen Menschen miteinander verbunden sind. Analog dazu dienen auch implizite Beratungstheorien der Komplexitätsreduktion und der Wahrnehmungsstrukturierung der

Beratungsbeziehung, sie setzen überwiegend im Anfangskontakt den Grundstein für die weitere Beziehungsentwicklung (Schweer, Petermann u. Egger, 2013). Als diesbezüglich ausschlaggebend haben sich in der Forschung zu den impliziten Persönlichkeitstheorien die klassischen Kategorien der Triple-Oppressions-Theory (Geschlecht, klassenspezifische und ethnische Zugehörigkeit; siehe zusammenfassend u. a. Knapp, 2005) sowie altersbezogene Zuschreibungsmuster (s. bereits Butler, 1969) erwiesen.

Vielfach wird im Zuge dieser Eindrucksprozesse die Variable »Geschlecht« mit weiteren Eigenschaften assoziiert, wodurch die Entstehung geschlechtstypischer Benachteiligungstendenzen zum Teil erklärbar wird: So wird das Merkmal »weiblich« eher mit einer vergleichsweise geringen Führungskompetenz in Verbindung gebracht, während das Merkmal »männlich« mit der Eigenschaft einer höheren Führungskompetenz verbunden wird (von Rennenkampf, 2004). Erfolge von Frauen im beruflichen Kontext werden verstärkt mit Fleiß und Engagement, Erfolge von Männern hingegen mit Kompetenz und Fähigkeit erklärt (Kozuruba, Peus u. Streicher, 2006).

Solche geschlechtstypischen Kategorisierungen werden beim Blick in die mitunter sehr widersprüchliche Befundlage auch für den Beratungskontext salient: So bevorzugen Frauen häufiger Beraterinnen, wenn Probleme im familiären Umfeld eine Rolle spielen (Blume, 2006). Dazu durchaus in Einklang steht die Annahme von Klientinnen, dass der Vertrauensaufbau zu Beraterinnen leichter gelinge, während Berater als väterliche Unterstützung aufgesucht werden. Männer hingegen präferieren Berater, da sie ihnen eine höhere Konfliktfähigkeit zuschreiben, sich eher mit ihnen identifizieren können und Beraterinnen ihnen eher ambivalent erscheinen (Erger u. Molling, 1991). Auf die Einschätzung des grundsätzlichen Fähigkeitsniveaus von Berater_innen hat ihr Geschlecht für die Klient_innen zwar keinen Einfluss (Sells et al., 1997), Bestätigung und Anerkennung werden jedoch verstärkt Beraterinnen, Ergebnisorientierung und Strukturiertheit eher Beratern zugeschrieben (Conen, 1993).

Umgekehrt wird Männern von Berater_innen ein höherer kommunikativer Gestaltungsspielraum zugebilligt, sie werden als Klienten auch öfter nach ihrer Meinung gefragt, während Berater_innen eher den von Klientinnen eingebrachten Ideen nachkommen (Granello, 2003). Die Mehrheit der in der Studie von Aichholzer (2004) befragten Berater_innen unterscheidet in Bezug auf die Beratungsanlässe zwischen Themen, die bevorzugt von Frauen bzw. primär von Männern ausgehen: Berater_innen schreiben Beziehungsprobleme, Fragen der Vereinbarkeit von Familien und Beruf, Mobbing und sexuelle Belästigung eher Klientinnen zu; Schwierigkeiten mit der eigenen Führungsrolle und Karriereplanungen seien eher männlich besetzte Beratungsthemen.

Angesichts dieser Befunde wird überaus deutlich, dass Geschlechternormen im Beratungsprozess auf beiden Seiten der Interagierenden wirksam werden und somit den Beratungsverlauf entscheidend prädeterminieren können. Die implizite Koppelung des Merkmals »Geschlecht« mit weiteren, insbes. eben psychologischen Eigenschaften negiert dabei die soziale Vielfalt der beteiligten Akteur_innen, zumal einige der genannten Effekte mit dem Alter der Interaktionspartner_innen verbunden sind (Granello, 2003). Differenzielle Beratung wird aber erst ermöglicht durch die Sensibilisierung für die komplexen interindividuellen Ausprägungen des Genderbewusstseins der Klient_innen entlang personaler und situationaler Faktoren. Eine solche Ausrichtung der Beratung erfordert neben der bereits skizzierten Diagnose- und Interventionskompetenz hinsichtlich genderrelevanter Inhalte eben vor allem auch die Reflexionsfähigkeit und -bereitschaft hinsichtlich eigener stereotyper und geschlechtstypischer Denk- und Handlungsmuster, um auf dieser Grundlage die Selbstreflexion auf Seiten der Klient_innen hinsichtlich derer geschlechtstypischer Vorstellungen und Erwartungen überhaupt zielführend initiieren zu können. Zur Förderung dieser Kompetenzen sind entsprechende Rückmeldungen seitens der Klient_innen, gerade aber auch Feedback im Rahmen von Fort- und Weiterbildungsmaßnahmen (u. a. kollegiale Fallberatung, Fortbildung und Workshops) unerlässlich (s. Abbildung 2).

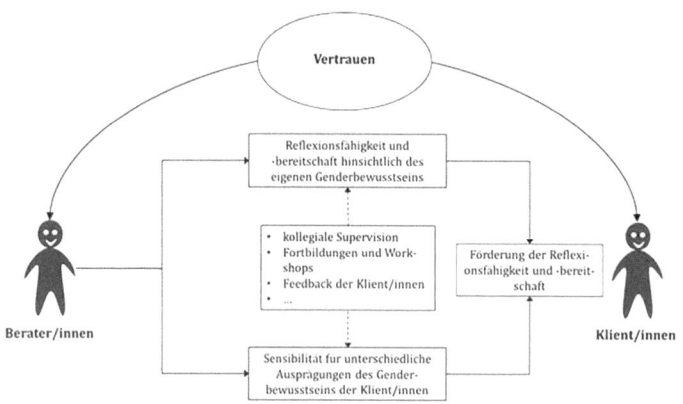

Abbildung 2: Vertrauen als zentrale Moderatorvariable genderbewusster Beratung

Bezüglich der Herausforderungen ebendieses Kompetenzerwerbs ist jedoch zu bedenken, dass differenzielle Beratungsprozesse nur auf dem

Fundament einer vertrauensvollen Beziehungsqualität gedeihen können – der Vertrauensaufbau wird jedoch nicht selten aufgrund einsei-
tiger Vorstellungen und impliziter Beratungstheorien gehemmt, weil
aktivierte geschlechtsstereotype Schemata wechselseitig mit individuellen Erwartungen an ein vertrauensvolles Gegenüber interagieren. Die
Vertrauensentscheidung wird also im Rahmen einer stereotypisierten
Wahrnehmung von Berater_innen und Klient_innen von generalisierten
Geschlechtsetikettierungen und eben nicht auf der Folie persönlicher
Kompetenzen respektive Schwächen moderiert.

Vertrauen als Kernmerkmal gelingender Beratungsarbeit

Korrelate von Vertrauen im Beratungsprozess

In zahlreichen Studien hat sich die Beziehung zwischen Klient_in und
Berater_in als wichtigster Prädiktor für die Effektivität von Beratung
erwiesen (s. etwa Cormier u. Hackney, 2008; Martin et al., 2000; Nestmann, 2004; Sanders, 2004), wobei die Komponente des Vertrauens eine
besonders notwendige Voraussetzung »guter« Beratungsarbeit darstellt
(s. etwa Naudé u. Buttle, 2000; Ravizza, 1988).
    Für eine große Bandbreite an Beratungsformen, die von sportpsycho-
logischer bis hin zu klinischer Beratung reichen, sind die Korrelationen
gelingender interpersonaler Beziehungen ungeachtet der heterogenen
theoretischen und methodischen Zugänge empirisch belastbar: Überein-
stimmend wird die hohe Bedeutung von Vertrauen insbes. für die entscheidende Anfangsphase hervorgehoben, seitens der Klient_innen führt
Vertrauen im Sinne des Erlebens subjektiver Sicherheit zu einem Anstieg
an Compliance (Schwab, 1997), anfängliche Bedenken oder Ängste werden reduziert (s. bereits Caterinicchio, 1979; Tiefel, 2011). Vertrauen
ist zudem Resultat gelingender Beziehungsarbeit und steht insofern in
positivem Zusammenhang mit der wahrgenommenen Zufriedenheit ein-
geleiteter Interventionsmaßnahmen (Petermann, 1997).
    Mit Blick auf das Feld der Organisationsberatung trägt Vertrauen
dazu bei, die Effizienz und Qualität von Arbeitsprozessen zu erhöhen
und Kosten zu minimieren, auf individueller Ebene fördert Vertrauen
in Organisationen Arbeitszufriedenheit, Leistungsverhalten und Com-
mitment. Demzufolge steht Vertrauen in engem Zusammenhang mit
persönlichem Wohlbefinden und Motivation, aber auch mit einer ver-
stärkten Innovationsbereitschaft und -fähigkeit (s. etwa Bissels, 2003;

Graeff, 1998; Krause u. Klöhn, 2002; Schweer, 2012; Schweer u. Siebertz-Reckzeh, 2013; Sonntag u. Spellenberg, 2005).

Kernmerkmale der Etablierung von Vertrauen in der Beratungsarbeit

Wenngleich Vertrauen die subjektive Sicherheit darstellt, »[…] sich in die Hand anderer Personen oder auch Institutionen begeben zu können« (Schweer, 1999, S. 2), ist mit Vertrauen als Entscheidung gegen Kontrolle zugleich stets ein Risiko verbunden (doppelter Risikobezug). Ein gewährter Vertrauensvorschuss kann missbraucht, ein Wagnis somit enttäuscht werden. Die diesbezügliche »Investition« im Sinne eines Vertrauensvorschusses ist für die Klientel in Beratungssituationen ganz erheblich, sind ihre Anliegen doch oftmals von subjektiv sehr hohem Gewicht. Vor diesem Hintergrund ist es gerade in der Anfangsphase des Kontaktes sehr wichtig, dass Berater_innen entsprechende Vertrauensvorleistungen initiieren und von sich aus einen schützenden Rahmen schaffen. Andererseits wird aus der Perspektive der Berater_innen nicht selten das Risiko wahrgenommen, Erwartungen ihrer Klient_innen nicht erfüllen und auf diese Weise einen Reputations- und Vertrauensverlust erleiden zu können (s. etwa Haubl, 2012).

Angesichts dieser Überlegungen stellt die Etablierung einer wechselseitigen, tragfähigen Vertrauensbeziehung im Zuge des Beratungsprozesses ein elementares Ziel für den Erfolg der Beratung dar; dies schon allein deshalb, da Individuen aufgrund der Norm der Gegenseitigkeit (s. etwa Gouldner, 1984) erwarten, dass ihre Interaktionspartner_innen das diesen entgegengebrachte Vertrauen erwidern und dadurch ihre eigene Vertrauenswürdigkeit unter Beweis stellen. Nach dem Prinzip der kleinen Schritte (s. bereits Neidhardt, 1979) und wegen der Asymmetrie der Beziehung (u. a. Bürgi u. Eberhart, 2004) sollten anfängliche Signale des Vertrauens seitens der Berater_innen ausgesendet werden, wobei sich diese stets vergewissern müssen, dass ihre Zeichen auch bei der Klientel angekommen sind. Dies ist insbes. im Zuge des Anfangskontaktes relevant, bei dem im Sinne erster Sympathie oder Antipathie (s. etwa Fiske u. Neuberg, 2008), aber auch aufgrund der skizzierten Unsicherheit der Ratsuchenden besonders hohe Sensibilität besteht und ein selektiver Wahrnehmungsfilter aktiviert wird, welcher den weiteren Beziehungsverlauf prädeterminiert. Insofern ist in diesem Zusammenhang bereits die Außendarstellung von sich (und ggf. der eigenen Organisation) auf Seiten der Berater_innen von Bedeutung, denn für einen potenziellen Vertrauensvorschuss ist der Ruf respektive das Urteil »Dritter« vor allem im Zuge der Neukundengewinnung entscheidend (Kleinert u. Wippich, 2012; Schwab, 1997); in dieser Hinsicht sind also Komponenten personalen und systemischen Vertrauens miteinander konfundiert. Eine besonders wichtige Herausforderung liegt mit Blick auf die Beraterkompetenzen zudem in der adäquaten Wahrung des Verhältnisses von Nähe und Distanz, dabei ist vor allem Sensibilität gegenüber der Gefahr erforderlich, dass sich destruktives »blindes« Vertrauen bei Klient_innen aufbaut, bei welchem unkritisch und im Sinne der Abgabe eigener Verantwortlichkeit die erforderliche eigene konstruktive Entwicklung im Beratungsprozess signifikant gefährdet wird (zur Nähe-Distanz-Problematik siehe etwa Dörr u. Müller, 2012).

Unter Bezug auf die differenzielle Vertrauenstheorie (u. a. Schweer, 1996, 2008) stellt sich ferner die Frage, welche personalen Merkmale denn im Sinne impliziter Vertrauenstheorien für den Beratungsprozess von hervorgehobener Bedeutung sind, da ja die subjektive Wahrnehmung des Beratungserfolgs zu einem erheblichen Teil mit dem wahrgenommenen Vertrauen in der beraterischen Beziehung verbunden ist (s. bereits Partington u. Orlick, 1987) und bereits die Beratungsbereitschaft mit der zugeschriebenen Vertrauenswürdigkeit korreliert (Lopez et al., 1998). Mit Blick auf das Geschlecht scheinen nach wie vor Stereotypisierungsprozesse zugunsten von Männern gegeben zu sein: So gelangt Deters (1995, S. 244) zu der Schlussfolgerung, »[…] dass der Kommunikationsmodus Vertrauen implizit Frauen als soziale Gruppe selektiert. Frauen erfüllen danach grundsätzlich nicht die Voraussetzung für die Vertrauensbildung«. Erger und Molling (1991) können hingegen zeigen, dass Klientinnen auf Grund der zugeschriebenen Vertrauenswürdigkeit eher Beraterinnen präferieren.

Unter Rückgriff auf Studien zur Beziehungsqualität in (psycho-)therapeutischen Beziehungen sowie im Kontext sportpsychologische Betreuung orientiert sich die wahrgenommene Vertrauenswürdigkeit professioneller Akteur_innen vor allem an den Merkmalen »Glaubwürdigkeit«, »Wohlwollen« respektive »Uneigennützigkeit«, »Wertschätzung«, »Respekt« und »Diskretion« (Corrigan et al., 1980; Fifer et al., 2008; Piechotta, 2008).

Hinsichtlich der Vielfalt an Beratungsformen können hierbei jeweils unterschiedliche Akzente gesetzt werden: Die Bereichsspezifität der impliziten Vertrauenstheorien zeigt sich an dieser Stelle überraschenderweise darin, dass die aus anderen Kontexten hinlänglich bekannte Komponente der wahrgenommenen (Fach-)Kompetenz bislang noch nicht als bedeutsam für den Vertrauensaufbau in der Beratung bestätigt werden konnte (so etwa in der neueren Arbeit von Kleinert u. Wippich, 2012, zu den prototypischen Merkmalen vertrauenswürdiger sportpsychologischer Berater_innen). Ferner wird insbes. im Kontext der Arbeits- und Organisationsforschung immer wieder der sicherlich auch für Beratung evidente Stellenwert eines offenen, ehrlichen und integren Umgangs betont (s. etwa Laucken, 2003; Mayer, Davis u. Schoorman, 1995; Neubauer, 1997).

Rahmenbedingungen vertrauensbasierter Beratung

Neben den diskutierten Antezedenzien personaler Art sind auch die situationalen Rahmenbedingungen der Beratung für die Vertrauensentwicklung in der Beziehung zwischen Berater_innen und ihrem Klientel zu berücksichtigen (s. zusammenfassend Abbildung 3): Vertrauen resultiert aus dem komplexen Zusammenspiel personaler und situationaler Komponenten (Schweer, 1996).

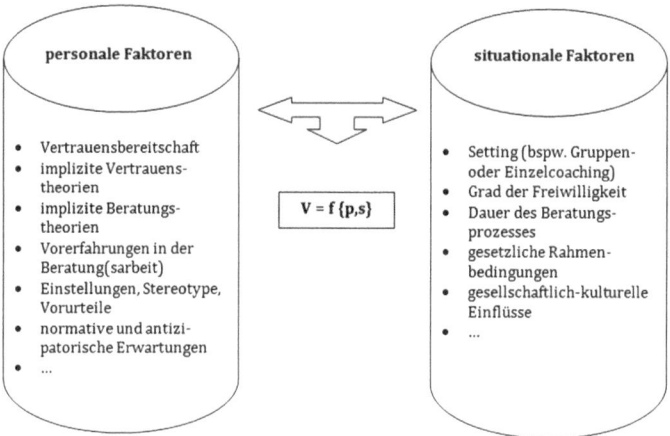

personale Faktoren

- Vertrauensbereitschaft
- implizite Vertrauens-
  theorien
- implizite Beratungs-
  theorien
- Vorerfahrungen in der
  Beratung(sarbeit)
- Einstellungen, Stereotype,
  Vorurteile
- normative und antizi-
  patorische Erwartungen
- ...

$$V = f\{p,s\}$$

situationale Faktoren

- Setting (bspw. Gruppen-
  oder Einzelcoaching)
- Grad der Freiwilligkeit
- Dauer des Beratungs-
  prozesses
- gesetzliche Rahmen-
  bedingungen
- gesellschaftlich-kulturelle
  Einflüsse
- ...

Abbildung 3: Rahmenmodell eines differenziellen Beratungsansatzes

So kann das Setting der Beratung zwar sehr unterschiedlich wahrgenommen werden, in der Regel wird die Vertrauensgenese jedoch in der durch Intimität gekennzeichneten Variante der Einzelberatung begünstigt. Umgekehrt erschwert das Setting der Gruppenberatung durch die Anwesenheit anderer die Arbeit an sehr persönlichen Anliegen, die für Vertrauen so wichtige offene Kommunikation (s. bereits Baskin u. Aronoff, 1980) wird hierdurch gefährdet. Darüber hinaus dürfte die Fülle an Anliegen die Möglichkeit, intensiv auf die jeweiligen Bedarfe einzu-

gehen, im Vergleich zur Einzelberatung massiv erschweren. Schließlich
besteht sogar das Risiko einer gegenseitigen Behinderung der Gruppen-
mitglieder und der damit in Zusammenhang stehenden Ablehnung der
Beratungsperson (s. etwa Rauen, 2005).

Der Aufbau einer vertrauensbasierten Beratung wird überdies durch
einen (wahrgenommenen) Zwang gehemmt, umgekehrt begünstigt ein
hohes Maß an Freiwilligkeit eine positive Vertrauensentwicklung. Beratung wird jedoch nicht selten auf unfreiwilliger Basis initiiert, dieses
gilt für eine Vielzahl psychotherapeutischer oder sozialpädagogischer
Interventionen (Thiersch, 2004) ebenso wie für interne Coaching-Maß-
nahmen, innerhalb derer Führungskräfte eine Teilnahme ihrer Mitarbei-
ter_innen oftmals erwarten oder sogar anordnen (Traska, 2011). Gerade
in diesen Situationen ist es ausschlaggebend, dass Anker des Vertrauens von den Berater_innen (immer wieder neu) gesetzt werden. Das
Gewähren von Vertrauen wird umso dringlicher, als dass der Aspekt
der Unfreiwilligkeit oftmals mit dem der asymmetrischen Beziehungs-
struktur verbunden ist: Das Beratungsparadoxon respektive -dilemma
liegt demzufolge darin, dass einerseits eine symmetrische Beziehung
als unstrittige Prämisse erfolgreicher Beratung gilt (s. etwa Grimm,
2003; zit. n. Bamberg, 2009), Beratung andererseits jedoch unter dem
dyadischen Blickwinkel »Helfende–Hilfesuchende« zu betrachten ist
(Schwab, 1997).

In Bezug auf die Dauer des Beratungsprozesses können ebenfalls
Vertrauenshürden entstehen, speziell bei zeitlich (oftmals bereits im
Vorfeld) sehr limitierten Beratungsprozessen sind die Möglichkeiten des
Vertrauensaufbaus beschränkt und die Gefahr ausgeprägter, dass sich
die Interaktionspartner_innen von stereotypen Vorstellungen bzw. im
Zuge des Anfangskontaktes gebildeten Eindrücken leiten lassen. Eine
diesbezügliche Sensibilisierung und Reflexion bei Berater_innen ist dem-
entsprechend in solchen Konstellationen umso wichtiger, aber auch die
Schärfung des Bewusstseins auf beiden Seiten für Möglichkeiten und
Grenzen einer solchen Beratungssituation.

Dieses Bewusstsein für Möglichkeiten und Grenzen gilt last but not
least auch für weitere Regelungen und Rahmenbedingungen, die von
außen auf den Beratungsprozess einwirken (etwa gesetzliche oder organisationale Einflüsse). Es ist eine dringliche und vertrauensfördernde
Aufgabe für Berater_innen, Einflüsse dieser Art offen und deutlich transparent zu machen, aber eben auch die im Zuge der Beratung gegebenen
Handlungsspielräume und Optionen. Auf diese Weise lassen sich Ent-
täuschungen aufgrund falscher Erwartungshaltungen, gleichermaßen
jedoch auch external ausgerichtete Verantwortlichkeitszuschreibungen
vermeiden, welche die Effektivität der Beratung (unnötig) gefährden.

Fazit

Die bisherigen Ausführungen lassen erkennen, wie stark auch der Beratungskontext von kategorisierenden, vereinfachenden Denk- und Handlungsmustern geprägt ist, implizite Beratungstheorien spielen diesbezüglich eine hervorgehobene Rolle. Wenngleich sich in der Forschung keine einschlägigen Hinweise für einen bedeutsamen Einfluss des Geschlechts (ebenso wenig wie für das Alter) auf die Wirksamkeit von Beratung finden lassen (s. zusammenfassend Bamberg, 2009), führt aber dessen subjektive Koppelung mit beratungs(erfolgs-)relevanten Komponenten zu ebendiesem Einfluss. Trotz oder gerade wegen häufig wahrgenommener Überforderung (Zeitdruck, hohe Fallzahlen, ungünstige organisationale Rahmenbedingungen usw.) haben professionelle Berater_innen die Verantwortung, sich kontinuierlich ihren subjektiven »Verzerrungsfallen« mit Blick auf genderrelevante Komponenten zu stellen, diese also kritisch zu reflektieren und zu überdenken. Nur auf diese Weise lässt sich differenzielle Beratung im Sinne einer (größtmöglichen) Kompatibilität zwischen den Kompetenzen der Berater_innen auf der einen und der individuellen Ausgangslage der Klientel auf der anderen Seite herstellen (s. Abbildung 4).

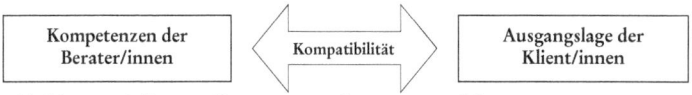

Abbildung 4: differenzieller Ansatz und Beratungserfolg

Beratungsarbeit impliziert von daher essenziell, sich immer wieder offen und jeweils neu in dem Prozess der Beratung aktiv um den Anderen zu bemühen und sich nicht primär von automatisierten, routinisierten Handlungsstrategien leiten zu lassen.

Gerade im Zuge dieses hohen Anspruchs schafft die Etablierung von Vertrauen Sicherheit und fördert somit die Sensibilität für die Unterschiedlichkeit von Personen und Situationen. Hieraus resultierende Interaktionsprozesse schaffen Raum für komplexere Denk- und Handlungsmuster, gerade auch auf der Ebene der impliziten Beratungstheorien, und führen somit zu einer Kompetenzsteigerung von Berater_innen.

Vertrauen als Voraussetzung genderbewusster Beratung basiert dabei auf einem Fundament ethisch-moralischer Werte und Einstellungen, es darf niemals strategisches Mittel zum Zweck sein. Vielmehr lassen sich vertrauensbasierte Beratungsprozesse im Rahmen eines professionellen »Arbeitsbündnisses« insbes. durch unbedingte Wertschätzung, Wohlwollen, Authentizität, Diskretion, die Herstellung von Partizipationsmöglichkeiten seitens der Klient_innen sowie Transparenz, gegenseitigem Respekt und Loyalität fördern (s. a. Schweer, 2012; Thies, 2010). Zudem sollte wegen des oftmals sehr heterogen ausgeprägten Genderbewusstseins der Klientel eine differenziell-psychologische Diagnose im Einzelfall (gleichermaßen auf Person-, Gruppen- oder Organisationsebene) den Ausgangspunkt für die Auswahl von Interventionsmaßnahmen darstellen. Erste Ergebnisse hierzu finden sich im Verbundvorhaben »GenderMAINStreAming. Veränderungen erreichen (GEMAINSAM)«[1], in dem zur Ermittlung individueller bzw. kollektiver Reflexionsscores zum Genderbewusstsein ein Diagnoseinstrument entwickelt wurde, mit dessen Hilfe zielgruppenspezifische Interventionsmaßnahmen realisiert werden können (s. den Beitrag von Oellerich in diesem Band).

Literatur

Abele, A. E. (2002). Ein Modell und empirische Befunde zur beruflichen Laufbahnentwicklung unter besonderer Berücksichtigung des Geschlechtsvergleichs. Psychologische Rundschau, 53 (3), 109–118.

Aichholzer, V. (2004). Systemisches Coaching und Gender: Eine Explorationsstudie zu gender-spezifischen Faktoren im Coachingprozess aus der Sicht weiblicher und männlicher Coaches. München und Ravensburg: Grin Verlag.

Back, M. D., Baumert, A., Dennissen, J. A., Hartung, F.-M., Penke, L., Schuckle, S. C., Schönbrodt, F. D., Schröder-Abé, M., Vollmann, M., Wagner, J., Wrzus, C. (2011). PERSOC: A unified framework for understanding the dynamic interplay of personality and social relationships. European Journal of Personality, 25, 90–107.

Bamberg, E. (2009). Beratung in der Arbeits- und Organisationspsychologie. In P. Warschburger (Hrsg.), Beratungspsychologie (S. 205–232). Wiesbaden: Springer.

---

1 Das dieser Publikation zugrundeliegende Verbundvorhaben »GenderMAIN StreAming. Veränderungen erreichen (GEMAINSAM)« wurde mit Mitteln des Bundesministeriums für Bildung und Forschung und aus dem Europäischen Sozialfonds der Europäischen Union unter den Förderkennzeichen 01FP1151, 01FP1152, 01FP1153, 01FP1154 gefördert. Die Verantwortung für den Inhalt dieser Veröffentlichung liegt bei den Autor_innen.
Der Europäische Sozialfonds ist das zentrale arbeitsmarktpolitische Förderinstrument der Europäischen Union. Er leistet einen Beitrag zur Entwicklung der Beschäftigung durch Förderung der Beschäftigungsfähigkeit, des Unternehmergeistes, der Anpassungsfähigkeit sowie der Chancengleichheit und der Investition in die Humanressourcen.

Baskin, O. W., Aronoff, C. E. (1980). Interpersonal communication in organizations. Santa Monica: Goodyear Publications.

Bissels, T. (2003). Vertrauen zum Vorgesetzten: Konstruktvalidierung und Wirkung auf das Leistungsverhalten der Mitarbeiter. Berlin: Mensch & Buch.

Blickhäuser, A., Bargen, H. von (2005). Gender-Mainstreaming-Praxis. Arbeitshilfen zur Anwendung der Analysekategorie »Gender« in Gender-Mainstreaming-Prozessen. Berlin: Heinrich-Böll-Stiftung.

Blume, L. (2006). Gender und Coaching. In E. Lippmann (Hrsg.), Coaching. Angewandte Psychologie für die Beratungspraxis (S. 252–261). Heidelberg: Springer Medizin Verlag.

Brems, C., Johnson, M. C. (1997). Comparison of recent graduates of clinical versus counseling psychology programs. Journal of Psychology, 131, 91–99.

Bruner, J. S., Tagiuri, R. (1954). The perception of people. In L. Gardner (Hrsg.), Handbook of social psychology, 2, 634–654.

Bürgi, A., Eberhart, H. (2004). Beratung als strukturierter und kreativer Prozess. Ein Lehrbuch für die ressourcenorientierte Praxis. Göttingen: Vandenhoeck & Ruprecht.

Butler, R. (1969). Age-ism: Another form of bigotry. The Gerontologist, 9, 243–246.

Caterinicchio, R. P. (1979). Testing plausible path models of interpersonal trust in patient-physician treatment relationships. Social Science and Medicine, 13 A, 81–99.

Conen, M.-L. (1993). Frauen und Männer in Supervision: Welchen Unterschied macht das? In H. Neumann-Wirsig, H. J. Kersting (Hrsg.), Systemische Supervision Oder: Till Eulenspiegels Narreteien (S. 205–224). Aachen: Wissenschaftlicher Verlag des Instituts für Beratung und Supervision Aachen.

Cormier, S., Hackney, H. (2008). Counseling strategies and interventions (7. Aufl.). Boston: Allyn & Bacon.

Corrigan, J. D., Dell, D. M., Lewis, K. N., Schmidt, L. D. (1980). Counseling as a sacoial influence process: A review. Journal of Counseling Psychology, 27 (4), 395–441.

Deters, M. (1995). Sind Frauen vertrauenswürdig? Vertrauen, Rationalität und Macht: Selektionsmechanismen in modernen Arbeitsorganisationen. In A. Wetterer (Hrsg.), Die soziale Konstruktion von Geschlecht in Professionalisierungsprozessen (S. 85–100). Frankfurt a. M.: Campus.

Dew, S. E., Bickman, L. (2005). Client expectancies about therapy. Mental Health Services Research, 7, 85–100.

Dörr, M., Müller, B. (Hrsg.) (2012). Nähe und Distanz: ein Spannungsfeld pädagogischer Professionalität (3., aktualisierte Aufl.). Weinheim u. Basel: Beltz Juventa.

Erger, R., Molling, M. (1991). Der kleine Unterschied: Frauen und Männer in Supervision. Hille: Ursel Busch Fachverlag.

Eye, A. von (1999). Kognitive Komplexität – Messung und Validität. Zeitschrift für Differentielle und Diagnostische Psychologie, 20 (2), 81–96.

Fifer, A., Henschen, K. P., Gould, D., Ravizza, K. (2008). What works when working with athletes. The Sport Psychologist, 22, 356–377.

Fiske, S. T., Neuberg, S. L. (2008). A continuum of impression formation, from categorybased to individuation processes: Influences of information and motivation on attention and interpretation. In M. Zanna (Eds.), Advances in experimental social psychology (pp. 1–74). San Diego: Academic Press.

Gouldner, A. W. (1984). Reziprozität und Autonomie. Frankfurt a. M.: Suhrkamp.

Graeff, P. (1998). Vertrauen zum Vorgesetzten und zum Unternehmen. Modellentwicklung und empirische Überprüfung verschiedener Arten des Vertrauens, deren Determinanten und Wirkungen bei Beschäftigten in Wirtschaftsunternehmen. Berlin: WVB.

Granello, D. H. (2003). Influence strategies in the supervisory dyad: An investigation into the effects of gender and age. Counselor Education and Supervision, 42, 224–243.

Greenberg, R. P., Constantino, M. J., Bruce, N. (2006). Are patient expectations still relevant for psychotherapy process and outcome? Clinical Psychology Review, 26, 657–678.

Haubl, R. (2012). Vertrauensbildung im Beratungsprozess. In H. Möller (Hrsg.), Vertrauen in Organisationen. Riskante Vorleistung oder hoffnungsvolle Erwartung? (S. 29–47). Wiesbaden: Springer VS.

Hitzler, R., Honer, A. (1994). Bastelexistenz. Über subjektive Konsequenzen der Individualisierung. In U. Beck, E. Beck-Gernsheim (Hrsg.), Riskante Freiheiten: Individualisierung in modernen Gesellschaften (S. 307–315). Frankfurt a. M.: Suhrkamp.

Kleinert, J., Wippich, S. (2012). Vertrauen als Merkmal von Beziehungsqualität: Modellentwicklung und explorative Interviews im Kontext sportpsychologischer Betreuung. Organisationsberatung, Supervision, Coaching, 19 (4), 425–441.

Knapp, G.-A. (2005). Race, Class, Gender: Reclaiming Baggage in Fast Travelling Theories. European Journal of Women's Studies, 12, 249–265.

Kozuruba, I., Peus, C., Streicher, B. (2006). Sind Frauen die besseren Führungskräfte? Wirkung unterschiedlicher Führungsstile auf die Bearbeitung leichter und schwerer Aufgaben unter Berücksichtigung von Geschlechtereffekten. Beitrag präsentiert auf dem zweijährigen Treffen der Deutschen Gesellschaft für Psychologie (DGPs), Nürnberg.

Krause, D. E., Klöhn, C. (2002). Führung in Innovationsprozessen als Balance zwischen Vertrauen und Machteinsatz. Wirtschaftspsychologie, 9 (2), 71–79.

Laucken, U. (2003). Zwischenmenschliches Vertrauen und wirtschaftliche Beziehungen. In U. Mees, A. Schmitt (Hrsg.), Emotions-Psychologie. Theoretische Analysen und empirische Untersuchungen (S. 101–141). Oldenburg: Bibliotheks- und Informationssystem der Universität Oldenburg.

Lenz, A. (2004). Beratung in sozialen Kontexten. In F. Nestmann, F. Engel, U. Sieckendick (Hrsg.), Das Handbuch der Beratung (S. 435–448). Tübingen: dgvt.

Lopez, F. G., Melendez, M. C., Sauer, E. M., Berger, E., Wyssmann, J. (1998). Internal working models, self-reported problems, and help-seeking attitudes among college students. Journal of Counseling Psychology, 45, 79–83.

Macdonald, M., Sprenger, E., Dubel, I. (1997). Gender and organizational change – bridging the gap between policy and practice. Amsterdam: KIT publications.

Mayer, R. C., Davis, J. H., Schoorman, S. D. (1995). An integrative model of organizational trust. Academy of Management Review, 20 (3), 709–734.

Mischel, W. (2004). Toward an integrative science of the person (Prefatory Chapter). Annual Review of Psychology, 55, 1–22.

Naudé, P., Buttle, F. (2000). Assessing relationship quality. Industrial Marketing Management, 29, 351–361.

Neidhardt, F. (1979). Das innere System sozialer Gruppen. Kölner Zeitschrift für Soziologie und Sozialpsychologie, 31, 611–638.

Nestmann, F. (2004). Beratungsmethoden und Beratungsbeziehung. In F. Nestmann, F. Engel, U. Sickendiek (Hrsg.), Das Handbuch der Beratung. Band 2: Ansätze, Methoden und Felder (S. 783–796). Tübingen: DGVT Deutsche Gesellschaft für Verhaltenstherapie.

Neubauer, W. (1997). Interpersonales Vertrauen als Management-Aufgabe in Organisationen. In M. Schweer (Hrsg.), Interpersonales Vertrauen. Theorien und empirische Befunde (S. 105–120). Opladen: Westdeutscher Verlag.

Partington, J., Orlick, T. (1987). The sport psychology consultant evaluation form. The Sport Psychologist, 1, 309–317.

Petermann, F. (1997). Interpersonales Vertrauen in der Arzt-Patient-Beziehung. In M. Schweer (Hrsg.), Interpersonales Vertrauen. Theorien und empirische Befunde (S. 155–164). Opladen: Westdeutscher Verlag.

Peuckert, R. (2008). Familienformen im sozialen Wandel (7., vollst. überarb. Aufl.). Wiesbaden: VS Verlag für Sozialwissenschaften.

Piechotta, B. (2008). PsyQM: Qualitätsmanagement für psychotherapeutische Praxen. Berlin: Springer Medizin.

Pries, L. (2013). Erweiterter Zusammenhalt in wachsender Vielfalt. In L. Pries (Hrsg.), Zusammenhalt durch Vielfalt? Bindungskräfte der Vergesellschaftung im 21. Jahrhundert (S. 13–50). Wiesbaden: Springer.

Rauen, C. (2005). Varianten des Coachings im Personalentwicklungsbereich. In C. Rauen (Hrsg.), Handbuch Coaching (3., überarb. und erw. Aufl., S. 111–136). Göttingen: Hogrefe.

Ravizza, K. (1988). Gaining entry with athletic personnel for season-long consulting. The Sport Psychologist, 1, 243–254.

Rennenkampf, A. von (2004). Aktivierung und Auswirkungen geschlechterstereotyper Wahrnehmung von Führungskompetenz im Bewerbungskontext. Unveröffentlichte Dissertation an der Universität Mannheim.

Riemann, R. (2006). Implizite Persönlichkeitstheorien. In H.-W. Bierhoff, D. Frey (Hrsg.), Handbuch der Sozialpsychologie und Kommunikationspsychologie (S. 19–26). Göttingen: Hogrefe.

Sanders, R. (2004). Die Beziehung zwischen Ratsuchendem und Berater. In F. Nestmann, F. Engel, U. Sickendiek (Hrsg.), Das Handbuch der Beratung.

Band 2: Ansätze, Methoden und Felder (S. 797–807). Tübingen: DGVT Deutsche Gesellschaft für Verhaltenstherapie.

Schiersmann, C. (2010). Beratung im Kontext lebenslangen Lernens – Herausforderungen für die Theoriebildung. In M. Göhlich, S. M. Weber, W. Seitter, T. C. Feld (Hrsg.), Organisation und Beratung – Beiträge der AG Organisationsberatung, Organisation und Pädagogik Band 8 (S. 27–37). Wiesbaden.

Schwab, R. (1997). Interpersonales Vertrauen in der psychotherapeutischen Beziehung. In M. Schweer (Hrsg.), Interpersonales Vertrauen. Theorien und empirische Befunde (S. 165–179). Opladen: Westdeutscher.

Schweer, M. (1996). Vertrauen in der pädagogischen Beziehung. Bern: Hans Huber.

Schweer, M. (1999). Das Vertrauensphänomen in differentiell-psychologischer Perspektive – eine paradigmatische Betrachtung. Unveröffentlichtes Manuskript.

Schweer, M. (2008). Vertrauen und soziales Handeln: Eine differentialpsychologische Perspektive. In E. Jammal (Hrsg.), Vertrauen im interkulturellen Kontext (S. 13–26). Wiesbaden: VS.

Schweer, M. (2009). Frauen auf dem beruflichen Vormarsch? Soziale Wahrnehmung und geschlechtstypische Karrierewege im Kontext beruflicher Sozialisation. In M. Schweer (Hrsg.), Sex & Gender (S. 153–170). Frankfurt a. M.: Peter Lang.

Schweer, M. (2012). Vertrauen als zentrale Ressource der Organisationsberatung. Ausgewählte empirische Befunde zu Vertrauenskulturen und Innovationsmanagement. In H. Möller (Hrsg.), Vertrauen in Organisationen. Riskante Vorleistung oder hoffnungsvolle Erwartung? (S. 63–91). Wiesbaden: Springer VS.

Schweer, M., Petermann, E., Egger, C. (2013). Zur Bedeutung multidimensionaler sozialer Kategorisierungsprozesse für die Vertrauensentwicklung – Ein bislang weitgehend vernachlässigtes Forschungsfeld. Gruppendynamik und Organisationsberatung, 44(1), 67–81.

Schweer, M., Siebertz-Reckzeh, K. (2013). Komponenten der Gestaltung von Vertrauen als zentrale Ressource für Innovationen – paradigmatische Überlegungen, ausgewählte empirische Befunde und Implikationen für die Praxis. In G. Becke, C. Funken, S. Klinke, W. Scholl, M. Schweer (Hrsg.), Innovationsfähigkeit durch Vertrauensgestaltung? Befunde und Instrumente zur nachhaltigen Organisations- und Netzwerkentwicklung (S. 129–145). Frankfurt a. M.: Peter Lang.

Schweer, M., Thies, B. (2008). Vertrauen. In A. E. Auhagen (Hrsg.), Positive Psychologie. Anleitung zum »besseren« Leben, (2. Aufl., S. 136–149). Weinheim: Beltz PVU.

Sells, J. N., Goodyear, R. K., Lichtenberg, J. W., Polkinghorne, D. E. (1997). Relationship of supervisior and trainee gender to in-session verbal behavior and ratings of trainee skills. Journal of Couseling Psychology, 44 (4), 406–412.

Sonntag, K., Spellenberg, U. (2005). Abschlussbericht Projekt SERO: Erfolgreich durch Veränderungen – Veränderungen erfolgreich managen. Universität Heidelberg: Psychologisches Institut.

Thiersch, H. (2004). Sozialarbeit/Sozialpädagogik und Beratung. In F. Nestmann, F. Engel, U. Sickendiek (Hrsg.), Das Handbuch der Beratung. Band 1: Disziplinen und Zugänge (S. 115–123). Tübingen: DGVT.

Thies, B. (2010). Vertrauen und Psychotherapie. In M. Schweer (Hrsg.), Vertrauensforschung 2010. A State of the Art (S. 207–229). Frankfurt a. M.: Peter Lang.

Tiefel, S. (2011). Strategien der Vertrauensherstellung im Beratungsprozess. In S. Tiefel, M. Zeller (Hrsg.), Vertrauensprozesse in der Sozialen Arbeit (S. 15–32). Baltmannsweiler: Schneider Verlag Hohengehren.

Traska, E. (2011). Die Bedeutung von Vertrauen im internen Coaching. OSC, 18 (2), 129–144.

Vaske, A.-K., Schweer, M. (2011). Women's and men's implicit career theories: Prospects and barriers in women's professional development. In C. Leicht-Scholten, E, Breuer, N. Tulodetzki, A. Wolffram (Hrsg.), Going diverse. innovative answers to future challenges (S. 109–122). Opladen & Farmington Hills: Budrich.

Wirth, W., Stiehler, H.-J., Wünsch, C. (2007). Dynamisch-transaktional denken. Theorie und Empirie der Kommunikationswissenschaft. Köln: Halem.

Wolfradt, U. (2008). Implizite Persönlichkeitstheorien. In L.-E. Petersen, B. Six (Hrsg.), Stereotype, Vorurteile und soziale Diskriminierung. Theorien, Befunde und Interventionen – ein Handbuch in Schlüsselbegriffen (S. 71–79). Weinheim: Beltz PVU.

zu Knyphausen-Aufseß, D., Schweizer, L., Rajes, M. (2009). Beratungserfolg – eine Betrachtung des State of the Art der Ansätze zur Messung und Erklärung des Erfolges von Beratungsleistungen. Zeitschrift für Management, 4 (1), 5–27.

Julia Rohde und Nina Oelkers

Der schmale Grat zwischen Dekonstruktion und Anerkennung von Differenz – Erweiterung von Möglichkeitsräumen als Ziel von Genderschulungen

Vorbemerkungen

Angebote und Maßnahmen zur Steigerung der Genderkompetenz bzw. des Genderbewusstseins in Organisationen stoßen auf unterschiedlichen Ebenen oftmals auf Widerstände. Anhand eigener Erfahrungen bei der Akquise von potenziellen Kooperationsorganisationen im Rahmen des BMBF-geförderten Verbundvorhabens GEMAINSAM (GEnderMAIN StreAMing – Veränderungen erreichen, Universität Vechta, Universität Kassel) zeigt sich, dass gegenwärtig eine Notwendigkeit der Auseinandersetzung mit dem Thema Gender und damit einhergehend mit dem Thema Geschlechtergerechtigkeit, trotz der aktuell starken politischen Präsenz des Themas, in vielen Organisationen nicht wahrgenommen wird. So wurde häufig die Rückmeldung gegeben, dass in den angefragten Organisationen kein Handlungsbedarf bestehe (»Wir handeln schon geschlechtergerecht.«) und/oder diese Themen »Orchideenthemen« seien, für die sich keine Zeit genommen werden könne (»Wir müssen Arbeitsplätze sichern.«).

Aber nicht nur das Thema Geschlechtergerechtigkeit, sondern auch die Konzeptionen bestehender Angebote und Maßnahmen rufen bei potenziellen Teilnehmer_innen Widerstände hervor. In Expert_innen-Interviews, die unter anderem mit Mitarbeitenden und Führungskräften Sozialer Dienstleistungseinrichtungen im Rahmen des Verbundvorhabens GEMAINSAM geführt wurden, wurde häufig angemerkt, dass Genderschulungen den Eindruck vermitteln, dass »von oben« vorgegeben werde, wie Mitarbeitende sich als »Mann« bzw. als »Frau« zu verhalten hätten und wie sie ihren beruflichen und privaten Alltag gestalten sollten. Zudem äußerten die befragten Personen die Befürchtung, dass bestehende Geschlechterzuschreibungen durch die Annahme der »geschlechtsspezifischen« Lebens- und Problemlagen noch verfestigt würden (vgl. Oelkers u. Rohde, 2013). Insbesondere der letztgenannte Aspekt stellt einen viel diskutierten Kritikpunkt im Rahmen von Gender-Schulungen dar, der sich nicht nur auf die Inhalte der Schulungen bezieht, sondern auch an der Struktur bzw. der Adressierung der Teilnehmer_innen als Männer und Frauen ansetzt. Diese Adressierung impliziere, dass es ausschließlich zwei unterschiedliche Gruppen von Menschen gäbe, die sich durch ihr Geschlecht voneinander unterscheiden und so eindeutig voneinander abgegrenzt werden könnten. Verfestigt würde somit die vermeintliche Zweigeschlechtlichkeit und eben auch die daraus resultierenden Zuschreibungen von »geschlechtsspezifischen« Differenzen.

> »So leistet der Versuch, die Unterschiede aber auch die bestehenden Ungleichheiten zwischen Adressaten und Adressatinnen […] anzuerkennen auch eine Anerkennung der Differenzordnung, entlang derer die Differenzierungen und Ungleichheiten überhaupt erst vorgenommen werden« (Plößer, 2010, S. 227).

Gleichzeitig ist diese Anerkennung von Differenz aber notwendig, um Benachteiligungen und Diskriminierungen, die aus der Zuschreibung von Differenzen resultieren, wahrzunehmen und ihnen begegnen zu können, denn sie stellt »auch den notwendigen Rahmen dar, um fehlende Ressourcen, Diskriminierungen und Benachteiligungen problematisieren zu können« (Plößer, 2010, S. 224). Somit stecken Leiter_innen von Genderschulungen in dem Dilemma, individuelle und gesellschaftliche Möglichkeitsräume, in denen ein ›Mehr‹ an Handlungsfreiheit erlebt werden kann, gemeinsam mit den Teilnehmer_innen der Schulungen initiieren zu wollen, und gleichzeitig durch die Orientierung an den Differenzen, Gefahr zu laufen, diese zu essenzialisieren und so wiederum Handlungsfreiheiten einzuschränken. Diese Kritik der Essenzialisierung von Geschlechterdifferenzen aufgreifend, plädieren einige Autor_innen dafür, Räume zu schaffen, in denen die Dekonstruktion von Geschlechterzuschreibungen möglich wird und Personen die Option erfahren, sich und andere in ihrer geschlechtlichen Vielfalt erleben zu können (vgl. u. a. Voigt-Kehlenbeck, 2001; Stuve, 2001).

Dekonstruktion bedeutet in diesem Zusammenhang nicht die Leugnung von zugeschriebenen Differenzen und den daraus resultierenden Benachteiligungen, stattdessen wird der Prozess der Zuschreibung fokussiert, wodurch deutlich gemacht werden kann, dass Unterschiede »willkürlich« wahrgenommen werden und somit auch veränderbar sind.

> »Die Einsicht in den prekären Status dieses Gegensatzes, seine unbestimmte Bestimmtheit, macht die Widerstandpunkte an begrifflichen Entgegensetzungen […] sichtbar und eröffnet so Handlungsspielräume« (Hetzel, 2012, S. 26).

Neben der Dekonstruktion von ›geschlechtsspezifischen‹ Zuschreibungen plädiert Heite (2010) zudem für eine anerkennungstheoretische Perspektive, durch die Differenz als »strukturierender Faktor ungleicher Lebensgestaltungsmöglichkeiten« (Heite, 2010, S. 191) anerkannt wird.

> »Damit geht es erstens um jene nicht-essenzialisierende, nicht-identitäre Anerkennung von Differenz in Form der Schaffung von Alternativen der Lebensgestaltung, wobei sich Differenz aus der Möglichkeit ergibt, dass Personen und Personengruppen ihre jeweiligen unterschiedlichen Lebensgestaltungspläne umsetzen. Zweitens sind Differenzen so auch weiterhin als Kategorien sozialer Ungleichheit zu betrachten, deren ungleichheitsgenerierende Wirkung aufzuheben ist« (Heite, 2010, S. 192).

Erfahrungen aus der Praxis von Genderschulungen und Workshops zeigen, dass in den Konzepten selten transparent gemacht wird, welches Verständnis von Geschlecht die Leiter_innen der Schulungen an diese selbst zugrunde legen, wodurch unklar bleibt, nach welchen Kriterien sie ihre Teilnehmer_innen differenzieren und als Männer und Frauen adressieren. Zudem wird selten deutlich gemacht, auf welchem Verständnis von Geschlechtergerechtigkeit die Schulung basiert und welche konkreten Zielsetzungen sich daraus ableiten. So können Schulungen zum einen auf einem gleichheitsorientierten Ansatz basieren, innerhalb derer eine Gruppe (meist Frauen), als »förderungsbedürftig« angesehen wird, da sie (noch) keine gleichen Zugänge zu bestimmten Gütern hat. Angebote zielen nach diesem Verständnis darauf ab, Zugänge zu ermöglichen, indem individuelle Handlungsweisen »optimiert« werden.

Zum anderen können Angebote differenzorientiert gestaltet sein. Differenzen werden hier als Ressourcen interpretiert, die es auszubauen und positiv anzuerkennen gilt (bspw. die vermeintlich empathischere Haltung von weiblichen Führungskräften). Oder aber Geschlechtergerechtigkeit wird als Erweiterung von Handlungsmöglichkeiten verstanden, die durch das Hinterfragen von »geschlechtsspezifischen« Zuschreibungen erreicht werden soll (konstruktivistische Ansätze). Je nachdem welches Verständnis von Geschlechtergerechtigkeit den Schulungen zugrunde gelegt wird, unterscheiden sich die Konzepte sowohl inhaltlich als auch in ihrem methodischen Vorgehen deutlich voneinander.

Vor dem Hintergrund dieser einführenden Gedanken wird nachfolgend das Konzept einer Schulung zur Erhöhung des Genderbewusstseins vorgestellt, welches im Rahmen des Verbundvorhabens GEMAINSAM entwickelt wurde. Zielsetzung dieses Konzepts ist es, Möglichkeitsräume der Teilnehmer_innen sichtbar und erfahrbar zu machen, indem Zuschreibungsprozesse fokussiert und gesellschaftliche und eigene »geschlechtsspezifische« Zuschreibungen, die eine individuelle Handlungsfreiheit einschränken, rekonstruiert sowie dekonstruiert werden. Im Vordergrund stehen die individuellen Vorstellungen einer selbstbestimmten Lebensgestaltung, die als solche anerkannt werden. Damit wird einer »Gleichmacherei« von Denkmustern oder der Vorstellung einer »richtigen« Art der Wahrnehmung von Geschlechterrollen entgegengewirkt. Im ersten Teil dieses Beitrags wird das Verständnis von Geschlechtergerechtigkeit, welches sich in der Konzeption widerspiegelt, dargelegt sowie die Zielsetzung der Schulung theoretisch verortet. Anschließend folgt eine Erläuterung des methodischen Vorgehens in der Zielperspektive einer »Dekonstruktion« sowie mit Blick auf »Anerkennung«. In dem dritten Teil wird die konkrete Umsetzung des Konzepts am Beispiel von ausgewählten Übungen dargestellt.

Zielsetzung der GEMAINSAM-Schulungen: Erweiterung von Möglichkeitsräumen

Geschlechtergerechtigkeit wird in Anlehnung an den Capability-Ansatz als Ausweitung von Verwirklichungschancen aller Geschlechter, im Sinne der Gleichheit zentraler Möglichkeiten zur Verwirklichung als wertvoll erachteter Lebensweisen sowie einer selbstbestimmten Lebensgestaltung verstanden (vgl. Oelkers, 2012 in Anlehnung an Sen, 1992, vgl. Oelkers u. Rohde, 2013). Der Capability-Ansatz wurde in den 1990er Jahren von Martha Nussbaum und Amartya Sen als Gerechtigkeitstheorie entwickelt und ist zum einen ein theoretischer Ansatz, um Benachteiligungen und Ungleichbehandlungen fassbar zu machen, bietet aber gleichzeitig praktische Möglichkeiten für die Realisierung des Ziels der Herstellung von Geschlechtergerechtigkeit. Im Vordergrund dieses Ansatzes stehen die Fähigkeiten und die Möglichkeiten von Personen, ihre Lebensweisen selbst wählen zu können. Damit die Lebensweisen selbst gewählt werden können, brauchen Personen Fähigkeiten, wie beispielsweise über den eigenen Körper zu verfügen, mit Selbstachtung in einer Gemeinschaft zu leben oder auch politische und materielle Kontrolle über die eigene Umgebung auszuüben.

Diese Fähigkeiten bzw. die Möglichkeit der Ausübung dieser Fähigkeiten sind gesellschaftlich ungleich verteilt, wodurch auch die Möglichkeiten einer selbstbestimmten Lebensgestaltung für Frauen und Männer ungleich sind. Ziel von Geschlechtergerechtigkeit nach dem Capability-Ansatz ist die Fähigkeiten bzw. die Handlungsmöglichkeiten der Personen zu erweitern – im Hinblick auf die Gestaltung ihrer Geschlechterrolle, ihrer Lebensplanung etc. Ob sich jemand als Führungskraft

eignet oder wie jemand innerhalb dieser Rolle agiert, ist unabhängig
vom Geschlecht – eine weibliche Führungskraft ist nicht zwangsläufig
fürsorglicher im Umgang mit ihren Mitarbeitenden, eine männliche Führungskraft nicht selbstverständlich durchsetzungsfähiger. Und auch die
Kompetenzen, die jemand als Mitarbeitende/r in den beruflichen Alltag
einbringt, sind abhängig von der Person und der Situation, nicht vom
Geschlecht – männliche Mitarbeiter sind nicht zwangsläufig Ansprech-
partner für technische Fragen, weibliche Mitarbeiterinnen nicht selbstverständlich für die »Seelsorgetätigkeiten« zuständig.

In dieser Perspektive geht es darum, Personen dazu zu befähigen, ihr
Leben nach ihren Vorstellungen selbst zu gestalten und sich nicht von
gesellschaftlichen Zuschreibungen begrenzen zu lassen. Um dieses Ziel
zu erreichen, braucht es keine starren Maßnahmen oder vorgegebene
Standards, wie sich Personen verhalten sollen, sondern Geschlechtergerechtigkeit wird in diesem Sinne als fortlaufender Prozess verstanden, der individuell auf die Bedürfnisse der Personen, nicht auf die der
Geschlechter, zugeschnitten ist. Im Fokus steht somit die Anerkennung
von individueller Differenz, unabhängig von Geschlechterzuschreibungen, bei gleichzeitigem Abbau der Benachteiligungen, die aus den
Differenzen entstehen (vgl. Oelkers, 2012; Flax, 1996; Pimminger, 2012;
Pauer-Studer, 1996). Diese Anerkennung ermöglicht es Personen »gleich
und anders zu sein, ohne dass dies Benachteiligung nach sich zieht«
(Pauer-Studer, 1996, S. 66).

Die Wahrnehmung der Handlungsmöglichkeiten ist abhängig von
der Ausprägung des Genderbewusstseins. Personen benötigen also einen
gewissen Grad an Genderbewusstsein, um Zuschreibungen wahrzunehmen, diese als Konstruktionen zu erkennen und sie als förderlich oder
hemmend für ihre individuelle Gestaltungsfreiheit bewerten zu können,
um daraus Handlungsstrategien zu entwickeln, die zu den Personen und
ihren Lebensvorstellungen passend sind, ohne dass Zuschreibungen
und Vorstellungen der Anderen unreflektiert übernommen, abgewertet
oder diskriminiert werden. Die Voraussetzung für die Herstellung von
Geschlechtergerechtigkeit ist somit die Erhöhung des Genderbewusstseins, also die Erhöhung der Wahrnehmungs-, Erklärungs-, Bewer-
tungs- und Handlungsmöglichkeiten einer Person. Das Genderbewusstsein ergibt sich durch das Wechselspiel von personalen Faktoren (Ziele,
Bedürfnisse, Vorstellungen über Geschlecht, genderrelevantes Wissen
etc.) und situational-strukturellen Faktoren (Familienstrukturen, Organisationsstrukturen, gesellschaftliche Rahmenbedingungen etc.). So hat
eine Person beispielsweise eine bestimmte Vorstellung über das Verhalten
von weiblichen Führungskräften (personaler Faktor), die durch seine/
ihre Familie geprägt wurde (situational-struktureller Faktor). Diese

Vorstellung beeinflusst seine/ihre Einstellung gegenüber seiner/ihrer weiblichen Vorgesetzten und prägt einerseits die Zusammenarbeit in der Organisation (situational-strukturell), andererseits die persönlichen Ziele (personal).

Beispielsweise könnten diese Vorstellungen dazu führen, dass Personen die Arbeit ihrer Vorgesetzten aufgrund ihrer Vorstellungen abwerten und beschließen, niemals eine Führungsposition anzustreben. Durch das Zusammenwirken von personalen und situational-strukturellen Faktoren nehmen Personen sich und ihre Umwelt somit auf eine bestimmte Art und Weise wahr, erklären sich und bewerten diese und handeln auf Grundlage dieser Prozesse. Der Grad an Genderbewusstsein kann somit förderlich für die Wahrnehmung individueller Handlungsmöglichkeiten, also der individuellen Möglichkeitsräume sein (die Person nimmt sich und ihre Umwelt aus einer bestimmten Perspektive wahr, bewertet diese als positiv und handelt, um seine/ihre Vorstellungen zu realisieren), aber auch hinderlich, wenn es der Person beispielsweise nicht möglich ist, sich von ihren Zuschreibungen bzw. den Zuschreibungen anderer zu lösen oder sie keine Strategien findet, wie sie ihre Ziele und Interessen umsetzen kann.

Der Begriff der »Möglichkeitsräume« wird vielfach als Ziel konzipiert, beispielsweise wenn es um die Bereitstellung von Möglichkeitsräumen geht, in denen Jugendliche sich bzw. ihre Möglichkeiten ausprobieren und erfahren können (vgl. Dell'Anna, 2013, S. 150, Böhnisch, 1998, S. 35). Hier lassen sich Verbindungen zu den Debatten um Sozialräume erkennen, denn der dort verwendete »Begriff des Sozialraums bedeutet die erschlossenen und genutzten sozial bedeutsamen Handlungszusammenhänge, verweist aber gleichzeitig auf bisher unerschlossene und wenige bzw. nicht genutzte Handlungsmöglichkeiten – Möglichkeitsräume« (Bader, 2002, S. 55, in Deinet, 2009, S. 18). Der in diesem Beitrag verwendete Begriff des Möglichkeitsraumes hat sich von dem starken Bezug auf den wortwörtlichen »Raum« (bspw. im Sinne von Aneignungsräumen) gelöst, und markiert eher im übertragenen Sinne eine individuell begrenzte Auswahl oder ein Set an Möglichkeiten bzw. in der Sprache des Capability-Ansatzes das Set an Verwirklichungschancen.

Im Sinne von Sens Capability-Ansatz wird in einer konkreten Konstellation, der Grad der als »objektive Möglichkeit« (Sen, 1987, S. 36) bestehenden Verwirklichungschancen gemessen. Verwirklichungschancen (Capabilities) sind »verschiedene Kombinationen von Fähigkeiten […], die eine Person erreichen kann. Verwirklichungschancen sind somit ein Bündel (vector) an Fähigkeiten, die widerspiegeln, dass eine Person die Möglichkeit hat, das eine oder das andere Leben zu führen« (Sen, 1992, S. 40). Sie stehen dabei für den Handlungsspielraum einer mögli-

chen gesellschaftlichen Praxis von Personen und verweisen auf die reale
praktische Freiheit sich für (oder gegen) die Realisierung von Funktionsweisen entscheiden zu können. Als »Functioning« (Funktionsweisen,
erreichte Fähigkeit) bezeichnet Sen eine verfügbare Verwirklichungs-
chance oder Handlungsmöglichkeit.[1] Das Set an Verwirklichungschan-
cen/Capabilities (oder Capability Set) beschreibt die Gelegenheiten zur
Erreichung von Funktionsweisen (erreichte Fähigkeiten). Die Unterscheidung von Verwirklichungschancen (Capabilities) und (erreichten)
Fähigkeiten (Functionings) bietet den Vorteil, zwei Ansätze für das
Messen von Wohlfahrt, Wohlergehen und sozialer Gerechtigkeit zu
ermöglichen: Werden die Fähigkeiten zu Grunde gelegt, dann wird das
Bündel an objektiv verfügbaren Handlungsmöglichkeiten (Agencies)
gemessen, die dem/der Einzelnen zur Verfügung stehen.

Agency-basierte Herangehensweisen rücken die zentrale Komponente sozialer Unterstützung des/der Akteur_in in seinen/ihren Lebens-
kontexten in den Mittelpunkt »gemäß dem Motto: Was wollen Sie/willst
Du mit Deinem/Ihrem Leben anfangen und kann ich Sie/dich dabei
unterstützen?« (Hirschler u. Homfeldt, 2006, S. 53). In Anlehnung an Sen
wird das Individuum dabei als Handelndes und Gestaltendes in seinen
spezifischen Lebenssituationen betrachtet (vgl. Hirschler u. Homfeldt,
2006, S. 48; auch Reutlinger, 2008, S. 221). Agency ist in diesem Sinne als
Handlungsfreiheit zu betrachten (Hirschler u. Homfeldt, 2006, S. 49) und
»Individuen sind in diesem Zusammenhang als agents aktive, Veränderungen bewirkende Subjekte und nicht passive Empfänger ausgeteilter
›Wohltaten‹« zu fassen (S. 49). Die Agency-Perspektive führt somit zu
einem Perspektivwechsel, der nicht defizitorientiert sondern unterstüt-
zungsorientiert ist: »Diese akteursbezogene Perspektive rückt den Menschen mit seinen Rechten, Interessen, Kompetenzen und Bedürfnissen in
den Mittelpunkt. Bewertet wird dann nicht mehr der Grad der noch zu
leistende Schritte bis zur Normalisierung, sondern anerkannt wird die
Leistung der bisherigen Lebensbewältigung« (S. 52). Handlungsfähigkeit
und -möglichkeit (Agency) verweist darauf, dass »Menschen nicht nur
passiv in soziale Strukturen eingebunden sind, sondern diese durch ihr

---

1 »Eine Fähigkeit (functioning) ist etwas Erreichtes, während eine Verwirkli-
chungschance (capability) das Vermögen ist, etwas zu erreichen. Fähigkeiten
sind, in einem gewissen Sinn, enger mit den Lebensbedingungen verknüpft.
Verwirklichungschancen sind hingegen Begriffe von Freiheit in dem positiven
Sinn: welche Möglichkeiten man zu dem Leben hat, das man führen möchte«
(Sen, 1987, S. 36). Funktionsweisen (Functionings) drücken den Zustand konkreter Lebensqualität aus und verweisen auf konkrete, realisierte, als wertvoll
erachtete Zustände (Beings) und Handlungen (Doings).

Handeln aktiv in Form einer konstruktiven Aneignung und Verarbeitung sozialer Wirklichkeit beeinflussen und gestalten« (Ziegler, 2008, S. 83).

Im Kontext von Capability-basierten Genderschulungen geht es um die Erweiterung von Handlungsmöglichkeiten bzw. Möglichkeitsräumen im Sinne der Ermöglichung von Geschlechtergerechtigkeit. Zentral wären in Anlehnung an Reutlinger (der dies für die Soziale Arbeit formuliert hat) die »Ermöglichung von individueller und kollektiver Autonomiegewinnung und [der] Ausbau von Handlungsoptionen, [sowie die] Ermöglichung von Teilhabechancen zur Verwirklichung von sozialer Gerechtigkeit« (Reutlinger, 2008, S. 211). Die Schaffung von ermöglichenden Kontexten oder Ermöglichungsräumen durch die Genderschulungen unterstützt Menschen im Aufbau von Handlungsoptionen und in ihrem Bewältigungshandeln (vgl. S. 213).

In Anlehnung an Giddens' Dualität der Struktur sind Strukturen sowohl Grundlage als auch Ergebnis sozialen Handelns (vgl. Giddens, 1984, S. 51 ff.). In Handlungen produzieren bzw. reproduzieren Akteure die gegebene Struktur. Denn ein »Individuum bezieht sich in seinen Handlungen auf gesellschaftliche Strukturen und reproduziert sie durch die Handlungen gleichzeitig wieder (Rekursivität). Die gesellschaftlichen Strukturen entstehen durch das menschliche Handeln, gleichzeitig sind sie aber auch das Medium dieses Entstehungsprozesses« (Reutlinger, 2008, S. 222). Allerdings sind die Strukturen im Sinne formalisierter Regeln (bspw. in Organisationen) nur begrenzt verhaltenssteuernd und werden durch die Akteure interpretiert, so dass verschiedene Handlungsweisen möglich werden. So können gesellschaftliche Strukturen auch als veränderbar begriffen und durch verändertes Handeln der Akteure geschlechtergerechter werden.

Die Erweiterung von Handlungsmöglichkeiten und -freiheit basiert auf der Fähigkeit von Menschen, »Dingen und Angelegenheiten Bedeutungen zuzuschreiben, entsprechend Situationen zu definieren und danach zu handeln« (Musolf, 2003, in Hirschler u. Homfeldt, 2006, S. 51). Folglich geht es auf der methodischen Ebene darum, die individuellen Wahrnehmungen, Bedeutungszuschreibungen und Situationsdefinitionen zu ermitteln und gegebenenfalls zu erweitern.

Dekonstruktivistische und anerkennende Perspektiven auf Differenz

Capability-basierte Genderschulungen gehen somit von der Annahme aus, dass »der Mensch nicht bloß Opfer determinierender Strukturen bzw. Machtszenarien« (Reutlinger, 2008, S. 224) ist, sondern dass er/sie aktiv Veränderungen anstreben und Möglichkeitsräume erweitern kann. Als Voraussetzungen dafür werden im Rahmen der im Verbundvorhaben GEMAINSAM entwickelten Schulungen eine dekonstruktivistische sowie eine anerkennende Perspektive eingenommen. Unter dem Begriff der Dekonstruktion wird in diesem Kontext ein Sichtbarmachen und Infragestellen von »performativ erzeugten Normen und Ausschlüssen« (Plößer, 2010, S. 227) verstanden, fokussiert auf die Ausschlüsse, die aus der unreflektierten Orientierung an der Dichotomie Mann-Frau resultieren und Hierarchisierungen mitbedingen. Zielsetzung ist es, zu verdeutlichen, dass es keine »natürlichen« unveränderbaren »geschlechtsspezifischen« Verhaltensweisen bzw. Eigenschaften gibt, denen Menschen bedingungslos ausgeliefert sind. Stattdessen steht die Sichtbarmachung von Zuschreibungsprozessen im Vordergrund und somit das Aufzeigen von Möglichkeiten der Veränderbarkeit sowie der Möglichkeit zu »alternativen« Handlungsweisen. Verbunden ist damit keine Auflösung, Umkehrung oder Leugnung von Differenzen, stattdessen soll, wie Hetzel (2012) ausführt, verdeutlicht werden, dass alternative Betrachtungsweisen möglich sind.

> »Insofern die jeweiligen begrifflichen Beziehungssetzungen als ebenso kontingent wie instabil dargestellt werden, steht ihr Anspruch zur Disposition, von Natur aus (und damit unhintergehbar) zu sein. […] Die Einsicht in den prekären Status dieses Gegensatzes, seine unbestimmte Bestimmtheit, macht die Widerstandpunkte an begrifflichen Entgegensetzungen […] sichtbar und eröffnet so Handlungsspielräume« (Hetzel, 2012, S. 25 f.).

Auf methodischer Ebene bedeutet dieses Verständnis von Dekonstruktion, dass die Teilnehmer_innen der GEMAINSAM-Schulung durch Übungen dahin begleitet werden, durch das Erkennen und Hinterfragen von Zuschreibungen, sich Möglichkeitsräume zu eröffnen und »anders« handeln zu können. Diese Begleitung vollzieht sich anhand dreier Verfahrensschritte – der Konstruktion, der Rekonstruktion sowie der Dekonstruktion[2]. Konstruktion als Verfahrensschritt bedeutet, dass den Teilnehmern_innen durch entsprechende Interventionen ein Verständnis von Geschlecht aufgezeigt werden soll, welches nicht von »natürlichen« geschlechtsspezifischen Eigenschaften, Verhaltensweisen etc. ausgeht, sondern diese als gesellschaftlich hervorgebracht bzw. als Zuschreibungen versteht. Mittels des Verfahrensschrittes Rekonstruktion sollen diese Zuschreibungen entdeckt werden – wo wird wem welches Verhalten/welche Eigenschaft zugeschrieben und wem nutzt dies? Durch den dritten Verfahrensschritt, der Dekonstruktion, wer-

---

2 »Dekonstruktion« wird in diesem Zusammenhang als interaktiver Prozess bzw. als Verfahrensschritt verstanden.

den Alternativen zu den Zuschreibungen aufgezeigt und Möglichkeiten, sich nicht entsprechend den Zuschreibungen verhalten zu müssen
(vgl. Frey et al., 2006). Dieser Dreischritt orientiert sich an den individuell wahrgenommenen »geschlechtsspezifischen« Zuschreibungen,
wodurch die Teilnehmer_innen auf der Ebene der Zweigeschlechtlichkeit verbleiben und gezielt Geschlechterstereotype reproduzieren. Die
Reproduktion dieser Zuschreibungen beinhaltet noch keine dekonstruktivistische Perspektive, sie wird aber als Ausgangspunkt betrachtet,
um eine Dekonstruktion möglich zu machen. So argumentiert Plößer
(2010): »Die Wiederholung von Normen ist damit sowohl ein unum-
gängliches Zwangsmoment im Umgang mit Differenz als auch der Ort,
an dem Widerstand möglich wird« (S. 228). Allerdings werden erst
durch das Aufzeigen der Reversibilität und damit der Veränderbarkeit von gesellschaftlichen Normen, Möglichkeitsräume sichtbar und
erfahrbar gemacht.

Zentral ist, dass die Möglichkeiten, welche die Teilnehmer_innen für
sich entdecken, nicht normativ bewertet, sondern individuell anerkannt
werden. Dies geschieht vor dem Hintergrund der Annahme, dass jeder
Mensch Expert_in seiner/ihrer selbst ist und alle Handlungsweisen für
ihn/sie funktional sind. Bewertet wird demgegenüber der Grad an Wahlmöglichkeiten, also die Möglichkeiten des/der Einzelnen, aus verschiedenen Handlungsweisen auswählen und sich »bewusst« für eine entscheiden zu können. Zielsetzung der Schulung ist somit die Erweiterung
von Möglichkeitsräumen bei gleichzeitiger Anerkennung der Handlungsweisen jedes/jeder Einzelnen. Das Moment der Anerkennung zeigt
sich beispielsweise in dem Schritt der Rekonstruktion, indem danach
gefragt wird, wem »geschlechtsspezifische« Zuschreibungen nutzen.

Eine mögliche Antwort könnte unter anderem sein, dass Männern
durch »geschlechtsspezifische« Zuschreibungen mehr Führungskom-
petenzen zugesprochen werden, was sich für den einzelnen Mann beispielsweise in einer Bewerbungssituation als Nutzen darstellen kann.
Dem so antwortenden männlichen Teilnehmer wird in diesem Kontext
dann nicht der wahrgenommene Nutzen abgesprochen oder bewertet (was für ein »Chauvi«). Reflektiert werden kann durch solch eine
Antwort aber über die benachteiligende Auswirkung auf weibliche
Bewerberinnen sowie darüber, ob Männern per se mehr Führungs-
kompetenzen zugeschrieben werden oder ob weitere Faktoren (Alter,
Migrationshintergrund, Gesundheit, psychisches Erscheinungsbild,
Berufssparte etc.) die Situation beeinflussen und ob Ausnahmen von
den Zuschreibungen wahrgenommen werden können. Inhaltliche Vorgaben, wie Menschen etwas wahrnehmen, bewerten, sich etwas erklären
und zu handeln haben, werden somit nicht vorgenommen. Stattdessen

gilt es Möglichkeitsräume zu schaffen, in denen die Teilnehmer_innen differente Handlungsmöglichkeiten durch die Reflexion und den Austausch mit anderen erfahren und erproben können. Es wird also keine »Homogenisierung« von Menschen angestrebt, sondern die Differenzen und Andersheiten von Menschen mit Blick auf die individuelle Gestaltungsfreiheit werden fokussiert, ohne diese zu essenzialisieren. Folgt man Heite (2010), so kann Andersheit in einer Art und Weise anerkannt werden, die

> »[…] Differenz nicht essenzialisiert, sondern ›andere‹ Formen der Weltdeutung und Lebensführung – als aus guten Gründen getroffene Entscheidung der jeweiligen Akteure – nicht-wertend zulässt, Adressat_innen zu solchen autonomen Entscheidungen befähigt sowie spezifische Lebenslagen ebenso wie Wünsche und Bedürfnisse ungleichheitsanalytisch erfasst, gerechtigkeitstheoretisch prüft und demgemäß relationiert« (Heite, 2010, S. 196).

Thematisiert und reflektiert werden in den Schulungen somit gesellschaftliche Geschlechterzuschreibungen, die Zuschreibungspraxen sowie die Konsequenzen, die sich durch diese Zuschreibungen mit Blick auf die Wahrnehmung von Handlungsmöglichkeiten ergeben (werden die Zuschreibungen bzw. die daraus resultierenden Erwartungen als förderlich oder hinderlich für die eigene Gestaltungsfreiheit bewertet?). Die Teilnehmer_innen werden dabei nicht als »bloße Opfer« von gesellschaftlichen Zuschreibungen betrachtet, sondern die Reflexion über eigene Zuschreibungspraxen steht ebenfalls im Vordergrund der Schulungen. Vor dem Hintergrund, dass »Räume des Sprechens und der Gespräche und Räume des Experimentierens« (Fegter, Geipel u. Horstbrink, 2010, S. 242) geschaffen werden sollen, finden diese Reflexionen in Gruppenarbeiten oder in Plenumsdiskussionen statt. Mit Blick auf die Definition von Genderbewusstsein werden Geschlechterzuschreibungen auf folgenden Ebenen betrachtet:

- auf der Ebene der *Wahrnehmung:* Was schreibe ich mir und anderen für Eigenschaften, Fähigkeiten etc. zu? Was wird mir von anderen zugeschrieben? Was nehme ich und andere als selbstverständlich wahr?
- auf der Ebene der *Bewertung:* Bewerte ich diese Zuschreibungen/ Selbstverständlichkeiten als förderlich oder hemmend hinsichtlich meiner Handlungsmöglichkeiten?
- auf der Ebene der *Erklärung:* Wie erkläre ich mir das Zustandekommen dieser Zuschreibungen/Selbstverständlichkeiten?
- auf der Ebene der *Handlung:* Was braucht es, damit ich mich und andere sich von diesen Zuschreibungen/Selbstverständlichkeiten lösen, damit Handlungsmöglichkeiten ausgeweitet werden können?

Praktische Implikationen

Wie die praktische Umsetzung dieser theoretischen Überlegungen möglich ist, wird nachfolgend anhand von zwei Übungen aus dem Methoden-Pool der GEMAINSAM-Schulungen erläutert. Durchgeführt werden können diese Übungen zum einen als einzelne Übungen im Rahmen von beispielsweise Seminaren oder Mentoring-Programmen oder aber auch im Rahmen des Gesamtkonzepts der GEMAINSAM-Schulungen, welche als eintägige Workshops konzipiert sind. Ausgangspunkt für die Durchführung dieser Übungen sind die individuellen Bedarfe der Teilnehmer_innen (z. B. ermittelt durch die Anwendung des Diagnose-Instruments, welches im Rahmen des Verbundvorhabens entwickelt wurde; siehe Oellerich in diesem Band). Je nach Bedarf der Gruppe können passgenaue Übungen ausgewählt, individuell erweitert/ergänzt und durchgeführt werden. Gemeinsam ist allen Übungen die Zielsetzung der Erweiterung von Möglichkeitsräumen sowie eine dekonstruktivistische und anerkennende Haltung. Die Zielsetzung der Erweiterung von Möglichkeitsräumen wird als Fernziel[3] formuliert, also als langfristiges Ziel, welches durch die Durchführung der Schulung realisiert werden soll. Demgegenüber sind für jede Übung konkrete Nahziele verfasst (bspw. Wahrnehmung von Geschlechterzuschreibungen), welche durch die gesamte Schulung angestrebt werden. Abbildung 1 zeigt das Formblatt der Übung »Wer ist wie …?«, auf dem relevante Informationen zur Durchführung der Übung zur Verfügung gestellt werden.

Wer ist wie...?		
Typ:	Erhöhung des Genderbewusstseins	Dauer:	Einzelarbeit ist abhängig von der jeweiligen Text- bzw. Filmlänge; Diskussion im Plenum ca. 45–60 Minuten
Zielgruppe:	+ + ÷	Anzahl der Teilnehmer/innen:	unbegrenzt
Material:	Text- und Filmausschnitte aus dem Ordner ‚Ergänzende Materialien für die Übungen'\Übung 24'		
Inhalt	Der/Die Moderator/in wählt einen der nachfolgend beschriebenen Text- oder Filmausschnitte aus dem Anhang aus und bittet die Teilnehmer/innen diesen in Einzelarbeit mit folgender Fragestellung zu bearbeiten: • Welche Geschlechterzuschreibungen lassen sich in dem Text-/Filmausschnitt wiederfinden? Anschließend werden die Ergebnisse im Plenum zusammengetragen und anhand folgender möglicher Fragestellungen diskutiert: Textausschnitt „Was Männer wollen" (aus: Selig, T. (2012). Zum Traumann in 30 Tagen Berlin/München: Langenscheid, S.17 - 21.) • Was für eine Vorstellung über das soziale Zusammenleben wird in diesem Text vermittelt? • Welche Erwartungen werden dabei an Frauen und Männer durch den Text herangetragen? • Wie wirken sich diese Erwartungen auf das Selbstbild und die Selbstdarstellung von Frauen und Männern aus? • Wie wirken sich diese Erwartungen aktuell individuell auf die Teilnehmer/innen aus? • Welche Möglichkeiten nehmen die Teilnehmer/innen wahr, sich diesen Erwartungen zu entziehen? Bemerkung: Um zu verdeutlichen, dass bestimmte Geschlechterzuschreibungen über einen langen Zeitraum wirksam sind, kann zusätzlich der Textausschnitt „Die gute Ehefrau" sowie der Filmausschnitt „Dr. Oetker Werbung 70er Jahre" vergleichend eingesetzt werden.		
Ziel	Wahrnehmung von Geschlechterzuschreibungen; Bewertung der Folgen auf individuelle Handlungsfreiheit; Verdeutlichung der Konstruktion von Geschlecht		
Methode/n	Einzelarbeit, Arbeit im Plenum		
Bemerkung	Anstelle eines Textes bzw. eines Filmausschnitts können auch unterschiedliche Materialien (z. B. Gruppe A: Textausschnitt, Gruppe B: Filmausschnitt) an die Kleingruppen verteilt und, deren Ergebnisse im Plenum miteinander verglichen werden.		

Abbildung 1: Ausschnitt aus dem Formblatt der Übung »Wer ist wie …«?

---

3   Zur Unterscheidung zwischen Fern- und Nahzielen siehe Schmidt-Grunert (2002, S. 163 f.).

Die Übung »Wer ist wie …?« hat zur Zielsetzung, Geschlechterzuschreibungen wahrzunehmen und diese Zuschreibungsprozesse sichtbar zu
machen sowie die Folgen von »geschlechtsspezifischen« Zuschreibungen im Hinblick auf die individuelle Handlungsfreiheit zu bewerten.
Dies geschieht mittels Text- und/oder Filmarbeit. Je nach Zielgruppe
stehen unterschiedliche Text- und Filmausschnitte zur Verfügung (bspw.
Märchen, Beziehungsratgeber, Werbefilme, Gesetzestexte), die variabel
eingesetzt werden können. Als Beispiel ist nachfolgend ein Textausschnitt aus der Zeitschrift GRAZIA angeführt (Abbildung 2). Dieser
Ausschnitt eignet sich sehr gut für Teilnehmer_innen, die noch wenige
Vorerfahrungen in der Auseinandersetzung mit Themen der Geschlechtergerechtigkeit haben und insbesondere individuelle Alltagserfahrungen
mit »geschlechtsspezifischen« Zuschreibungen reflektieren möchten.

In Einzelarbeit wird anhand des jeweiligen Mediums die Frage bearbeitet, welche Geschlechterzuschreibungen in dem Text- bzw. Filmaus-
schnitt wahrgenommen werden. Anschließend erfolgt eine Auswertung
im Plenum, in der die Wahrnehmungen der Teilnehmer_innen vergle-
chend diskutiert werden. Dies geschieht anhand bestimmter Leitfragen,
die auf das jeweilige Medium abgestimmt sind. Für den dargestellten Textausschnitt werden beispielsweise folgende Fragen im Plenum diskutiert:

1. Was für eine Vorstellung über das soziale Zusammenleben wird in
   diesem Text vermittelt?
2. Welche Erwartungen werden dabei an Frauen und Männer durch
   den Text herangetragen?
3. Wie wirken sich diese Erwartungen auf das Selbstbild und die Selbstdarstellung von Frauen und Männern aus?
4. Wie wirken sich diese Erwartungen aktuell individuell auf die Teil-
   nehmer_innen aus?
5. Welche Möglichkeiten nehmen die Teilnehmer_innen wahr, sich diesen Erwartungen zu entziehen?

Der Dreischritt Konstruktion – Rekonstruktion – Dekonstruktion sowie
die unterschiedlichen Dimensionen des Genderbewusstseins spiegeln
sich in diesen Fragen wider. Der Schritt der Konstruktion, also dem
Erkennen, dass Unterschiede zwischen Männern und Frauen gesellschaftliche Zuschreibungen sind, ist eng mit dem jeweiligen Medium verknüpft. Besonders geeignet sind Text- bzw. Filmausschnitte, die deutliche
»geschlechtsspezifische« Zuschreibungen enthalten. Die ersten beiden
Fragen sind auf der Dimension der Wahrnehmung angesiedelt und zielen
explizit auf die Rekonstruktion, also das Entdecken dieser »geschlechtsspezifischen« Zuschreibungen. Auch die Fragen 3 und 4 zielen auf die
Rekonstruktion ab, allerdings hier fokussiert auf die Auswirkungen

„Durchtrainiert gerne, aber bitte weiblich!"

Einen flachen, definierten Bauch wünscht sich wohl jede Frau. Besonders jetzt, da der Sommer langsam näher rückt und bauchfrei ja bekanntlich wieder en vogue ist. Gerade habe ich mir deshalb (wieder einmal) vorgenommen, endlich mehr Sport zu treiben (zugegeben, hat noch nicht ganz geklappt – aber morgen fange ich damit an, ganz bestimmt!!!).

Doch Fernanda, Gwyneth & Co. haben es mit dem Fitnesstraining eindeutig übertrieben. Mir kommt es fast so vor, als würden die Ladys neuerdings versuchen, sich gegenseitig mit ihren stahlharten Muckis zu übertrumpfen (so nach dem Motto: „Waaas? Gwen macht täglich 500 Sit-ups? Da mache ich doch locker 1000!"). Muckiwettbewerb? Wie stressig! Auf so ein (Bauchmuskel-)Theater habe ich keine Lust. Und abgesehen davon, dass so ein Sixpack superviel Arbeit verlangt und ich keine Zeit habe, täglich Tausende von Sit-ups zu machen – welcher Mann will gerne eine Frau, die mehr Muskeln hat als er selbst? So viel Waschbrett finden doch die wenigsten Kerle weiblich! Muskelmädchen Fernanda gab in einem Interview sogar gerade selbst zu, dass sich die Männer von ihrem Sixpack eingeschüchtert fühlen … Eine durchtrainierte Figur – gerne. Ich finde aber, Frauen sollten trotz allem noch fraulich bleiben.

Also ich habe eindeutig lieber einen Mann mit Waschbrettbauch als einen eigenen.

@grazia-magazin.de

Abbildung 2: Textausschnitt zur Übung »Wer ist wie …?«

dieser gesellschaftlichen Erwartungen auf das Selbstbild bzw. die Selbstdarstellung, wodurch diese beiden Fragen auf der Ebene der Bewertung angesiedelt sind – bewerten die Teilnehmer_innen diese Erwartungen als hinderlich oder förderlich hinsichtlich ihrer individuellen Handlungsmöglichkeiten? Dadurch, dass den Teilnehmer_innen die Möglichkeit eingeräumt wird, die gesellschaftlichen Erwartungen sowohl positiv als auch negativ zu bewerten, und auch die Orientierung an diesen Erwartungen nicht bewertet wird, wird die anerkennende Perspektive deutlich.

Durch die letzte Frage werden Möglichkeiten diskutiert, sich den Erwartungen zu entziehen und unabhängig von Zuschreibungen das Leben zu gestalten. Hindernisse, die im Rahmen dieser Frage von den Teilnehmer_innen genannt werden (bspw. Angst vor Konflikten in (Arbeits-)Beziehungen), werden anerkannt und dahingehend reflektiert, was benötigt wird, um diese Hindernisse aus dem Weg räumen zu können. Angesiedelt ist diese Frage auf der Ebene der Handlung mit der Zielsetzung der Dekonstruktion. Um diese Zielsetzung noch zu untermauern, bietet es sich an, im Rahmen dieser Frage ebenfalls mögliche Entstehungsfaktoren für diese Erwartungen/Zuschreibungen (Ebene der Erklärung) zu diskutieren. Praktische Erfahrungen mit der Übung haben gezeigt, dass die Teilnehmer_innen, insbesondere wenn sie sich »neu« mit Themen der Geschlechtergerechtigkeit befassen, vielfach überrascht waren, wie viele Zuschreibungen in Medien enthalten sind und wie stark diese als Erwartungen auf die Teilnehmer_innen wirken.

Möglich ist es auch, bestehende Genderübungen dahingehend zu modifizieren, dass auch dort der Dreischritt Konstruktion-Rekonstruktion-Dekonstruktion enthalten ist und so ebenfalls die Zielsetzung der Erweiterung von Möglichkeitsräumen erreicht werden kann. Exemplarisch soll dies an der Übung »Na typisch« (entwickelt von Christa Schulte in Blickhäuser u. von Bargen, 2006, S. 181) nachgezeichnet werden. Die Übung ist als Gruppenübung konzipiert, mit dem Ziel die Vielfalt von Geschlechterrollen zu verdeutlichen sowie »soziale Differenzierungen und Kontextualisierungen von Geschlecht sichtbar zu machen« (S. 181). Für die Übung gibt es zwei Varianten. In der ersten Variante nennt der/die Moderator_in den Teilnehmer_innen unterschiedliche Thesen (z. B. Frauen gelten als unweiblich, wenn sie sich im Beruf durchsetzen), denen die Teilnehmer_innen entweder zustimmen oder widersprechen sollen. In der zweiten Variante werden Verhaltensweisen genannt, welche die Teilnehmer_innen entweder Frauen oder Männern zuordnen sollen (z. B. Mensch X vergleicht sich ständig mit Nachbar_innen, Kolleg_innen, Freund_innen). Im Anschluss an die Übung wird diese ausgewertet, in dem die Teilnehmer_innen unter anderem benennen sollen, ob sich diese Zuordnungen in den Einschätzungen der Gruppe wiederfinden oder von den Vorstellungen der anderen abweichen (vgl. Blickhäuser u. von Bargen, 2006).

Um diese bestehende Übung im Sinne des Verbundvorhabens GEMAINSAM zu modifizieren, wurden ergänzende Fragen entwickelt, die in die Übung integriert werden. Abbildung 3 zeigt das Formblatt zu dieser Übung.

Na typisch ...			
Typ:	Erhöhung des Genderbewusstseins	Dauer:	ca. 20 Minuten für Thesen und Abstimmung + ca. 20 Minuten für Diskussion im Plenum
Zielgruppe:	✦✧✧	Anzahl der Teilnehmer/innen:	unbegrenzt
Material:	Thesen: Schilder mit „stimme zu/stimme nicht zu" sowie Schilder mit „Mann/Frau"		
Inhalt	Moderator/in liest Thesen zu geschlechtsstereotypem Verhalten vor. Die Teilnehmer/innen geben ihre Antwort via Abstimmungsschild (siehe Anhang) oder mittels unterschiedlich farbigen Moderationskarten an. _Variante a: Stimmen Sie dieser These zu?_ _Variante b: Schreiben Sie diese Verhaltensweise einem Mann bzw. einer Frau zu?_ Zum Abschluss des Spiels wird die Übung anhand folgender Fragen ausgewertet: · _Verhalten sich Teilnehmer/innen selbst so, wie es gemäß der Geschlechterrolle entsprechend erwartet wird?_ · _Kennt jemand Ausnahmen?_ · _Wodurch entstehen Geschlechter-Zuschreibungen? (Fokus sowohl auf personale als auch situational-strukturelle Faktoren)_ · _Welche Möglichkeiten gibt es, sich nicht entsprechend der Zuschreibungen zu verhalten?_		
Ziel	Verdeutlichung der Vielfalt und sozialen Konstruktionen von Geschlechterrollen; Sichtbarmachen von sozialen Differenzierungen und Kontextualisierungen von Geschlecht; Analyse von fördernden und hemmenden Faktoren im Hinblick auf Ausgestaltung der Geschlechterrolle; Vergrößerung von Handlungsspielräumen und Verwirklichungschancen		
Methode/n	Gruppenarbeit		
Bemerkung	Ggf. sollte den Teilnehmer/innen zu Beginn der Übung die „Erlaubnis" erteilt werden, dass Geschlechtsstereotype geäußert werden dürfen.		

Abbildung 3: Formblatt zur Übung »Na typisch ...«

Der Aufbau der Übung ist bis zu der Auswertung dem Original gegen-über unverändert. In den Auswertungsfragen spiegelt sich dann, durch die ergänzenden Fragen, der Dreischritt Konstruktion–Rekonstruktion–Dekonstruktion wider. Die ersten beiden Fragen (Verhalten sich die Teilnehmer_innen selbst so, wie es gemäß der Geschlechterrolle erwartet wird? Kennt jemand Ausnahmen?) wurden ebenfalls aus der Originalübung übernommen, da durch diese Fragestellungen schon ein Hinterfragen von »geschlechtsspezifischen« Zuschreibungen impliziert ist. Übertragen auf das Konzept der GEMAINSAM-Übungen befinden sich diese Fragen auf der Dimension der Wahrnehmung. Darüber hinaus wird eine Frage nach möglichen Erklärungen für die Entstehung dieser in den Thesen enthaltenen Geschlechterzuschreibungen gestellt. Diese Frage zielt darauf, diese Zuschreibungen zu erkennen und als solche zu reflektieren.

Die letzte Frage zielt auf das Aufzeigen von Alternativen bzw. Wahl-möglichkeiten, sich nicht entsprechend der Zuschreibungen verhalten zu müssen. Diese Frage ist auf der Ebene der Handlung angesiedelt, beinhaltet aber gleichzeitig die Ebene der Bewertung, da im Rahmen der Beantwortung von den Teilnehmer_innen diskutiert werden kann und wird, ob überhaupt aus individueller Perspektive eine Veranlas-sung besteht, sich nicht den Zuschreibungen entsprechend zu verhal-ten. Gleichzeitig wird durch die Frageformulierung die Möglichkeit der alternativen Handlungsweisen sichtbar gemacht. Durch praktische Erfahrungen hat sich gezeigt, dass den Teilnehmer_innen zu Beginn der

Übung die Erlaubnis erteilt werden sollte, Stereotype äußern zu dürfen. Einige Teilnehmer_innen gingen zu Beginn der Übung in den Widerstand, aufgrund der Sorge, Stereotype durch diese Übung zu reproduzieren. Durch die gezielte Frage nach Ausnahmen bzw. Abweichungen von dem in den Thesen genannten Verhalten, konnte diese Sorge eingedämmt werden. Sollten von den Teilnehmer_innen selbst keine Ausnahmen wahrgenommen werden, bietet es sich an, dass der/die Moderator_in von diesen berichtet, um den Zuschreibungscharakter sowie die Wandelbarkeit von Zuschreibungen zu verdeutlichen.

Ein weiterer Widerstand zeigte sich in der Äußerung von Befürchtungen, sich durch das Nennen von eigenen Stereotypen bloßzustellen und negativ bewertet zu werden. Es zeigte sich, dass die Teilnehmer_innen sehr sensibilisiert sein können, »politisch korrekte« Antworten zu geben und ein hohes Bewusstsein darüber besteht, welche Antworten »erlaubt« sind und welche nicht. Durch die Erlaubnis, Stereotype aussprechen zu dürfen, sowie einer anerkennenden Haltung gegenüber den Äußerungen konnte dieser Widerstand ebenfalls eingedämmt werden. Zentral ist an dieser Stelle noch einmal der Hinweis darauf, die Lebenswirklichkeiten jedes/jeder Einzelnen anzuerkennen und gleichzeitig auf Alternativen aufmerksam zu machen.

Ausblick

Wie die Thematisierung von Widerständen zeigt, ist eine anerkennende Perspektive eine notwendige Voraussetzung, um über eine Dekonstruktion Möglichkeitsräume erweitern zu können. Verschließen sich die Teilnehmer_innen von Genderschulungen vor ihren eigenen Einstellungen und Meinungen zum Thema Geschlecht, da sie befürchten, nicht ernst genommen, abgewertet und diskriminiert zu werden, ist es nicht möglich, diese Einstellungen zu reflektieren und gegebenenfalls zu verändern. Anerkennung und Dekonstruktion sind somit nicht nur zentrale Perspektiven im Rahmen der GEMAINSAM-Schulungen, sondern sie sind im Zusammenwirken die Voraussetzung für die Erweiterung von Möglichkeitsräumen und damit ein Schritt zu ›mehr‹ Geschlechtergerechtigkeit. Die Eröffnung von Möglichkeitsräumen zeigt sich bezogen auf die Genderschulungen daran, dass die Teilnehmer_innen für sich mehr Handlungsfreiheiten entdecken, ihr Leben so zu gestalten, wie es für sie passend ist und den Mut entwickeln, diese auch umzusetzen. So wird beispielsweise in den Reflexionsbögen zu der Schulung auf die Fragen »Haben Sie den Eindruck, dass sich Ihre Gedanken bzw. Vorstellungen zu Themen der Geschlechtergerechtigkeit nach der Schulung verändert haben? Wenn ja, woran merken Sie das?« folgendes von den Teilnehmer_innen geantwortet:

– »Ja, das Verhalten bzw. die Vorstellungen von Richtig und Falsch in Bezug auf meine täglichen Begegnungen sind geschärft.«
– »Ich hinterfrage jetzt mehr.«
– »Ich merke, dass ich mich bewusster mit dem Thema beschäftige und mein eigenes Handeln stärker reflektiere, was die Thematik angeht.«
– »Ich fand gut, dass durch die Auseinandersetzung mit Geschlechts- darstellung, Geschlechterwahrnehmung und Zuschreibungen die eigenen Handlungsmöglichkeiten größer werden.«[4]

Normative Vorgaben, wie das Verhalten und die Vorstellungen der Teil- nehmer_innen auszusehen haben, werden von Seiten der Schulungs- leiter_innen nicht vorgenommen, stattdessen agieren sie als Unterstüt- zer_innen und Begleiter_innen für und bei Veränderungen. Daraus folgt, dass Schulungsleiter_innen immer wieder Neues und Unerwartetes im Rahmen der Schulungen erwartet. So gilt hier in besonderer Weise die Feststellung von Scherr (2002), dass »Individuen […] als Subjekte prinzipiell in der Lage [sind], sich Erwartungen entgegenzusetzen, mit Gewohnheiten zu brechen, Behauptungen zu hinterfragen, Normen zu ignorieren und Unerwartetes zu tun« (Scherr, 2002, S. 33) und so gemeinsam Möglichkeitsräume zu schaffen.

Literatur

Blickhäuser, A., von Bargen, H. (2006). Mehr Qualität durch Gender-Kompetenz. Königstein/Ts.: Ulrike Helmer.

Böhnisch, L. (1998). Der andere Blick auf die Geschichte. Jugendarbeit als Ort der Identitätsfindung und der jugendgemäßen Suche nach sozialer Integra- tion. In L. Böhnisch, M. Rudolph, B. Wolf (Hrsg.), Jugendarbeit als Lebensort. Jugendpädagogische Orientierung zwischen Offenheit und Halt (S. 19–38). Weinheim: Juventa.

Deinet, U. (2009). Grundlagen und Schritte sozialräumlicher Konzeptentwick- lung. In U. Deinet (Hrsg.), Sozialräumliche Jugendarbeit. Grundlagen, Metho- den, Praxiskonzepte (S. 13–25). Wiesbaden: VS.

Dell' Anna, S. (2013). »Gelingen – Misslingen – Alte Geschichten – Neue Versu- che?« Jungenarbeit in der Offenen Kinder- und Jugendarbeit. In D. T. Chwalek,

---

4 Antworten übernommen aus den Reflexionsfragebögen der GEMAINSAM- Schulung, welche im Rahmen der Evaluation vier Wochen nach der Schulung an die Teilnehmer_innen gesendet wurden.

M. Diaz, S. Fegter, U. Graff (Hrsg.), Jungen-Pädagogik. Praxis und Theorie von Genderpädagogik (S. 146–153). Wiesbaden: VS.

Fegter, S., Geipel, K., Horstbrink, J. (2010). Dekonstruktion als Haltung in sozial-pädagogischen Handlungszusammenhängen. In F. Kessel, M. Plößer (Hrsg.), Differenzierung, Normalisierung, Andersheit (S. 233–248). Wiesbaden: VS.

Flax, J. (1996). Jenseits von Gleichheit: Geschlecht, Gerechtigkeit und Differenz. In H. Nagl-Docekla, H. Pauer-Studer (Hrsg.), Politische Theorie, Differenz und Lebensqualität (S. 223–250). Frankfurt a. M.: Suhrkamp.

Frey, R., Hartmann, J., Heilmann, A., Kugler, T., Nordt, S., Smykalla, S. (2006). Gender-Manifest. Zugriff am 25.06.2013 unter: http://www.gender.de/mainstreaming/GenderMaifesz01_2006.pdf

Giddens, A. (1984). Die Konstitution der Gesellschaft. Grundzüge einer Theorie der Strukturierung. Frankfurt a. M.: Campus.

Heite, C. (2010). Anerkennung von Differenz in der Sozialen Arbeit. Zur professionellen Konstruktion des Anderen. In F. Kessel, M. Plößer (Hrsg.), Differenzierung, Normalisierung, Andersheit (S. 187–200). Wiesbaden: VS.

Hetzel, M. (2012). Eine Herausforderung für das, was ist – Zum Begriff Kritik. In K. Rathgeb (Hrsg.), Disability Studies: Kritische Perspektive für Arbeit am Sozialen (S. 21–29). Wiesbaden: VS.

Hirschler, S., Homfeldt, H. G. (2006). Agency und Soziale Arbeit. In C. Schweppe, S. Sting (Hrsg.), Sozialpädagogik im Übergang (S. 41–56). Weinheim: Juventa.

Oelkers, N. (2012). Geschlechtergerechtigkeit: Die Gleichheit von Verwirklichungschancen. In T. Boomgaarden, M. Matthes (Hrsg.), Standpunkte. Diskussionen und Beiträge zu pädagogischen Grundbegriffen und Haltungen (S. 33–40). Greven: OUTLAW/der Verlag.

Oelkers, N., Rohde, J. (2013). Gleichheit und Freiheit als Ansatzpunkte für Geschlechtergerechtigkeit. In K.-P. Sabla, M. Plößer (Hrsg.), Gendertheorien und Theorien Sozialer Arbeit. Bezüge, Lücken, Herausforderungen (S. 163–172). Opladen & Farmington Hills: Barbara Budrich.

Ophüls, C. (2013). Durchtrainiert gerne, aber bitte weiblich. Zugriff am 31.08.2013 unter http://www.grazia-magazin.de

Pauer-Studer, H. (1996). Geschlechtergerechtigkeit: Gleichheit und Lebensqualität. In H. Nagl-Docekla, H. Pauer-Studer (Hrsg.), Politische Theorie, Differenz und Lebensqualität (S. 54–86). Frankfurt a. M.: Suhrkamp.

Pimminger, I. (2012). Was bedeutet Geschlechtergerechtigkeit? Normative Klärung und soziologische Konkretisierung. Opladen: Barbara Budrich.

Plößer, M. (2010). Differenz performativ gedacht. Dekonstruktive Perspektiven auf und für den Umgang mit Differenten. In F. Kessel, M. Plößer (Hrsg.), Differenzierung, Normalisierung, Andersheit (S. 218–232). Wiesbaden: VS.

Reutlinger, C. (2008). Agency und ermöglichende Räume – Auswege aus der Falle der »doppelten Territorialisierung«. In H. G. Homfeldt, W. Schroer, C. Schweppe (Hrsg.), Vom Adressaten zum Akteur. Soziale Arbeit und Agency (S. 211–232). Opladen: Barbara Budrich.

Scherr, A. (2002). Subjektbildung in Anerkennungsverhältnissen. Über »soziale Subjektivität« und »gegenseitige Anerkennung« als pädagogische Grundbegriffe. In B. Hafeneger, P. Henkenborg, A. Scherr (Hrsg.), Pädagogik der Anerkennung (S. 26–44). Schwalbach/Ts: Wochenschau.

Schmidt-Grunert, M. (2002). Soziale Arbeit mit Gruppen. Eine Einführung. Freiburg: Lambertus.

Sen, A. (1987). The standard of living. Cambridge: Cambridge University Press.

Sen, A. (1992). Inequality re-examined. Oxford: Clarendon Press.

Stuve, O. (2001). »Queer Theory« und Jungenarbeit. Versuch einer paradoxen Verbindung. In B. Fritzsche (Hrsg.), Dekonstruktive Pädagogik (S. 281–295). Opladen: Leske + Budrich.

Voigt-Kehlenbeck, C. (2001). … und was heißt das für die Praxis? Über den Übergang von einer geschlechterdifferenzierenden zu einer geschlechterref-lektierenden Pädagogik. In B. Fritzsche (Hrsg.), Dekonstruktive Pädagogik (S. 237–254). Opladen: Leske + Budrich.

Ziegler, H. (2008). Soziales Kapital und agency. In H. G., Homfeldt, W. Schroer, C. Schweppe (Hrsg.), Vom Adressaten zum Akteur. Soziale Arbeit und Agency (S. 83–106). Opladen: Barbara Budrich.

Ronja Müller-Kalkstein

Von Genderohnmacht und Männerbenefits

Vorbemerkungen

Während der Laufzeit des Verbundvorhabens »GEnderMAINStreAM
ing. Veränderungen erreichen (GEMAINSAM)« wurde in unterschiedlichen Forschungs- und Interventionssettings deutlich, dass das Thema
der Gleichstellung von Männern und Frauen und darüber hinaus die
Beschäftigung mit dem Thema Diversity in Unternehmen kein Schnee
von gestern ist.

Angesichts des demografischen Wandels und dem damit einhergehenden Fachkräftemangel sehen sich Unternehmen mit dem Thema weiterhin stark konfrontiert. Nicht ausschließlich der ökonomische Faktor
Fachkräftemangel sowie die gesetzten politischen Rahmenbedingungen
fordern die Auseinandersetzung mit der Thematik ein, sondern auch
der öffentliche Druck durch Diskussionen um Gleichstellung scheint
inzwischen eine Prestigefrage geworden zu sein, eine Möglichkeit zur
Markierung einer Differenz, der Unterscheidung von anderen Unternehmen. Recruiting- und Marketingmaßnahmen führender Unternehmen
sprechen gezielt Frauen an. Sichtbar wird dies in Imagekampagnen und
neuen Formaten des Talentmanagements von deutschen Automobilher-
stellern. Beispiele hierfür sind die aktuelle Imagekampagne »Umparken
im Kopf« von Opel mit dem provokanten Slogan: »Karriere macht
Frauen unweiblich«. Oder der »Woman Experience Day« von Volks-
wagen bei der Cebit wie auch der »Woman Driving Award«. Doch nicht
alles, was glänzt, ist Gold. Eine tatsächliche Etablierung von hohen
Genderbewusstsein und der damit einhergehenden Startpunkt für einen
Wandel der Organisationsstruktur und -kultur im Sinne der Transfor-
ming-Strategie (European Commission, 2008) beginnt in den Köpfen.

Veränderung braucht Vorbilder und Vorbilder mit Führungsverantwortung sind in deutschen Unternehmen weiterhin in der Mehrheit männlich. So ist zwar der prozentuale Anteil von weiblichen Führungskräften in deutschen Unternehmen in den letzten Jahren auf 30 %
angestiegen, in den Vorständen der 200 größten Unternehmen waren
2012 jedoch nur drei % weiblich (Holst, Busch u. Kröger, 2012). Wenn

es weibliche Vorbilder in Unternehmen gibt, positionieren sich längst nicht alle wie Jutta Allmendinger, Präsidentin des Wissenschaftszentrums Berlin für Sozialforschung, als Quotenfrau und somit als Nutznießerin/Akteurin des beschriebenen Organisationswandels hin zu mehr Gleichberechtigung (Wündrich, 2010). Ganz im Gegenteil haben wir die Erfahrung gemacht, dass die Betitelung als Quotenfrau negativ gewertet wird. In den Interviews, die im Rahmen des Verbundvorhabens »GEnder MAINStreAMing. Veränderungen erreichen (GEMAINSAM)« geführt wurden, zeigte sich deutlich, dass die Identifizierung mit der Quote als Stigma verarbeitet wird. Frauen mit eigener Karriere wollen die Quote, aber doch für die anderen Frauen, sie selbst sind der Ansicht, hätten sie nie gebraucht. Wer möchte schon freiwillig seine eigenen Fertigkeiten und Fähigkeiten unter den Scheffel der Quote stellen?

Begriffe wie Gender, Gleichstellung, Gender Mainstreaming, Frauenförderung purzeln in der Unternehmenssprache durcheinander und scheinen zu Reizwörtern geworden zu sein. Aussagen wie »Bitte, bloß nicht noch ein Gender-Awareness-Training!« (Qual. Int., männlich, Führungskraft) zeigen einmal mehr die Genderohnmacht, die einige Führungskräfte überkommt, wenn sie mit der Gleichstellungsproblematik konfrontiert werden. *Genderohnmacht* meint einerseits die sofortige Abwehr von Themen, die sich mit Gender und damit verbundenen Problematiken beschäftigen. Andererseits ist Genderohnmacht ein hilfloser Gefühlszustand, wenn Mitarbeiter_innen die Ungleichbehandlung erkennen, aber dem nichts entgegenzusetzen wissen und stellt somit ein großes Hindernis auf dem Weg zu mehr Geschlechtergerechtigkeit dar. Die Herausarbeitung dieses Knotenpunktes der Genderohnmacht kann dann in einem interaktiven Setting der Startpunkt zur Veränderung sein.

Ein qualitatives Ergebnis wurde mit der Forschungslaufzeit immer deutlicher: Es braucht Männerbenefits, also gute Gründe, dass Männer sich mit auf den Weg zu mehr Geschlechtergerechtigkeit in Unternehmen machen. Doch welche sind das genau? Und sind diese Benefits tatsächlich an Männer gekoppelt oder geht es nicht vielmehr um neue Möglichkeitsräume, die im Sinne der Geschlechtergerechtigkeit für alle sozialen Geschlechter erlebbar sind?

Bei der Kontaktaufnahme mit potenziellen Kooperationsunternehmen, dem Ausbau der Unternehmenskooperationsbeziehungen, bei den Durchführungen von Workshops und schließlich bei der Auswertung von verschiedenem qualitativen Material wurde der Wunsch der Unternehmensmitglieder nach und die Notwendigkeit der Übersetzung von Vorteilen der Geschlechtergerechtigkeit für Männer immer dringender. Es gilt diese Benefits zu identifizieren, zu konkretisieren, zur Reflexion über sie anzuregen und erlebbar zu machen. Somit kann der Gende-

rohnmacht etwas entgegengesetzt werden, das Individuen an Entschei-
dungs- und Vorbildpositionen innerhalb von Unternehmen dazu bringt,
Widerstände gegen die Genderthematik abzubauen.

Dieser Beitrag beschreibt zunächst anhand der im Teilprojekt Universität Kassel geführten qualitativen Interviews (zu den Themen
Geschlechterrollenbilder, Wahrnehmung sowie Bewertung von Gender
Mainstreaming Maßnahmen mit Mitarbeiter_innen, davon zehn Männer
und zwölf Frauen mit und ohne Führungsverantwortung) und weiter
anhand der Gesprächsrunde zum Thema der Geschlechtergerechtigkeit mit vier Männern, die leitende Funktionen in ihren Organisationen
bekleiden, die wir im Rahmen des Fachforums Geschlechtergerechtigkeit
und Beratung an der Universität Kassel moderierten. Außerdem fließen
Protokolle unserer im Rahmen des Verbundvorhabens geführten Workshops in die Überlegungen mit ein.

Teilen ist schwer

Die Argumentation für mehr Geschlechtergerechtigkeit ist zu Recht eine
prinzipielle. Die ungleiche Teilhabe und Behandlung von Frauen wird
retrospektiv durch die bisher erwirkten Veränderungen bezüglich einer
Gleichstellung deutlich. Heute zehrt die Begründung für die Bearbeitung der Genderthematik einerseits von der Skizzierung der Frauenbewegung und andererseits von den statistischen Fakten der Ungleichheit. Beide Dimensionen werden folgend kurz beschrieben, dabei wird
ein Aspekt deutlich: Frauen bilden hier den Fokus. Die Geschichte der
deutschen Frauenbewegung mit ihren verschiedenen Wellen und Strömungen handelt von Macht, so beschreibt sie schließlich einen Prozess
der Ermächtigung. Frauen bemächtigten sich nach und nach öffentlicher Räume und den damit verbundenen Handlungsspielräumen in
der Gesellschaft. Während die erste Welle der Frauenbewegung, Mitte
des 19. Jahrhunderts bis Anfang des Ersten Weltkrieges, für die grundsätzlichen Rechte der Frauen kämpfte, wie beispielsweise dem Recht
auf Erwerbsarbeit und Bildung, war der Auslöser der zweiten Welle
der Frauenbewegung, die in den 1968ern ihren Anfang nahm, ein allge-
meiner gesellschaftlicher Umbruch und Wertewandel. Den Wellen und
Strömungen bis hin zur Ausdifferenzierung der Frauenbewegung zum
Ende der zweiten Welle ist gemeinsam, dass sie aus Protestbewegungen
entstanden (Nave-Herz, 1993). Die Wahrnehmung einer dritten Welle der
Frauenbewegung ist in der Öffentlichkeit eine andere und wird auch in
der Wissenschaft divers wahrgenommen und diskutiert. Die neue Welle

der Frauenbewegung, deren Existenz von einigen Wissenschaftler_innen angezweifelt und von anderen in ihrer Ausdifferenzierung skizziert wird (Roth, 2004), besitzt nicht diese Protestkultur eines großen Ganzen und wird medial und öffentlich in geringerem Maße wahrgenommen. Seit den 1990er Jahren wurden Frauenthemen in Politik und Wissenschaft, beispielsweise durch die Einsetzung von Gleichstellungsbeauftragten, institutionalisiert. Jedoch ist das Thema Frau in dem Gesellschaftsbereich Arbeit hochaktuell.

Heute scheint es in Deutschland selbstverständlich, dass Frauen am Erwerbsleben teilnehmen oder ihnen zumindest eine relative Wahlfreiheit zusteht, ob sie Familienphasen zu Hause verbringen oder nicht. Jedoch noch immer gilt meist ausschließlich die bezahlte Berufstätigkeit auf dem Arbeitsmarkt als *wirkliche* Arbeit (Notz, 2010). Obwohl die Rolle des Mannes sich verändert hat und sich die Männerbilder im Wandel befinden, ist es weiterhin die Mehrheit der Frauen, die den Löwenanteil der unbezahlten Arbeitsstunden im Bereich des Haushalts, der Pflege, der Kindererziehung, des Ehrenamts und der Organisation der sozialen Netzwerke leistet. Frauen leisten den Großteil der unbezahlten Arbeit in Familie und Gesellschaft und zwar oftmals neben ihrer Berufstätigkeit. Anzumerken bleibt, dass also viele Frauen im Vergleich zu Männern weiter einer nennenswerten Doppelbelastung ausgesetzt sind. Darüber hinaus verlagert sich ihre Berufstätigkeit immer mehr in den Niedriglohnsektor und Untersuchungen zeigten, dass eine sogenannte *gläserne Decke* verhindert, dass Frauen auf Führungsebenen gleichberechtigt vertreten sind (Holst, Busch u. Kröger, 2012). Öffentliche Aktionen wie zum Equal Pay Day und auch die immer wieder aufflammenden Quotendebatte in Politik und Wirtschaft werden prominent in den Medien platziert (Niejahr, 2014). Wir machten innerhalb des Verbundvorhabens in Gesprächen mit Kooperationspartner_innen die Erfahrung, dass Rückbezüge auf diese Begründungszusammenhänge für mehr Geschlechtergerechtigkeit vielfach eine *Genderohnmacht* hervorriefen. Trotzdem dürfen sie nicht unsichtbar sein oder vermieden werden. Jedoch: Wo ist der Fokus auf die Männer? Wie kann hier ein positiver Zugang gefunden werden? Wie Vorteile übersetzt werden? Die Geschichte und Statistiken zeigen: Männer geben Teile ihrer Macht nicht freiwillig her. Ist Teilen denn so schwer?

Viele Frauen und Männer unserer Workshops teilten die Ansicht, dass *ein Gesetz auch ein Wegbereiter* sein kann. Die Unterrepräsentanz von Frauen in Führungspositionen und die damit einhergehende Quotendiskussionen waren in diesen Settings jedoch immer wieder heiße Eisen.

»Die Männer haben Angst um ihre Positionen« (Workshop, weiblich).
»Möchten Bestandswahrung« (Workshop, weiblich).

Dies sind nur einige affektive Ausdrücke dieser Diskussionen. Teilen will gelernt sein. Auch wenn Studien deutlich zeigen, dass Frauen weniger verdienen, dass die Hausarbeit ungleich verteilt ist, dass Frauen weniger Führungspositionen inne haben, zeigte sich in den Interviews deutlich, dass diese Argumente anscheinend nicht zu erhofften Veränderungen in den Köpfen führen. Zumindest nicht im ersten Anlauf. Sobald die Reizwörter wie *Gender Mainstreaming, Quote* oder *Frauenförderung* im Gespräch auftauchten, wurden Widerstände sofort sichtbar.

»Männer hängen nun mal Bilder von nackten Frauen in ihre Spinde. Das ist doch keine Diskriminierung für die Kolleginnen« (Qual. Int., männlich, Führungskraft).

»Ich bin keine Quotenfrau« (Qual. Int., weiblich, Führungskraft).

»Bloß nicht noch ein Awareness-Training« (Qual. Int., männlich, Führungskraft).

Organisationale und personale Widerstände gegen die Genderthematik zeigen sich in einer Genderohnmacht (Möller u. Müller-Kalkstein, 2012). Nicht nur bei der Suche von genderinteressierten Organisationen tauchten die Argumentationsstränge: »Brauchen wir nicht, haben wir schon!« oder »Brauchen wir nicht, hier arbeiten eh nur Männer!« auf, sondern auch in Workshops wurde von Teilnehmer_innen aus verschiedenen Organisationen berichtet, dass in ihrer Herkunftsorganisation das Thema Gender zu einem roten Tuch wird, wenn es denn so betitelt wird. Die sofortige Abwehrreaktion bei der Benennung genderbezogener Themen zeigt sich in inneren und äußeren Konsequenzen. Beispielsweise ließ sich beobachten, dass die Betroffenen sogleich die Körperhaltung und Mimik veränderten, einen inhaltlichen Themenwechsel anstrebten oder inhaltlicher Rückzug und Anpassung sichtbar wurden. In unseren Workshops wurde besonders die inhaltliche Anpassung im Sinne einer politischen Korrektheit von Männern deutlich. Beispielsweise war zu beobachten, dass sie sich innerhalb von Diskussionen nicht weiter beteiligten oder sie übernahmen ohne weitere Begründungen Ansichten der anwesenden Frauen. Im Gegensatz dazu brennen Mitarbeiter_innen aber Themen wie Vereinbarkeit von Familie und Beruf, Teilzeitregelungen, Regelungen für die Pflege von Angehörigen etc. unter den Nägeln.

Die Genderohnmacht wird jedoch nicht nur deutlich anhand der kategorischen Abwehr hinsichtlich genderbezogener Begrifflichkeiten, son-

dern sie hat darüber hinaus eine Facette eines tatsächlichen Ohnmachts-
gefühls als Ausdruck von Hilfslosigkeit. Während einiger Workshops
wurden durch eine Imaginationsübung die Geschlechtsrollen getauscht:
»Stellen Sie sich vor, Sie wachen morgen früh als Mann/Frau auf. Was
ist in Ihrem beruflichen Alltag dann anders?«. Die Teilnehmer_innen
betraten ihre Organisation als das biologisch andere Geschlecht. Frauen
kamen in der Rolle des Mannes zu mehr Gehalt, zu mehr Verantwortung
im Sinne von mehr eigenen Mitarbeiter_innen, weiter wurde ihre Körperlichkeit unwichtig und sie verspürten weniger fachlichem Rechtfer-
tigungsstress, ihren Anweisungen wurde problemlos Folge geleistet und
sie übten sich deutlich weniger im Empathiestress. Die Schilderungen
und Bewertungen der Frauen lösten bei den Männern Erstaunen, Mitleid,
Unbehagen bis hin zu einem Gefühl der Hilflosigkeit, nichts an dieser
Tatsache ändern zu können, aus. Durchaus können Trainer_innen mit
dieser offengelegten Genderohnmacht produktiv arbeiten. Aber welche
neuen Machtgefälle entstehen durch diese offengelegten Verletzlichkei-
ten, in zwar geschützten aber innerorganisationalen Räumen und sind
diese wirklich hilfreich, wenn die Erhöhung des Genderbewusstseins
für manche Männer den Geschmack einer Umerziehungsmaßnahme
(Abdul-Hussain, 2012) annimmt?

Genderohnmacht, sei sie hervorgerufen durch – wie ein Koopera-
tionspartner es nannte – *ermüdende Präsenz*, also der ständigen Konfrontation mit diesem oftmals persönlich empfundenen, nicht messbaren
abstrakten Konstrukt Gender, oder durch einen im Workshop-Setting
hervorgerufenen Gefühlszustand, kann Widerstand gegenüber organi-
sationalem Wandel hin zur Geschlechtergerechtigkeit bestärken und die
persönliche Reflexion mit dem eigenen Genderbewusstsein verhindern.
Bleiben aber Themen wie Gender Mainstreaming, Vereinbarkeit von
Familie und Beruf, die Erhöhung des eigenen Genderbewusstseins und
somit die Erarbeitung von Möglichkeitsräumen jenseits des sozialen
Geschlechts etwa (weiterhin) reine Frauensache?

Männer, spielt mit!

Nicht nur öffentliche Diskurse zeigen einmal mehr, dass auch das Bild
Mann sich verändert (Der Spiegel, 2012), sondern auch strukturelle Veränderungen wie die Einführung der Vätermonate oder die Etablierung
von Netzwerken, die sich zum Ziel gesetzt haben junge Männer an frau-
endominierte Berufe heranzuführen oder Väter zu unterstützen – beispielsweise bei der interkulturellen Väterarbeit in Kommunen – sind ein

Zeichen dieses Wandels. Beim Fachforum »Geschlechtergerechtigkeit
und Beratung« an der Universität Kassel im September 2013 wurde in
einer Gesprächsrunde mit vier Männern verschiedener Hierarchiestufen,
aber jeweils mit Führungsfunktion aus unterschiedlichen Branchen und
Organisationen der Frage nachgegangen, welche Vorteile Männer von
Geschlechtergerechtigkeit haben können. Dabei wurden, wie auch in
den im Verbundvorhaben geführten qualitativen Interviews und Workshops, Wünsche nach Veränderung hin zu mehr Geschlechtergerechtigkeit innerhalb dreier Dimensionen deutlich: des Persönlichen, des
Strukturellen und der eigenen Karriereausgestaltung. Im Folgenden
werden die Dimensionen skizziert und Auszüge aus der Gesprächsrunde herangezogen.
    Die erste Dimension zielt auf persönliche und emotionale Vorteile.

> »Es gibt aber auch durchaus andere, die in der persönlichen Not stehen, sich
> als Mann in den unterstellten Rollen und gesellschaftlichen Zwängen nicht
> so bewegen zu können, wie sie es eigentlich wollen. Kleines Beispiel, zwei
> Mitarbeiter in der Abteilung, eine Dame mit Kindergartenkind und ein Herr
> mit Kindergartenkind. Die Dame sagt: ›Muss jetzt um 3 Uhr los, die Maria
> vom Kindergarten abholen.‹ Der Mann traut sich das nicht« (Gesprächs-
> runde, männlich).

Der Wunsch nach einer Vereinbarkeit von Familie und Beruf ist kein
rein weiblicher mehr, sondern wird auch von vielen (jungen) Männern
geteilt. Diese sehen sich vielfach mit Rollenbildern konfrontiert, die eine
Vereinbarkeitsproblematik schüren.

> »Ich darf mein Kind nicht abholen und habe [durch die Frauenquote] eine
> versaute Karriere« (Gesprächsrunde, männlich).

Einige Männer sehen den Vorteil durch eine Entwicklung hin zu mehr
Geschlechtergerechtigkeit: nicht mehr den Allein- oder Hauptverdie-
ner der Familie stellen zu müssen. Sie sehen die Chance, sich nicht nur
dem persönlichen Erfolgsdruck entziehen zu können, sondern auch die
Möglichkeit für die nachfolgenden Männergenerationen die Gestaltung
der eigenen Berufswahl freier angehen zu können. Die Männer wiesen
wiederholt auf die Möglichkeiten hin, bei mehr Geschlechtergerechtigkeit mehr Zeit mit ihrer Familie verbringen zu können und somit eine
höhere Zufriedenheit im Bezug zur Work-Life-Balance zu erleben. Männern wird es auf diese Weise ermöglicht, Rollenvielfalt zu entwickeln.
Dies führt zu einer höheren persönlichen Zufriedenheit und zu mehr
seelischer Gesundheit (Alfermann u. Bock, 1999).
    Die zweite Dimension ist eine strukturelle, denn strukturelle Verän-

derungen wie zum Beispiel betriebliche oder gesetzliche Regelungen zu Pflege und Betreuung von Angehörigen, Arbeitszeit oder auch innerorganisationale Absprachen wie etwa keine Besprechungen nach 17 Uhr gelten für alle Geschlechter und Männer könnten davon profitieren. Denn wie in unseren Interviews deutlich wurde, wünschen auch sie sich – mit oder ohne Kinder – eine bessere Vereinbarkeit des Berufs- und Privatlebens. Immer mehr Männer gehen nach Dienstschluss pflegerischen Aufgaben nach. Somit können die im Rahmen der Gleichberechtigungsbemühungen erwirkten strukturellen Veränderungen für Männer deutliche Vorteile bringen, wenn diese nicht nur auf Frauen ausgelegt sind.

Schließlich geht es auch um die Dimension der eigenen Karriere. Hier beschreiben einige Männer die Vorteile sehr deutlich. Eine geschlechtergerechtere Organisation würde ihrer Ansicht nach keine Führungskräfte in Teilzeit mehr diskriminieren, da die Strukturen dafür wie beschrieben schon geschaffen wären. Möglichkeiten des Jobsharings wären schon geschaffen worden und könnten nun auch von Männern und Frauen genutzt werden – ohne große Diskussionen oder Durchsetzungsbedarf entgegen normativer männlicher Rollenbilder. Die Nutzung der Vätermonate oder sogar eine längere Elternzeit würden im Idealfall keinen Karriereknick mehr nach sich ziehen.

Geschlechtergerechtigkeit – aber wie?

Was bedeuten unsere Ergebnisse für die Initiierung eines Veränderungsprozesses hin zu mehr Geschlechtergerechtigkeit? Ein Wandlungsprozess braucht eine solide Basis, die strategischer Vorstandsentscheidungen bedarf. Dieses Top-down-Instrument (Meuser u. Neusüß, 2004) ermöglicht die Rahmung von Handlungsmöglichkeiten, deckt aber nicht die auf personaler Ebene notwendigen Trainings ab. Die Erhöhung des Genderbewusstseins braucht genderrelevantes Wissen, eine persönlich erarbeitete Wertereflexion und die Verknüpfung genderrelevanter Handlungsmöglichkeiten mit persönlichen Erfahrungen mit emotionaler Erlebnisqualität (Möller u. Müller-Kalkstein, 2012). Die Auseinandersetzung mit *Genderohnmacht* und *Männerbenefits* zeigt deutlich, dass die Identifizierung und Fokussierung der Vorteile der Erhöhung des Genderbewusstseins innerhalb von Interaktionssettings – wie beispielsweise innerhalb eines Workshops – zu mehr Geschlechtergerechtigkeit führen und Widerstände abbauen kann. Um dies zielführend voranzubringen, müssen die Vorteile einer geschlechtergerechteren Organisation für Männer übersetzt, sichtbar und erlebbar gemacht werden.

Letztlich sollte es aber das Ziel sein, dass alle sozialen Geschlechter ein Mehr der Geschlechtergerechtigkeit in ihrem Leben verzeichnen können. Weiterhin sollten die Benefits für Frauen aber aufgrund der tatsächlich immer noch nicht erreichten Gleichstellung vorgetragen werden. Doch durch die Fokussierung der Benefits für Männer können Widerstände abgewendet und der Prozess zielführend vorangebracht werden.

Stolpersteine

Die Sichtbarwerdung von Männerbenefits und die Reflexion dieser innerhalb von Workshops ist allerdings nur ein Türöffner. Denn Geschlechtergerechtigkeit in Organisationen kann nur unter der Berücksichtigung aller Geschlechter und individueller Lebenssituationen erreicht werden. Die Bewusstwerdung der Kategorie Gender kann auch zur Bewusstwerdung weiterer sozialer Ungleichheiten führen (zur Anerkennung der Vielfalt von Lebensrealitäten siehe Schweer und Lachner in diesem Band). Veränderungen in der Organisationsstruktur wie auch der Rahmenbedingungen der Arbeitswelt müssen für alle Organisationsmitglieder nutzbar sein, ob Mutter oder Vater, ob Single oder in einer Partnerschaft lebend, ob mit zu pflegenden Angehörigen oder mit eigenen besonderen Bedürfnissen, wenn denn eine Gleichbehandlung aller erreicht werden und das Gesamtpotenzial der Mitarbeiter_innen ausgeschöpft werden soll. Die Vernachlässigung bestimmter Arbeitnehmer_innengruppen bei der Bearbeitung der Genderthematik führt unter anderem zu weniger Verbindlichkeit. Arbeitszeitregelungen sollten in diesem innerorganisationalen Zusammenhang zwar der jeweiligen Lebenssituation und den dazugehörigen Aufwendungen angepasst sein, jedoch keinesfalls ausschließlich für Mütter oder nur für Väter zur Verfügung stehen. Auch wenn familienpolitische Rahmenbedingungen wie die Pflegezeitregelungen bisher wenig Anklang gefunden haben (Öchsner, 2012), so werden durch diese Regelung verschiedene Lebenssituationen anerkannt. Es geht um die Schaffung von Möglichkeiten der Lebensarbeitszeitgestaltung und somit um Wahlfreiheit, wie ein beruflicher Werdegang ausgestaltet werden kann, sollte innerorganisational mit unterschiedlichen Laufbahnmodellen vorbereitet werden.

Kooperationsunternehmen des Verbundvorhabens, die sich schon während unserer Forschung im Veränderungsprozess hin zu mehr Geschlechtergerechtigkeit befanden, entschieden sich Gestaltungsmöglichkeiten für ihre Mitarbeiter_innen anzubieten. So gibt es vielerorts Möglichkeiten, sich für ein Sabbatical zu entscheiden oder Jobsharing und Heimarbeitsplätze für Mitarbeiter_innen, zu nutzen – unabhängig von der Elternschaft.

Der weiterhin hohen Aktualität des Themas Gender wird wie beschrieben die ermüdende Präsenz gegenübergestellt. Die Brisanz und Präsenz des Themas darf nicht infrage gestellt werden, das würde einer Vollbremsung gleichen. Aber die Ermüdungserscheinungen müssen ernst genommen und ihnen konstruktiv begegnet werden. Dabei geht es um die Frage: Wie kann eine persönliche Reflexion angeregt werden, um organisationale Veränderung voranzubringen. Eine Möglichkeit besteht darin, mit den impliziten und/oder expliziten Widerständen zu arbeiten. Widerstände bieten aufgrund ihrer emotionalen Qualität und ihrer Verknüpfung mit personalen Werten die Möglichkeit, den Transformations-Prozess anzusetzen (Möller, 2001). Organisationale und personale Widerstände müssen auf allen Hierarchieebenen wahrgenommen und bearbeitet werden, den die Nichtbeachtung führt zu Blockaden im Veränderungsprozess.

> »Ich erlebe vor dem Hintergrund der Quoten, dass junge Kollegen, die am Beginn ihre Karriere sind, sich massiv darüber beschweren, dass bei gleicher Qualifikation die Frau vorgezogen wird, weil die 20 % erfüllt werden müssen« (Gesprächsrunde, männlich).

Phänomene des Widerstands müssen im Veränderungsprozess von allen Beteiligten ernst genommen werden. Der Wandel braucht zwar eine strategische Vorstandsentscheidung und bereitgestelltes Budget, aber er muss sich kognitiv und emotional bei den Organisationsmitglieder niederschlagen, wenn das Ziel erreicht werden soll, geschlechtergerechte Vorbilder an strategischen Organisationspositionen wie selbstverständlich einzusetzen. Widerstände sollten dabei nicht normativ gewertet werden, sondern als Ressource für Möglichkeitsräume zur Veränderung genutzt werden.

Darüber hinaus kann der bereits erwähnten ermüdenden Präsenz von Gender durch genderrelevantes Wissen und der Schärfung von Begrifflichkeiten entgegengewirkt werden. Durch die innerorganisationale Auseinandersetzung, der Etablierung genderrelevanter Diskurse, durch den Transfer wissenschaftlicher Erkenntnisse können Begrifflichkeiten konkretisiert werden und die Organisation Unterstützung für den jeweiligen Veränderungsbedarf erfahren. Organisationen befinden sich an unterschiedlichen Entwicklungs- bzw. Ausgangspunkten (siehe auch Möller in diesem Band) und verfügen über unterschiedliche Wissensressourcen bezogen auf die Gender Diskurse. Die Auseinandersetzung mit dem Status quo in Bezug auf Gender kann hier den Startschuss einer genderbewussten Selbstreflexion anregen. Eine Organisation kann sich dann Fragen stellen wie: Brauchen wir strukturelle Gender-Mainstreaming-Maßnahmen? Geht es bei uns um Gender oder Diversity Aspekte? Ruft der Begriff Geschlechtergerechtigkeit neue Widerstände hervor? Ist der Begriff Frauenförderung für uns überholt oder beziehen wir uns konkret auf die Gleichstellung im Sinne des Allgemeinen Gleichstellungsgesetzes?

Abschließend ist darauf hinzuweisen, dass der wissenschaftliche Transfer meist über die unterschiedlichen Argumentationslogiken stolpert. So ist für die Wirtschaft die Auseinandersetzung mit der Kategorie Gender und der damit verbunden sozialen Ungleichheit erst seit dem Fachkräftemangel aufgrund des demografischen Wandels wichtiger geworden. In unseren Interviews und Gruppengesprächen begegneten wir zumeist Aussagen, die Geschlechtergerechtigkeit (Rohde u. Oelkers, 2013) als eine ökonomische Organisationsressource betrachten.

> »Wir müssen dafür Sorge tragen, dass wir Wettbewerbsfähigkeit absichern, wenn wir Arbeitsplätze erhalten wollen, und dann muss man auch umdenken« (Gesprächsrunde, männlich).

Es besteht hier die Gefahr, dass Geschlechtergerechtigkeit unabhängig von der Perspektive der sozialen Ungleichheit betrachtet wird und die Ungleichheit am Arbeitsplatz ausschließlich mit dem Ziel und der Argumentationslogik der Effizienzsteigerung versucht wird zu minimieren (Bereswill, 2004). Gender Mainstreaming, Gleichstellungsmaßnahmen und Diversity Stellen werden eingesetzt und eingerichtet, um diese für Imagekampagnen und die Rekrutierung von High Potentials verwenden zu können. Auf die Interviewfragen und der Thematisierung in der Gesprächsrunde »Inwieweit nehmen große Unternehmen auch genderrelevante Fragen als gesellschaftlich verantwortliche Aufgabe ernst, unabhängig von der Frage des Wettbewerbsvorteils?« bekamen wir wenig Resonanz. Vielmehr wurde auf die der Arbeitswelt vorgelagerten Bereiche wie die familiäre Prägung und die Sozialisation in den Bildungseinrichtungen hingewiesen. Aber dürfen sich Unternehmen aus der Verantwortung stehlen, indem sie die Entstehung der Problematik ausschließlich in den gesellschaftlichen Bereichen jenseits der Unternehmen lokalisieren?

> »Es ist müßig, dass wir später in den Firmen über Instrumente […] versuchen etwas aufzufangen oder zu korrigieren« (Gesprächsrunde, männlich).
> »Kennen Sie vielleicht auch diese Conny-Bücher und was es da nicht alles gibt? Conny fährt in den Urlaub und wer sitzt hinterm Lenkrad? Der Vater. Wann fährt man in den Urlaub? Wenn der Vater Urlaub hat. Die Mutter ist zuhause,

der Vater fährt das Auto. Das sind natürlich Dinge, wo wir als Unternehmen nicht bei null anfangen, sondern bei –20« (Gesprächsrunde, männlich).

Dass Erziehung und Sozialisation eine entscheidende Rolle für die Entwicklung des Genderbewusstseins spielen ist unstrittig, dennoch können die Unternehmen die Verantwortung für die soziale Ungleichheit in Bezug auf Gender nicht komplett von sich schieben. Hat der Staat die alleinige Verpflichtung mit seinen Bildungseinrichtungen der Wirtschaft fertige Produkte bereit zum Arbeitseinsatz zu liefern? Auch hier muss sicherlich unterschieden werden zwischen den einzelnen Positionierungen der Unternehmen im Gesellschaftsgefüge, dennoch scheinen die unterschiedlichen Argumentationslogiken aufgrund unterschiedlicher Perspektiven auf die Kategorie Gender ein Problem bei der praktischen Bearbeitung der Geschlechtergerechtigkeit innerhalb von Organisationen zu sein. Aufgrund unserer Erfahrungen im Verbundvorhaben zeigt sich eine Tendenz, dass Unternehmen, die sich einer »corporate responsibility« verpflichtet fühlen, gleichzeitig mehr Ansatzpunkte sehen, um Geschlechtergerechtigkeit zu ermöglichen. Unsere Befragten definieren ihre Aufgabe in der Veränderung der Arbeitskultur folgendermaßen:

> »Wir müssen dafür Sorge tragen, dass wir Arbeitsumfeldbedingungen schaffen, die es allen ermöglichen, am Arbeitsprozess teilzuhaben, dass wir uns weiterentwickeln. […] Also von daher die Debatte wieder auf die Basis zurückführen und weniger Zahlen diskutieren, sondern wirklich machen, Rahmenbedingungen schaffen und Kulturen verändern« (Gesprächsrunde, männlich).

Bei einigen Kooperationsunternehmen des Verbundvorhabens scheint die Perspektive auf soziale Ungleichheit nicht so fern dem Verständnis der Wissenschaft zu liegen, wie es beispielsweise ein Teilnehmer der Gesprächsrunde skizziert.

> »Wir machen es deshalb, weil wir uns als Unternehmen auch in gewisser Rolle als Teil der Gesellschaft bewegen. Also wir gehören ja als Unternehmen, als juristische Person, sage ich jetzt, dazu wie die anderen auch« (Gesprächsrunde, männlich).

Wir halten fest, dass Benefits für alle Männer, Geschlechter und Lebenssituationen bei der Steigerung des Genderbewusstseins deutlich herausgearbeitet werden müssen, wenn der Genderohnmacht etwas entgegengesetzt werden soll. Im besonderen Maße, aber nicht ausschließlich, bilden strategische Vorstandsentscheidungen zur Organisationsveränderung die Grundlage. Dass Gender als Querschnittsaufgabe in Organisationen wahrgenommen werden muss, ist kein Novum mehr. Darüber

hinaus müssen sich unterschiedliche Altersgruppen und nicht nur junge
Eltern, sondern vor allem auch Männer aller Altersgruppen stärker an
dem Prozess der Kulturveränderung beteiligen. Bleibt dies aus, ver-
kümmern die genderrelevanten Maßnahmen zu scheinbaren Umerzie-
hungsversuchen von Frauen. Aber auch eine Veränderung in den Köpfen der erfolgreichen Frauen und eine kritische Fokussierung auf ihre
Selbstpositionierung ist gefragt. Ein Genderdialog (vgl. Möller in diesem
Band) ist notwendig.

Literatur

Abdul-Hussain, S. (2012). Genderkompetenz in Supervision und Coaching. Wies-
baden: VS Verlag für Sozialwissenschaften,
Alfermann, D., Bock, U. (Hrsg.) (1999). Vielfalt der Möglichkeiten. Metzler.
Stuttgart.
Bereswill, M. (2004). »Gender« als neue Humanressource? Gender Mainstreaming
und Geschlechterdemokratie zwischen Ökonomisierung und Gesellschafts-
kritik. In M. Meuser, C. Neusüß (2004). Gender Mainstreaming. Konzepte,
Handlungsfelder, Instrumente (S. 52–70). Bonn: Bundeszentrale für politi-
sche Bildung.
Der Spiegel (2012). Oh, Mann! Das starke Geschlecht sucht seine neue Rolle.
Ausgabe 1/2013.
European Commission (Hrsg.) (2008). Manual for gender mainstreaming.
Brussel: European Commission.
Holst, E., Busch, A., Kröger, L. (2012). Politikberatung kompakt, Führungs-
kräfte-Monitor 2012. Berlin: Deutsches Institut für Wirtschaftsförderung.
Meuser, M., Neusüß, C. (2004). Gender Mainstreaming. Eine Einführung. In
M. Meuser, C. Neusüß, Gender Mainstreaming. Konzepte, Handlungsfelder,
Instrumente (S. 9–23). Bonn: Bundeszentrale für politische Bildung.
Möller, H. (2001). Was ist gute Supervision? Stuttgart: Klett-Cotta.
Möller, H., Müller-Kalkstein, R. (2012). Noch ein Awareness Training?! Wider-
stände und Möglichkeitsräume. Gruppenpsychotherapie und Gruppendy-
namik, 48 (3), 278–295.
Nave-Herz, R. (1993). Die Geschichte der Frauenbewegung in Deutschland. Han-
nover: Niedersächsischer Landeszentrale für politische Bildung.
Niejahr, E. (2014). Liebe Alice Schwarzer. Die Zeit, Ausgabe 13 vom 20.03.2014,
S. 25.
Notz, G. (2010). Unbezahlte Arbeit. Bundeszentrale für politische Bildung.
Zugriff am 15.04.2014 unter http://www.bpb.de/gesellschaft/gender/frauen-
indeutschland/49411/unbezahlte-arbeit
Öchsner, T. (2012). Weniger als 200 Deutsche nutzen Pflege-Auszeit. Süddeutsche.
de vom 28.12.2012. Zugriff am 20.04.2014 unter http://www.sueddeutsche.
de/politik/projekt-von-familienministerin-schroeder-nur-deutsche-nehmen-
pflege-auszeit-in-anspruch-1.1560258

Oelkers, N., Rohde, J. (2013). Gleichheit und Freiheit als Ansatzpunkte für Geschlechtergerechtigkeit. In K.-P., Sabla, M. Plößer (Hrsg.), Gendertheorien und Theorien Sozialer Arbeit. Bezüge, Lücken, Herausforderungen (S. 327–340). Opladen & Farmington Hills: Barbara Budrich.

Roth, S. (2004). Gender Mainstreaming- eine neue Phase der Frauenbewegung in Deutschland. In M. Meuser, C. Neusüß (2004). Gender Mainstreaming. Konzepte, Handlungsfelder, Instrumente (S. 40–51). Bonn: Bundeszentrale für politische Bildung.

Wündrich, B. (2010). Quotenfrau sein ist hart. Interview mit Jutta Allmendinger. Süddeutsche.de, 03.10.2010. Zugriff am 10.04.2014 unterhttp://www.sueddeutsche.de/karriere/soziologin-jutta-allmendinger-quotenfrau-sein-ist-hart-1.1007308

Teil 2: Theoretische Rahmung der geschlechtergerechten Beratung

Brigitte Schigl

Welche Rolle spielt die Geschlechts-
zugehörigkeit in Supervision und Coaching?

Vorbemerkung

Die Diskurse der feministischen Traditionen sind – zumindest in den westlichen Industrienationen – Teil des kollektiven Gedächtnisses und scheinbar selbstverständlich geworden. Der Gleichheitsgedanke und der Gedanke der Differenz sind in der ersten und zweiten Frauenbewegung entstanden (Abdul Hussein, 2012) und wurden 1995 bei der Weltfrauen-konferenz der UNO in Peking mit den Begriff »Gender Mainstreaming« als Instrument politischer Gestaltung ausformuliert (Meuser u. Neusüß, 2004). Gender Mainstreaming wurde mit den Amsterdamer Verträgen 1999 in der Europäischen Union auch gesetzlich verankert und soll die Gleichstellung von Frauen und Männern in allen gesellschaftlichen Berei-chen vorantreiben. Dazu sollen die (noch) unterschiedlichen strukturel-len und ideellen Lebensrealitäten, Bedürfnisse und Interessen von Frauen und Männern erhoben, dargestellt, in allen öffentlichen Belangen berück-sichtigt und so in einem steten Austauschprozess verändert werden. Vor diesem Hintergrund soll in diesem Beitrag kritisch darüber nachgedacht werden, wie sich Gender auch in supervisorischen Prozessen abbildet.

Gender in der Arbeitswelt

Frauen- und Geschlechterforschung hat aufgezeigt, dass Gender als Ordnungskategorie von der Makroebene menschlicher Gesellschaften bis zur Mikroebene der Interaktionen von Individuen in allen Berei-chen des Lebens eine Rolle spielt. Die soziale Kategorie Gender dient dazu, Konstrukte und Institutionen (Gildemeister u. Robert, 2008) zu schaffen, denen sich Frauen und Männer zuordnen und so wiederum Gender etablieren. Für den familiären/reproduktiven Bereich ist dies in vielfältigen Überlegungen und Forschungsdaten der Gender-Studies belegt. Auch für den Bereich der Arbeitswelt hat der Diskurs um Gen-der seinen Einzug genommen (vgl. Becker u. Kortendiek, 2010). Aktuelle Themengebiete der Gender-Forschung sowie Veränderungsziele im Bereich der Erwerbsarbeit finden sich bei Phänomenen der Berufswahl, der Vereinbarkeit von Familie und Beruf, von Arbeitszeitreglungen und Einkommensverteilung, Aufstiegschancen etc. Gender Mainstreaming wird als Instrument für Geschlechtergerechtigkeit in den Unternehmen oft als »Diversity Management« umformuliert und soll die Vielfalt der Mitarbeiter_innen wertschätzen und deren unterschiedliche Stärken (für den Unternehmenserfolg) nützen (Pauser u. Wondrak, 2011).

Allerdings ist eine Gleichstellung von Frauen und Männern im Arbeitsbereich noch lange nicht verwirklicht – im Gegenteil: Die letzten Krisenjahre der Weltwirtschaft sowie die zunehmende Entgrenzung und Änderung der Arbeitswelt (Haubl u. Voss, 2011) belasten Frauen und Männer weiterhin unterschiedlich und behindern Gleichstellungsprozesse: In Zeiten ökonomischer Probleme werden auch im Bereich von Gender traditionelle Muster wiederbelebt, Experimente hintangestellt und die Sicherheit des Überkommenen gesucht.

Welches sind nun Gendersterotypen und Gendersegregationen in der Arbeitswelt? Dazu zählen vor allem jene Bereiche, die mit der Organisation von Erwerbs- und Familienleben verbunden sind. Es beginnt mit den Lebensentwürfen (junger) Frauen und Männer, mit dem Stellenwert, den sie ihrer Karriere bzw. der Balance zwischen beruflicher oder/und privater Verwirklichung beimessen: Hierzu zählen die Berufswahl, die Frage, welcher Elternteil wie lange und wann in Karenz/Erziehungsurlaub geht, wie viel zum Familieneinkommen beitragen soll/kann, wer für die Betreuung von pflegebedürftigen Angehörigen bereitsteht und aufgrund wessen beruflicher Mobilitätsanforderung man übersiedelt.

Dabei zeigt sich eine Abhängigkeit von den Variablen Bildungsniveau und Elternschaft. Angehörige weiterführender Ausbildungen und Studien schätzen sich eher als gleichgestellt ein und streben auch eine eher egalitäre Lebensorganisation an. Dennoch gibt es bei der Studienpräferenz auch hier typische Frauen- und Männerwahl (Sozial/Gesundheit vs. Naturwissenschaft/Technik). Schulabgänger_innen im Pflichtschulbereich wählen zum Großteil sogenannte traditionelle Frauen- oder Männerberufe (Österreichischer Frauenbericht, 2010). Fast die Hälfte der Männer und mehr als ein Drittel aller Frauen arbeiten in Berufen, die zu 80 % vom eigenen Geschlecht dominiert werden. Nur jeweils jede/r Fünfte arbeitet mit gleichvielen Frauen wie Männern zusammen. Unabhängig vom Bildungsniveau kommt es bei mit der Geburt eines Kindes zu einer Ungleichverteilung von Erwerbs- und Familienarbeit zwischen den Partner_innen: Frauen wenden fast doppelt so viel Zeit für Familienarbeit auf als Männer (z.b. Bundesamt für Statistik Schweiz, 2010). Frauen arbeiten (familienbedingt) häufiger in Teilzeitarbeitsstellen und verdienen in Deutschland und Österreich mehr als 22 % weniger als Männer (Antidiskriminierungsstelle des Bundes, 2013).

Doch nicht nur durch die Berufswahl und Familiensituation bildet sich Gender in der Arbeitswelt ab: Organisationen selbst sind Orte, wo Arbeitsteilungen, Hierarchiephänomene, formelle und informelle Strukturen nach dem Kriterium Gender verteilt sind – was zumeist eine (subtile) Benachteiligung von Frauen zur Folge hat (»gendered organisations«). Mit Arbeits- und Organisationsprozessen wird außerdem die Darstellung und Zuschreibung von adäquater Geschlechtlichkeit verknüpft: Der Arbeitsplatz, der Karriereverlauf, die Hierarchieebene, die beruflichen Netzwerke werden in Hinblick auf Gender unterschiedlich konnotiert und bewertet. Allerdings zeigt sich in den letzten Jahren, dass in den unterschiedlichen Organisationen die Heterogenität des Umgangs mit Geschlecht zunimmt, so dass wenig generelle Aussagen über »die Arbeitswelt« mehr gemacht werden können (Wilz, 2008). Die Art des Arbeitsplatzes (Dienstleistung, Produktion etc.), seine Größe und Reputation, die Eigentümerverhältnisse sowie die Branche (Technik und Naturwissenschaft, Gesundheit und Bildung etc.) sind hierbei ausschlaggebend. Unter einer sozialkonstruktivistischen Perspektive (siehe Abschnitt 3) allerdings können weiter Mechanismen von gendertypisierendem Verhalten in den konkreten interaktionellen Abläufen in den Organisationen beschrieben werden (Wetterer, 2002).

Gender in Beratung und Supervision

Beratung als Beruf – somit Supervision und Coaching – ist selbst ein gutes Beispiel für Gendersegregation: In der Österreichischen Vereinigung für Supervision ÖVS sind 846 weibliche und 475 männliche Mitgliedschaften verzeichnet, in der DGSv sind 2572 Frauen und 1512 Männer als Supervisor_innen und Coachs eingetragen (Stand November 2013, Direktauskunft der Vereine). Das heißt, wir finden bei Supervisor_innen mindestens zwei Drittel weibliche zu einem Drittel männlichen Kolleg_innen – ein starker Frauenüberhang[1]. Leider haben wir keine Zahlen darüber, ob diese Berater_innen nun mit mehrheitlich weiblichen oder männlichen Klient_innen und Supervisand_innen arbeiten oder was etwa die Unterschiede in Themenschwerpunkten, Auslastung und Honorargestaltung sind.

---

1 Wobei die Feminisierung noch nicht so weit vorangeschritten ist wie bei Psychotherapie oder Pädagogik.

Welche Rolle spielt nun die Genderperspektive in der alltäglichen Arbeit von Supervisor_innen und welche Genderdiskurse bilden sich in den Konzepten der Berater_innen ab? Dass Geschlechterstereotypen bei Angehörigen von psychosozialen Fachkräften ebenso wie in der restlichen Arbeitswelt zu finden sind, wissen wir seit der Studie von Inge Bronverman et al. (1970). Leider haben wir wenige Forschungsdaten (ein Desiderat berufspolitischer Erhebungen) zum Stellenwert von Gender für den Bereich Supervision und Coaching. So können wir beispielsweise nicht sagen, welchen Unterschied es macht, ob ein/e Coach ein eher traditionelles Frauen- und Männerbild vertritt oder engagierte Gleichbehandlungsperson ist. Dass die Perspektive Gender in Supervision und Coaching eine Rolle spielt, darüber sind sich jedoch die dazu publizierenden Kolleg_innen einig (z.B. Abdul Hussein, 2012).

Im Workshop zum Thema »Welche Rolle spielt die Geschlechtszugehörigkeit in Supervision und Coaching?« wurde dieser Aspekt mit je einem Fallbeispiel einer weiblichen und eines männlichen Klientin/en verdeutlicht. Dabei sollten die Teilnehmer_innen anhand einer Kurzdarstellung der Eingangssituation folgende Fragen diskutieren: Welche Ideen oder Vermutungen haben Sie über unausgesprochene Aspekte der Lebenssituation des/der Klient_in, über die künftige supervisorische Beziehung mit ihm/ihr, über Schwierigkeiten oder besonders leicht fallende Aspekte in der Arbeit mit ihm/ihr?

Dabei zeigte sich, dass die Workshopteilnehmer_innen beide Supervisand_innen im Großen und Ganzen recht ähnlich erfassten, es waren wenige Mann-Frau-Differenzen auffällig. In der Detailanalyse wurden jedoch unterschiedliche Akzentuierungen bei den Geschlechtern deutlich: Eine davon war die Vermutung, dass es sich bei der weiblichen Klientin um eine Führungskraft im eigenen Familienunternehmen handle (da eine weibliche Führungskraft in den meisten Organisationen noch immer die Ausnahme darstellt). Der Bereich von Familienarbeit und Kinderversorgung wurde bei der weiblichen Klientin ausführlicher hinsichtlich der Vereinbarkeit mit den beruflichen Pflichten erörtert. Auf die Frage nach Annahmen über die sich entwickelnde supervisorische Beziehung bei der weiblichen Klientin diskutierte die (geschlechtshomogen weiblich zusammengesetzte) Arbeitsgruppe die Gefahr eines schnellen Identifizierens, da man als Frau die Lebenssituation der Klientin besonders gut und leicht nachempfinden könne. Dies könne zu Problemen in der »Abgrenzung« führen. Der erste Schwerpunkt der Intervention würde auf Verständnis und Entlastung liegen.

Beim männlichen Klienten entwickelte die (geschlechtsheterogen zusammengesetzte) Arbeitsgruppe ein Szenario einer genauen Auftragsklärung und betonte deren Wichtigkeit. Sie problematisierte weiters die Lösungsorientierung des Klienten. Weiters wurde zum Thema Schwierigkeiten die Frage aufgeworfen, ob man sich als eine weibliche Beraterin möglicherweise mit der Frau des Klienten identifizieren würde. Von männlicher Seite her wurde Im Gegensatz dazu vermutetet, ein männlicher Berater könnte den Klienten »auf Männerebene« ansprechen. Hier bilden sich mit feiner Feder gezeichnet, Geschlechterwissen, Geschlechtersensibilität aber auch eventuelle Geschlechtervorurteile der teilnehmenden Supervisor_innen und Coachs ab.

Dieses Beispiel führt uns zu den Mechanismen des Doing Gender, die (auch) im Beratungssetting greifen.

Das Konzept des Doing Gender

Doing Gender ist ein Denkansatz aus den Diskursen der Frauen- und Geschlechterforschung und fasst Gender als einen Prozess auf: Geschlecht wird in den Interaktionen zwischen Menschen permanent wechselseitig hergestellt: Wir ordnen uns im System der Zweigeschlechtlichkeit gegenseitig ein, bewerten uns in diesen Kategorien und reagieren dementsprechend aufeinander. Gender ist also nicht etwas, was man hat, sondern miteinander tut (Gildemeister, 2004). Dabei wird Gender von weiteren Diversity Variablen moderiert – eine junge Deutsche wird anders behandelt als eine alte bosnische Frau, ein Rollstuhlfahrer anders als ein Mann ohne körperliches Handicap. Wichtig dabei ist zu bedenken, dass im Prozess des Doing Gender sowohl die eigene als auch die Geschlechtlichkeit des Gegenübers inszeniert wird: Ein Mann verhält sich zu Männern anders als zu Frauen und bestätigt so sein eigenes Mannsein und das Mann- bzw. Frausein seines Gegenübers. Gender schränkt somit die Vielzahl möglicher Verhaltensweisen ein, ordnet sie und bestätigt uns gegenseitig in unseren jeweiligen Identitäten. Damit dies reibungslos möglich ist, haben wir Genderskripts, soziale Repräsentationen (Moscovici, 2001) internalisiert, die uns Handlungsschablonen vorgeben – zum Beispiel Regeln von Höflichkeit, Regeln des Dating, Regeln des Auftretens in der Öffentlichkeit, Regeln dessen, was für eine bestimmte Subgruppe von Frauen oder Männern eben in einer bestimmten Situation erlaubt ist und als adäquat angesehen wird. Ob es ein »Undoing Gender« (Hirschauer, 2001) gibt, ist hierbei umstritten. Die Mehrzahl der Autor_innen ist der Meinung, dass Gender immer das Handeln (mit-)bestimmt, in manchen Kontexten aber stark in den Hintergrund treten kann (Gildemeister, 2004).

Dass Doing Gender auch im Arbeitsleben greift, liegt nahe: »Doing gender while doing the job« prägt die Interaktionen der Beschäftigten.

Die im ersten Abschnitt angerissenen Themen können auf der Inter-
aktionsebene als in den wechselweisen Bezügen hergestellt betrachtet
werden: Der Arbeitsplatz selbst kann frauen- oder männerdominiert sein
(siehe Berufswahl), aber auch der Modus, in dem ein/e Arbeitnehmer_in
dort agiert, ist durch ihre/seine Art, Gender zu performieren, geprägt
(cool, mütterlich, kumpelhaft, flirtend, sachlich …). Ebenso wird der
Karriereverlauf – Stichwort »gläserne Decke« – sowie das Agieren in
beruflichen Netzwerken durch die Reproduktion von Gender bestimmt.
Die Frage, ob weibliche Führungskräfte generell andere Stile und soziale
Fähigkeiten haben als ihre männlichen Kollegen, gehört ebenfalls in die
Kategorie des Doing Gender.[2] Unterschiedliche Färbung der Dynami-
ken werden in geschlechterheterogen zusammengesetzten Teams im
Vergleich zu geschlechterhomogenen Teams beschrieben: beispielsweise
im Umgang mit Macht und Konkurrenz, Hierarchie und Kooperation
(Lengauer, 2009; Wolf, 2002).

Manche Phänomene des Doing Gender werden besonders bei solchen
Arbeitsplätzen sichtbar, in denen man mit der eigenen Geschlechtszu-
ordnung in der Minderheit ist. Hier versuchen etwa Frauen in männlich dominierten Branchen (z. B. IT, Technik, Naturwissenschaft …) ihr
Weiblichsein zu »neutralisieren«, indem sie bewusst androgyne Kleidung
tragen, den Kontakt mit Kolleginnen meiden und so ihre »Andersartigkeit« zu verbergen versuchen. Männer in Minderheitsposition hingegen
(z. B. Pädagogik, Krankenpflege etc.) betonen eher ihre Geschlechtszugehörigkeit, schaffen Männernetzwerke und -nischen und akzentuieren
ihre Andersartigkeit (Heintz u. Nadai, 1998). Der Gesundheits- und
psychosoziale Bereich – der für Supervision oft Hauptauftraggeber ist,
gehört ebenfalls zu den feminisierten Berufswelten. Hier zeigt sich das
Phänomen, die (raren) männlichen Kollegen höher wert- und einzuschät-
zen als die vielen weiblichen Mitarbeiter_innen (siehe auch Abschnitt 4).
Geschlechterrivalität wird in psychosozialen Feldern generell wenig thematisiert – unterschwellige Dynamiken laufen aber dennoch genauso wie
in anderen Berufsfeldern (vgl. schon Erger u. Molling, 1991).

Eine strafrechtlich relevante Form von Doing Gender stellt sexuelle
Belästigung am Arbeitsplatz dar. Circa 22 % aller erwerbstätigen Frauen
sind davon betroffen, meist im Rahmen eines Machtgefälles zwischen
Täter und Betroffener (BM für Familie, Senioren, Frauen und Jugend,
2005).

---

2   Und wird dabei uneinheitlich beantwortet (Krell, 2008).

Doing gender while doing supervision: Welche Rolle spielt die Geschlechtszugehörigkeit in Supervision und Coaching?

All diesen dargestellten Phänomenen der Arbeitswelt begegnen Supervisor_innen und Coachs in der Arbeit mit ihren Supervisand_innen/Kund_innen. Je nach Feldkompetenz und Erfahrung werden ihnen diese Themen mehr oder minder bekannt sein und sie mehr oder minder adäquat darauf reagieren und damit arbeiten können.

Nimmt man die supervisorische bzw. Coachingbeziehung unter dem Aspekt von Doing Gender unter die Lupe, so kann man vermuten, dass innere Bilder, Kognitionen, Bewertungen, Emotionen, Korrespondenzen, Genderskripts und Gender-»belief-systems« oder unterschiedliche Übertragungsbereitschaften[3] entlang der Geschlechterzusammensetzung (auf beiden Seiten) entstehen. Diese Phänomene wirken sowohl bei Supervisor_innen als auch bei Supervisand_innen und ergeben gemeinsam ihr »Doing gender while doing supervision«. Dieses färbt die konkreten supervisorischen Interaktionen ein. So kann die jeweilige Art und Weise Gender zu performen und interpretieren zu Komplikationen oder Vereinfachungen im beraterischen Tun führen. Wesentlich ist es zu begreifen, dass es nicht reicht, nur die Kund_innen von Supervision/Coaching als Frauen und Männer im Auge zu haben. Wir Berater_innen müssen uns ebenso als »gendered individuals« in Interaktion mit anderen reflektieren. Eine solche Analyse kann dann – um mit Carol Hagemann White (1993) zu sprechen – »die Konstrukteure des Geschlechts auf frischer Tat ertappen«.

Aussagen aus dem Tagungsworkshop

Im Tagungsworkshop sollte eben dieser Frage nachgegangen werden, welche Rolle es spielt, ob sich Frauen, Männer oder ein Mann und eine Frau in der supervisorischen Arbeitsbeziehung gegenübersitzen. Dazu wurden die folgenden Punkte aufgrund der Erfahrungen der Workshopteilnehmer_innen bearbeitet.
– Wie nehmen Sie (in Abhängigkeit vom eigenen Geschlecht) in Ihrem supervisorischen Alltag Ihre Supervisand_innen als Männer und Frauen wahr? Gibt es systematische Unterschiede zwischen den Geschlechtern in Ihren Annahmen zu Problemkonstellation und Beziehungsgestaltung?

---

3   Je nach theoretischer Herkunft können die dem Doing Gender zugrunde liegenden Dynamiken unterschiedlich bezeichnet werden.

– Wie agieren Sie jeweils unterschiedlich, wenn eine Frau/ein Mann Ihnen gegenübersitzt? Wovon ist das abhängig?
– Was fällt Ihnen mit Frauen/Männern leichter oder schwerer?
– Wo merken Sie genderbedingte Färbungen in überindividueller Hinsicht: in Gruppen, Teams, Organisationen, Feldern, Institutionen …?

Aus der Diskussion der Tagungsteilnehmer_innen konnten dazu folgende Punkte gesammelt werden (zusammengefasst dargestellt hier nach Statements von weiblichen oder männlichen Supervisor_innen/Coachs) – Aussagen weiblicher Beraterinnen:
– In Fallsupervisionen werden Supervisandinnen als geduldiger, Supervisanden als ungeduldiger wahrgenommen.
– Männliche Supervisanden, die viel reden, machen ungeduldig.
– Mit weiblichen Supervisandinnen ist der Einstieg leichter, bei männlichen Supervisanden herrscht größere Unsicherheit, was »der denn wolle«.
– Bei weiblichen Supervisandinnen herrscht eine angenehme Atmosphäre des »wir sind unter uns« – was allerdings auch Konfrontation schwieriger macht.
– Männliche Supervisanden in den feminisierten Berufen des psychosozialen Bereichs werden besonders wertgeschätzt (auch von Supervisorinnen).
– Bei Arbeit mit männlichen Supervisanden mehr auf eigenen Kleidungsstil achten – keine zu körperbetonte Kleidung wählen.

Aussagen männlicher Berater:
– Aufgrund des gleichen Geschlechts von Männern als Coach gewählt werden.
– Im Coaching mit Männern den »männlichen Raum« bewahren.
– Homosexualität als Tabuthema zwischen Männern.
– Egal mit welchem Geschlecht – die Wahl der eigenen Kleidung wäre völlig egal bzw. unbeeinflusst vom Auftrag.

Generell waren sich die Teilnehmer_innen einig, dass männliche und weibliche Räume/Inszenierungen unterschiedliche Wertigkeiten haben – und jenen der Männer in der Arbeitswelt (tendenziell) mehr Wert gegeben wird. Auch Beiträge von Männern würden höher eingeschätzt als jene von Frauen.
     Ebenfalls einig waren sich die Teilnehmer_innen darin, dass in geschlechtsheterogenen Settings die Dimension Geschlecht mehr im Bewusstsein ist. So würde bei geschlechterheterogener Zusammensetzung von Gruppen und Teams mit mehr Vorsicht interveniert.

Als Tabuthemen betrachteten alle das Ansprechen erotischer Beziehungen in Teamsettings. Ebenso wäre es schwierig, erotische Übertragungen und Atmosphären im Kontakt mit einzelnen Supervisand_innen umzugehen.

Aussagen aus der Forschung

In der großen Analyse der internationalen Forschungsliteratur zu Supervision vor zehn Jahren (Petzold u. Schigl et al., 2003) fanden sich gerade einmal zwölf ernstzunehmende Beiträge zum Thema Supervision und Geschlecht. Heute haben wir eine Vielzahl von Arbeiten aus dem deutsch- und englischsprachigen Raum. In Österreich finden sich vor allem die Ergebnisse aus den verschiedenen Abschlussarbeiten (von sehr unterschiedlicher Qualität) meist von Supervisions-Kandidat_innen, die sich mit dem Thema Gender in Bezug auf Supervision und Coaching in ihren Abschlussarbeiten beschäftigen. Vieles deutet darauf hin, dass es, ähnlich wie in der (wesentlich besser aufgearbeiteten) Psychotherapieforschung keine generellen Aussagen zur Gesamtheit aller weiblichen/männlichen Supervisor_innen/Coachs gibt. Allerdings kann man von unterschiedlichen Dynamiken entlang den Genderzusammensetzungen der supervisorischen Arbeitsbeziehung ausgehen.

Die Forschungsergebnisse bezüglich der Kommunikation zwischen Supervisor_in und Superviand_in decken sich weitgehend mit den Ergebnissen anderer Untersuchungen zum Faktor Gender in der Kommunikation: Männliche Supervianden bringen mehr Aufgabenorientierung, und wollen mehr konkrete Vorschläge des/der Supervisor_in; weibliche Superviandinnen fragen mehr Meinungen, Analysen und Evaluationen an. Männliche Supervisanden werden mehr ermuntert Macht in ihren Mitteilungen zu zeigen, als weibliche Superviandinnen. Weibliche Superviand_innen geben ihren Supervisor_innen (beiderlei Geschlechts) mehr Anerkennung (Notestine, 2011).

Nelson und Holloway (1999) kommen in ihrer Arbeit zu dem Schluss, dass eine geschlechtshomogene Zusammensetzung der supervisorischen Dyade erfolgreicher ist – eine These, die aus der Psychotherapieforschung eine leichte Unterstützung erhält (vgl. Schigl, 2012), aber keinesfalls verabsolutiert werden sollte.

Es scheint einiges darauf hinzuweisen, dass traditionelle Gendervorstellungen auch in Supervision und Coaching eine Rolle spielen: Supervisand_innen verknüpfen verschiedene Erwartungen mit männlichen bzw. weiblichen Supervisor_innen und Coachs. So beschreibt Poch (2005), dass Supervisand_innen »mütterliche« Supervisorinnen und »väterliche« Supervisoren suchen bzw., so ihr Kollege Leitner (2006), dass das Geschlecht des/der Supervisor_in eine große Rolle im Auswahlprozess für Teamsupervisions-Aufträge spielt. Aus Sicht der Supervisor_innen widerspricht dem Major (2006), der eine relative Androgynität in der Selbstbeschreibung von Supervisor_innen feststellt. Diese tendieren in einer Fragebogenuntersuchung zu Opposite-Gender-Zuschreibungen: Supervisoren reihen ihre Fähigkeit, zuhören zu können sowie aufmerksam und präsent zu sein, an den ersten Stellen, während Supervisorinnen ihre methodische und fachliche Kompetenz sowie Wissen als wichtigste Punkte betonen.

Generell herrschen in der Literatur jene Beiträge vor, die Supervision und Coaching als Instrumente der Gleichstellung verorten: Die Forderung, sich mit Geschlechterrollen und -annahmen auseinanderzusetzen, um den Supervisand_innen neue Räume zu eröffnen, ist relativ einheitlich (z. B. Scheffler, 2005; Abdul Hussein, 2012). Erwähnenswert ist in diesem Zusammenhang das Forschungsergebnis von Karlinger (2010), die feststellt, dass Supervisand_innen die Genderkompetenz von Supervisor_innen erst dann einschätzen können, wenn sie selbst in diesem Bereich sensibilisiert sind und selbst Genderkompetenz besitzen. Was man also nicht kennt, geht einem nicht ab.

Interessant sind die Genderergebnisse der (wenigen) Studien, die sich mit Risiken und Schäden durch Supervision beschäftigen: In der Dunkelfeldstudie von Ehrhard und Petzold (2011) geben zwei Drittel aller Supervisand_innen einer Onlinebefragung an, dass ihre Verletzungen durch männliche Supervisoren erfolgten. Sie fanden auch verschiedene Probleme je nach Genderzusammensetzung im supervisorischen Setting: Supervisandinnen werden verletzt, indem sie von Supervisorinnen als inkompetent hingestellt und in einem Mehrpersonensetting andere bevorzugt werden. Aus der homogen-männlichen Zusammensetzung berichteten Supervisanden von ihren Supervisoren, vor der Gruppe gedemütigt, bloßgestellt und ungerecht behandelt worden zu sein (Schigl, 2013).

Doing Gender im supervisorischen Prozess

Eigene Arbeiten zum Thema Doing Gender ergaben eine Einflussnahme des Faktors Gender an bestimmten Punkten des Prozesses bzw. bei bestimmten Themen (vgl. Schigl, 2012, S. 105 ff.):
– Gender spielt bei der Auswahl des/der Supervisor_in /Coach eine Rolle: Die Ideen von Supervisand_innen über das, was weibliche oder männliche Berater_innen ihnen jeweils bieten können, ist auch

durch Genderstereotypisierungen geprägt. Man will ein Thema auch »aus Frauen-/Männersicht« betrachten; Einfühlungsvermögen, Konfrontationswille, Intellektualität etc. werden entlang gewohnter Genderbahnen zugeschrieben und bestimmen die Auftragsvergabe (mit); Teams suchen sich ihre Supervisor_innen auch nach der Geschlechtszugehörigkeit aus.

– Geschlecht prägt den Erstkontakt (mit): Im Erstkontakt laufen vielfache vor- oder unbewusste Wahrnehmungs-, Einschätzungs- und Bewertungsprozesse ab. Wir ordnen einander gemäß der uns verfügbaren individuellen sozialen Repräsentationen von Frau- oder Mannsein ein; die Wahrnehmung von Sympathie/Antipathie und Atmosphären der Zusammenarbeit werden hier grundgelegt. In besonders verunsichernden (Erst)situationen verhalten wir uns mehr entlang der Genderstereotypen.

– Geschlecht wird bei bestimmten Themen besonders wirksam: Vor allem jene Problemfelder, die in Supervision und Coaching thematisiert werden und die explizit mit Frau- und Mannsein in unserer Gesellschaft zu tun haben, werden je nach Genderzusammensetzung im beraterischen Kontext unterschiedlich dargestellt, eingefärbt oder sogar bearbeitet. Dazu gehören alle jene Fragen der individuellen Lösung des Spannungsfelds von Erwerbs- und Familienarbeit, Fragen von Karriereverläufen, Beförderungen und Netzwerken, von Führungsstil und Hierarchieebene. Besonders wichtig ist Ansprechen und Reflektieren der Genderzusammensetzung bei allen leibnahen Supervisions- und Coaching-Themen wie Umgang mit Schwangerschaft, bei sexueller Belästigung, in Macht- und Mobbingfragen etc.

– Gelungene Supervision weist über Gendervorurteile und -grenzen hinaus: Wenn die Gender Perspektive eingebracht und gemeinsam reflektiert wurde, kann sie integriert werden und führt auch darüber hinaus. Gendertroubles sind dann keine Stolpersteine oder Trennwände, sondern Phänomene, die die Weiterentwicklung von Supervisand_in wie Supervisor_in anregen.

Genderkompetenz als Mehrebenenreflexion

Supervision und Coaching als Instrumente der arbeitsbezogenen Weiterentwicklung, Professionalisierung, der (Auf-)Klärung und der konstruktiven Irritation sind unter bestimmten Umständen geeignet, ihren Beitrag auf dem Weg zu Geschlechtergerechtigkeit zu leisten. Dazu müssen Supervisor_innen und Coachs selbst gendersensibel und gen-

derkompetent sein, um nicht einem Gender bias (GenderKompetenz-
Zentrum, o. J.) aufzusitzen. Diese Genderkompetenz erwächst aus einem
Wollen, Wissen und Können (Böllert u. Karsunky, 2008): Wollen ist
als Voraussetzung die gesellschaftspolitische, anthropologisch-ethi-
sche Haltung von Supervisor_innen, Gender als einen maßgeblichen
und veränderbaren (!) Teil menschlicher Interaktion aufzufassen sowie
Geschlechter-Gerechtigkeit anzustreben. Wissen ist die Verfügbarkeit
von Hintergrundtheorien aus Psychologie und Soziologie, Frauen- und
Geschlechterforschung, vor allem Forschung zum Doing Gender (sozial-
konstruktivistische Annahmen, Wissenssoziologie, auch tiefenpsycho-
logische Dynamiken). Durch sie werden Analyseperspektiven aufgetan,
die dann zu Können, der eigentlichen Handlungskompetenz führen.
Genderkompetente Supervisor_innen und Coachs beziehen je nach Notwendigkeit verschiedene Analyseebenen in ihre Arbeit mit ein:
– *Mikroebene:* Die Entwicklung und jeweilige individuelle Genderaus-
  formung der einzelnen Individuen sowie die davon geprägten Interaktionen und Kommunikationen zwischen ihnen;
– *Mesoebene:* Stellenwert von Gender in Teams, Gruppen, Abteilun-
  gen, Organisationen, Genderdynamiken mit den ihren Strukturen
  und Prozessen;
– *Makroebene:* Ebene der politisch-gesellschaftlichen Systeme, Institutionen und ihrer (derzeitigen) Regeln, gesellschaftliche Meinungen
  zum Thema Gender;
– *vor allem:* sich selbst als Supervisor_in/Coach in der jeweiligen Gen-
  derdimension betrachten, wie Gender das eigene (beraterische) Handeln färbt;
– *Metareflexion:* Reflexion der Einbettung in die historische Zeit mit
  ihren Wissensbeständen und Diskursen, (kritische) Betrachtung der
  eigenen Philosophie und Haltung, eigenes Gewordensein und daraus
  folgendes Handeln.

Eine solche Mehrebenenreflexion (Petzold, 2007) ist wohl allen Super-
visor_innen vertraut und soll in der genderkompetenten Beratung durch
die Analyseperspektive Gender erweitert werden. Dazu soll Gender
für die Supervisor_in als Hintergrundschablone mitlaufen. Im Fall von
wesentlich durch Doing Gender geprägten Problemstellungen muss die
Genderzusammensetzung in der supervisorischen Beziehung angesprochen und die Genderperspektive als Interpretationsfolie gemeinsam in
den Blick genommen werden.
    Ein Beispiel zur Erläuterung: Bei der Bearbeitung des Problems einer
Supervisandin, die von einem Vorgesetzten mit sexistischen Andeutun-
gen belästigt wird, kann sowohl die individuelle Ebene der Beteiligten

(junge Frau, Berufsanfängerin, Schüchternheit; Macht- bzw. Männlich-
keitsdemonstration, Unsicherheit …), die Mesoebene (Positionen in der
Hierarchie, Kultur des männerdominierten Betriebs, Möglichkeiten
der Hilfe im Betrieb …) als auch die Makroebene (Rechtliche Situation,
Unrechtsbewusstsein …) bearbeitet werden. Unerlässliche Basis für eine
gute Reflexion des Doing Gender in der Beratungssituation ist, dass die/
den dortige Geschlechterzusammensetzung thematisiert wird: Wie ist
es für die/den Supervisand_in/Supervisanden, dieses Thema mit einer
Frau/einem Mann zu bearbeiten; wie reagiert die/der Supervisor_in auf
das Anliegen? Solidarität und Unterstützung von einer weiblichen/einem
männlichen Supervisor in dieser Frage zu erhalten, ist unterschiedlich
konnotiert, löst unterschiedlich gefärbte Erleichterungen aus. Eine solche gemeinsame Reflexion kann weitere Aspekte zum Thema zutage
fördern und Bedürfnisse oder Lösungen aufzeigen. In der Metareflexion
des Supervisors/der Supervisorin, zum Beispiel in eigener Intervision,
kann nochmals das eigene Handeln vor dem Hintergrund der gesellschaftlichen Diskurse um hegemoniale Männlichkeit (Connell, 1999)
oder Gewalt gegen Frauen thematisiert und der Zusammenhang zwischen der Person des/der Supervisors/der Supervisorin und der Art bzw.
Schwerpunktsetzung der Bearbeitung des Themas reflektiert werden.[4]

Auf diese Art wird Supervision zu sensibler Kulturarbeit (Petzold,
Orth u. Sieper, 2013) und kann aufklärend und Bewusstsein schaffend
zur Geschlechtergerechtigkeit beitragen.

Schlussgedanken

Gendersensible Beratungsformen nehmen nicht nur die Individuen und
ihr Umfeld, sondern ebenso die gesellschaftlichen Bedingungen, in denen
Frauen und Männer aufwachsen, leben und handeln in den Blick. Sozial-
konstruktivistische Annahmen des Doing Gender gehen von einer Herstellung von Mann- und Frausein in jeder Interaktion – somit auch im
Prozess von Supervision und Coaching aus. Wichtig ist dabei zu bedenken, dass Gender keine absolute Gegebenheit darstellt sondern im Fluss
ist (und sein sollte). Gendersensibilität ist eine Perspektive, durch die
Phänomene der Kommunikation und Interaktion sowie der Organisation, wahrgenommen und analysiert werden. Sie ist abhängig von der
jeweiligen individuellen Biografie (und damit Geschlechtsidentität) des/

---

4 Perspektiven zur Sensibilisierung für Gender siehe Surur Abdul Hussein (2012,
   S. 167 ff.) und Brigitte Schigl (2012, S. 179 ff.).

der Betrachter_in: Gender wirkt über die sozialen Konstruktionen in den Köpfen der Supervisor_innen und eine Auseinandersetzung mit dem Thema, der eigenen Biografie und eigenen Annahmen sowie Wissen um gesellschaftliche Organisationsprozesse dazu sind nötig (Scheffler, 2005).

Somit ergibt sich ein Paradoxon – oder im geglückten Fall ein dialektischer Prozess (siehe These »Gelungene Supervision weist über Gendergrenzen hinaus«): Als Supervisor_innen müssen wir einerseits Wissen über Geschlechtersterotypisierungen und -differenzen haben, sie bemerken und gegebenenfalls ansprechen. Andererseits aber ist es wichtig, diese Annahmen und sein eigenes Tun wiederum zu hinterfragen; Ob Supervision ein Instrument von Gender Mainstreaming sein kann, möge kritisch betrachtet werden: Gender Mainstreaming kann auch als differenztheoretischer Diskurs gelesen werden[5], der durch seine Perspektive eine Geschlechterpolarisierung vorantreibt und den Gender-Gap erst einmal betont. Gender Mainstreaming kann selbst als eine Form des Doing Gender betrachtet werden, indem es ein zweigeschlechtliches, vergröberndes Klassifikationsinstrument anwendet (vgl. Lorbeer, 2004; Wetterer, 2005). Gender in Fluss zu bringen, die Vielfalt möglicher Interaktionsweisen aufzuzeigen und zu erarbeiten, kann gut in genderkompetenter Supervision geleistet werden, wenn Supervisor_innen nicht nur das Doing Gender der Supervisand_innen und Organisationen, sondern ihr eigenes Doing Gender zum Gegenstand der Reflexion und Bearbeitung machen.

Rückmeldungen zum Thema und Ihre Erfahrungen nehme ich gern schriftlich entgegen und versuche sie systematisiert in die weitere Forschung einzubringen (E-Mail: brigitte.schigl@aon.at).

---

5   Wenngleich mit der Perspektive der Gleichheit – eine Ambivalenz, die in den Theorien der ersten und zweiten Frauenbewegung begründet ist (Schigl, 2011).

Literatur

Abdul-Hussain, S. (2012). Genderkompetenz in Supervision und Coaching. Mit einem Beitrag von Ilse Orth und Hilarion G. Petzold zu »Genderintegrität«. Wiesbaden: VS Verlag.

Antidiskriminierungsstelle des Bundes (2013). Gleiche Arbeit, ungleicher Lohn? Zahlen und Fakten zu Entgeltungleichheit in Deutschland und Europa. Zugriff am 07.11.2013 unter http://www.antidiskriminierungsstelle.de/SharedDocs/Downloads/DE/publikationen/Faktensammlung_Entgeltungleichheit.pdf?__blob=publicationFile

Baur, C., Fleischer, E., Schober, P. (Hrsg.) (2005). Gender Mainstreaming in der Arbeitswelt. Grundlagenwissen für Projekte, Unternehmen und Politik. Innsbruck: Studien Verlag

Becker, R., Kortendieck, B. (Hrsg.) (2010). Handbuch Frauen- und Geschlechterforschung. Theorie, Methoden, Empirie. Wiesbaden: Springer VS.

Böllert, K., Karunsky, S. (2008). Genderkompetenz. In K. Böllert, S. Karunsky (Hrsg.), Genderkompetenz in der Sozialen Arbeit (S. 7–18). Wiesbaden: VS Verlag.

Broverman, I. K., Broverman, D. M., Clarkson, F. E., Rosenkrantz, P. S., Vogel, S. R. (1970). Sex-role stereotypes and clinical judgments of mental health. Journal of Consulting and Clinical Psychology, 34 (1), 1–7.

Bundesamt für Statistik Schweiz (2010). Durchschnittlicher Aufwand für Erwerbsarbeit und Haus/Familienarbeit 2010. Zugriff am 30.10.2013 unter http://www.bfs.admin.ch/bfs/portal/de/index/themen/20/05/blank/key/Vereinbarkeit/04.html

Bundesministerin für Frauen und Öffentlicher Dienst im Bundeskanzleramt Österreich (Hrsg.) (2010). Frauenbericht 2010. Wien.

Bundesministerium für Familie, Senioren, Frauen und Jugend (Hrsg.) (2005). Lebenssituation, Sicherheit und Gesundheit von Frauen in Deutschland. Eine repräsentative Untersuchung zu Gewalt gegen Frauen in Deutschland. Bonn. Zugriff am 31.10.2013 unter http://www.bmfsfj.de/RedaktionBMFSFJ/Abteilung4/Pdf-Anlagen/kurzfassung-gewalt-frauen,property=pdf,bereich=bmfsfj,sprache=de,rwb=true.pdf

Connell, R. (1999). Der gemachte Mann: Konstruktion und Krise von Männlichkeiten, Opladen: Leske + Budrich.

Ehrhardt, J., Petzold, H. G. (2011). Wenn Supervisionen schaden – explorative Untersuchungen im Dunkelfeld »riskanter supervisorischer Praxis«. Integrative Therapie, 37 (1–2), 137–192.

Erger, R., Molling, M. (1991). Der kleine Unterschied. Frauen und Männer in der Supervision. Essen: Ursel Busch Fachverlag

Gender Kompetenz Zentrum (o. J.). Geschlechtsbezogener Verzerrungseffekt (Gender Bias). Zugriff am 09.11.2013 unter http://www.genderkompetenz.info/w/files/gkompzpdf/gender_bias.pdf

Gildemeister, R. (2004). Doing Gender. Soziale Praktiken der Geschlechter-unterscheidung. In R. Becker, B. Kortendiek (Hrsg.), Handbuch Frauen- und Geschlechterforschung. Theorie, Methoden, Empirie (S. 132–141). Wiesbaden: VS Verlag.

Gildemeister, R., Robert, G. (2008). Geschlechterdifferenzierungen in lebenszeit-licher Perspektive. Interaktion – Institution – Biografie. Wiesbaden. VS Verlag.

Hagemann-White, C. (1993). Die Konstrukteure des Geschlechts auf frischer Tat ertappen? Methodische Konsequenzen aus einer theoretischen Einsicht. Feministische Studien, Kritik der Kategorie »Geschlecht«, 2, 68–78.

Haubl, R., Voss, G. (Hrsg.) (2011). Riskante Arbeitswelt im Spiegel der Super-vision. Eine Studie zu den psychosozialen Auswirkungen spätmoderner Erwerbsarbeit. Göttingen: Vandenhoeck & Ruprecht.

Heintz, B., Nadai, E. (1998). Geschlecht und Kontext. De-Institutionalisierungs-prozesse und geschlechtliche Differenzierung. Zeitschrift für Soziologie, 27 (2), 75–93. Zugriff am 31.10.2013 unter http://www.zfs-online.org/index.php/zfs/article/viewFile/2967/2504

Hirschauer, S. (2001). Das Vergessen des Geschlechts. Zur Praxeologie einer Kategorie sozialer Ordnung. Kölner Zeitschrift für Soziologie und Sozial-psychologie, Sonderheft, 208–235.

Karlinger, S. (2011). Gender matters?! Genderkompetenz in der Supervision: Zur Bedeutung der Genderkompetenz von Supervisorinnen und Supervisoren im psychosozialen Feld. Saarbrücken: VDM-Verlag.

Krell, G. (2008). Vorteile eines neuen, weiblichen Führungsstils. Ideologiekritik und Diskursanalyse. In G. Krell (Hrsg.), Chancengleichheit durch Personal-politik (S. 319–330). Wiesbaden: Gabler Verlag.

Leitner, N. (2006). Geschlechtersensible Zugänge in der Teamsupervision. Mas-terthesis ARGE Bildungsmanagement: Wien.

Lengauer, U. (2009). Unter Frauen. http://www.w-fforte.at/fileadmin/Redaktion/Daten/Contact_Point/Handout_Lengauer.pdf

Lorbeer, J. (2004). Man muss bei Gender ansetzen um Gender zu demontieren. Feministische Theorie und Degendering. Zeitschrift für Frauenforschung & Geschlechterstudien, 22 (2+3), 9–24.

Major, H. (2006). Wie groß ist der kleine Unterschied? Masterarbeit Supervision ARGE Bildungsmanagement: Wien.

Meuser, M., Neusüß, C. (2004). Gender Mainstreaming – eine Einführung. In M. Meuser, C. Neusüß (Hrsg.), Gender Mainstreaming. Konzepte – Handlungs-felder – Instrumente (S. 9–22). Bonn: Bundeszentrale für politische Bildung.

Moscovici, S. (2001). The phenomenon of social representations. In S. Moscivici, G. Duveen (Eds.), Social representations – explorations in social psychology (pp. 18–77). New York: New York University Press.

Nelson, M. L., Holloway, E. (1999). Supervision and gender issues. In M. Caroll, E. Holloway (Eds.), Counselling supervision in context (pp. 23–35). London: Sage Publication.

Notestine, L. (2011). Gender and supervision. Counseling Research-Practice Blog. Zugriff am 30.10.2013 unter http://cedresearch-practice.blogspot.co.at/2011/01/gender-and-supervision.html

Pauser, N., Wondrak, M. (Hrsg.) (2011). Praxisbuch Diversity Management. Wien: facultas wuv.

Petzold, H. (2007). Integrative Supervision, Meta-Consulting und Organisationsentwicklung. Wiesbaden: VS Verlag.

Petzold, H. G., Orth, I., Sieper, J. (2013). Manifest der Integrativen Kulturarbeit. In H. G. Petzold, I. Orth, J. Sieper (Hrsg.), Mythen, Macht und Psychotherapie. Therapie als Praxis kritischer Kulturarbeit. Bielefeld: Aisthesis.

Petzold, H. G., Schigl, B., Fischer, M., Höfner, C. (2003). Supervision auf dem Prüfstand. Wirksamkeit, Forschung, Anwendungsfelder, Innovation. Opladen. Leske + Budrich.

Poch, U. (2005). Über den Genderaspekt in der Supervision. Eine empirische Erhebung. Masterthesis. ARGE Bildungsmanagement: Wien.

Scheffler, S. (2005). »Frauenwelten – Männerwelten« in der Supervision. Zugriff am 30.10.2013 unter http://www.dr-sabine-scheffler.de/content/e361/e2826/Scheffler_Vortrag_Frauenwelten-Maennerwelten_ger.pdf

Schigl, B. (2011). Feministische + Gendertheorie – Diskurse und ihre Bedeutung für das psychosoziale Feld. Journal für Psychologie. Zugriff am 09.11.2013unter http://www.journal-fuer-psychologie.de/jfp-3-2010-02.html

Schigl, B. (2012). Psychotherapie und Gender. Konzepte.Forschung.Praxis. Welche Rolle spielt die Geschlechtszugehörigkeit im therapeutischen Prozess? Wiesbaden: VS Verlag.

Schigl, B. (2013). Wie gefährlich kann Supervision sein? Perspektiven in ein Dunkelfeld. Organisationsberatung, Supervision, Coaching, 20 (1), 35–49.

Wetterer, A. (2002). Arbeitsteilung und Geschlechterkonstruktion. »Gender at work« in theoretischer und historischer Perspektive. Konstanz: UVK.

Wetterer, A. (2005). Gleichstellungspolitik und Geschlechterwissen. Zugriff am 09.11.2013 unter http://www.genderkompetenz.info/veranstaltungs_publikations_und_news_archiv/genderlectures/gl_wetterer_gleichstellungspolitik_und_geschlechterwissen_140205.pdf

Wilz, S. M. (2008). Die Debatte um Gendered Organisations. In R. Becker, B. Kortendiek, B. Budrich, I. Lenz, S. Metz-Göckel, U. Müller, S. Schäfer (Hrsg.), Handbuch Frauen- und Geschlechterforschung : Theorie, Methoden, Empirie (S. 505–511). Wiesbaden: VS Verlag.

Wolf, M. (Hrsg.) (2002). Frauen und Männer in Organisationen und Leitungsfunktionen. Unbewußte Prozesse und die Dynamik von Macht und Geschlecht. Frankfurt a. M.: Brandes & Apsel.

Doris Cornils

Mikropolitik-Coaching für den Aufstieg von Frauen in Führungspositionen

Einleitung

Fokussiert Forschung und Beratung auf Geschlechtergerechtigkeit im Management, rücken die Ursachen für eine Asymmetrie der Geschlechterverteilung hinsichtlich der Besetzung von Führungspositionen und folglich der Zusammenhang von Machtverhältnissen und Gender in den Blick. Eine mikropolitische Perspektive auf diese Ungleichheitsverhältnisse einzunehmen, ist relativ neu. Im Forschungsvorhaben »Mikropolitik und Aufstiegskompetenz von Frauen«[1] wurde Mikropolitik im Kontext von aufstiegsförderlichen und -hinderlichen Faktoren für den Aufstieg von Frauen in Führungspositionen reflektiert und ein spezifisches Mikropolitik-Coaching entwickelt. Hintergrund für das Forschungsanliegen ist die Unterrepräsentanz von Frauen in Führungspositionen. Aus der Perspektive von Frauen, die eine Managerinnenkarriere anstreben, zeigt sich folgendes Szenario: Sie kommen trotz gleicher oder teils besserer Qualifikationen als ihre männliche Kollegen und erheblicher Leistungsanstrengungen seltener in Top-Managementpositionen an. Dieses Phänomen wird als »glass-ceiling«, als »gläserne Decke« (Pasero, 2004, S. 148) bezeichnet, um zu verdeutlichen, dass für Frauen diese Positionen zwar sichtbar, aber kaum erreichbar sind.

Eine mikropolitische Betrachtungsweise kommt nicht ohne Berücksichtigung der Kontextbedingungen aus. Denn mikropolitisches Handeln, das im Kern auf den Aufbau und Einsatz von Macht abzielt (vgl. Neuberger, 2006), findet in Organisationen statt; diese und in ihr das

1 Das dieser Publikation zugrundeliegende Teilvorhaben »Mikropolitik: Aufstiegskompetenz von Frauen« (Universität Hamburg, Leitung Prof. Dr. D. Rastetter) war ein Teilvorhaben des Vorhabens »Aufstiegskompetenz von Frauen: Entwicklungspotentiale und Hindernisse auf dem Weg zur Spitze«, das mit Mitteln des Bundesministeriums für Bildung und Forschung und aus dem Europäischen Sozialfonds der Europäischen Union unter den Förderkennzeichen 01FP0831 und 01FP0841 gefördert wurde. Die Verantwortung für den Inhalt dieser Veröffentlichung liegt bei der Autorin.

Management sind jedoch keine geschlechtsneutralen Zonen. Vielmehr entwickeln sich Karrieren in »Gendered Organizations« (Wilz, 2004). Der idealtypische Manager ist nicht nur in der Vorstellung ein Mann (»Think manager – think male«, Schein et al., 1996) – sehr häufig ist das Management auch quantitativ eine reine Männerinstitution (vgl. Lehner, 2002).

In diesem Beitrag wird zunächst theoretisch in Mikropolitik und Organisation, spezifisch auf den Aufbau von Macht in Organisationen Bezug genommen und in einem weiteren Schritt unter Rückgriff auf Bourdieus Habitus-Feld-Theorie (Bourdieu, 1985) in Verbindung mit der strategischen Organisationsanalyse nach Croizier und Friedberg (1979) das Management als soziales Machtspiel- und mikropolitisches Kräftefeld konzipiert. Mit Hilfe dieser Managementkonzeption erfolgt eine Zuspitzung auf die im Management dominierenden Machtspiele und ihre Genderkodierung am Beispiel männlich sozialisierter Spielpraxen. Es folgen eine Beschreibung der Studie »Mikropolitik und Aufstiegskompetenz von Frauen«, von dem Mikropolitischen Kompetenzmodell, und es wird das Mikropolitik-Coaching für den Aufstieg von Frauen in Führungspositionen skizziert. Am Ende des Beitrags wird der Frage nachgegangen, ob diesem Coaching-Programm ein Defizitansatz zu Grunde liegt oder ob es als ein gleichstellungs- bzw. geschlechterpolitisches Instrument aufgefasst werden kann.

Mikropolitik – der Aufbau von Macht in Organisationen

Dem mikropolitischen Ansatz liegt eine organisationstheoretische Perspektive zu Grunde. Denn »Organisationen sind durchwirkt von Politik. Ihre Entscheidungsprozesse sind politische Prozesse, ihre Akteure Mikropolitiker« (Küpper u. Ortmann, 1988, S. 7). Durch die Analyse unterschiedlicher Interessen, Regeln, Logiken und Erwartungen der Organisationsmitglieder werden betriebliche Prozesse aus einer interessengeleiteten Perspektive heraus verständlich (vgl. Ortmann, 2003). Die Akteure_innen greifen zwecks Durchsetzung ihrer Interessen auf die unterschiedlichsten Taktiken zurück: Sie bluffen, stellen Weichen, bauen strategische Koalitionen auf, schmeicheln sich ein, errichten Blockaden, verschaffen sich Vorteile und vieles mehr (einen Überblick über Taktiken gewähren Yukl et al., 1995; Blickle, 2004; Neuberger, 2006). Bei allen taktischen (Inter-)Aktionen spielt der »Kampf um Positionen und Besitzstände, Ressourcen und Karrieren, Einfluß und Macht« eine zentrale Rolle (Küpper u. Ortmann, 1988, S. 7). Nach Neuberger ist Mikropolitik deshalb »das Arsenal jener alltäglichen ›kleinen‹ (Mikro-) Techniken, mit denen Macht aufgebaut und eingesetzt wird, um den eigenen Handlungsspielraum zu erweitern und sich fremder Kontrolle zu entziehen« (Neuberger, 1995, S. 14).

In einem konzeptualen Verständnis von Mikropolitik wird das Organisationsgeschehen auf machttheoretischer Basis als mikropolitisches Geschehen betrachtet. Macht wird als notwendiger Bestandteil von sozialen Interaktionen und somit als Beziehungsphänomen aufgefasst. »Macht ist hierbei als Austauschbeziehung der Akteure zu verstehen; Verhandlungsgegenstand sind gegenseitige Handlungsmöglichkeiten« (Vorwerk, 2006, S. 15). Der Zugang zu Machtpositionen sowie das Verfügen über Handlungsmöglichkeiten und Macht sind unter den Organisationsmitgliedern ungleich verteilt, aber keines von ihnen ist machtlos, das heißt gänzlich ohne Macht. Vielmehr wird herausgestellt, dass es menschliche Beziehungen ohne Macht nicht gibt, sie vielmehr eine existierende Dimension zwischenmenschlicher Beziehungen ist (vgl. Friedberg, 1988, S. 41).

Eine der am häufig zitiertesten Machtdefinitionen stammt von Max Weber: »Macht bedeutet jede Chance, innerhalb einer sozialen Beziehung den eigenen Willen auch gegen Widerstreben durchzusetzen, gleichviel, worauf diese Chance beruht« (Weber, 1972, S. 28). Weber verweist auf die Beziehungsdimension von Macht. Die Definition zielt auf die Möglichkeit ab, dass jemand bei einer anderen Person ein Verhalten erzeugt, das diese ohne dessen Einfluss nicht angenommen hätte. »Macht ist also nicht das Attribut eines Akteurs, sondern eine Beziehung zwischen zwei oder mehreren Akteuren« (Friedberg, 1988, S. 41). Das Miteinander-in-Beziehung-Treten ist konstitutive Basis für die Chance, auf eine andere Person oder Gruppe einzuwirken. Da Beziehungen auf Austausch und Verhandlungen basieren, kann Macht als eine »Austausch-, d. h. Verhandlungsbeziehung« (S. 41) bezeichnet werden, die Akteure_innen miteinander verbindet. Eine Person verliert dann an Macht, wenn sie keine Tauschangebote (Ressourcen) offerieren kann. Über besonders viel Macht hingegen verfügen jene Akteure_innen, die über Ressourcen verfügen und die Ungewissheitszonen kontrollieren.

Crozier und Friedberg (1979) zufolge »ist Macht nichts anderes als die Kontrolle relevanter Unsicherheitszonen Anderer, insbesondere auch: der Organisation« (Ortmann, 2012, S. 126). Mitglieder einer Organisation verfügen über *strukturelle* Macht, das heißt über formale Autorität, die sich über die Position innerhalb des organisationalen Stellengefüges erschließt. Die strukturelle Macht sagt jedoch noch wenig darüber aus, ob die Person über *personelle* Machtquellen verfügt. Letztere verweisen auf das mikropolitische Potenzial und auf jene Machtquellen, die sich durch die Kontrolle wichtiger Zonen der Unsicherheit und Ungewissheit erschließen. Für die »strategische Organisationsanalyse« (S. 127) sind genau die Machthandlungen von Interesse, die nicht gut sichtbar sind. Das die Machtausübung sich als solche nicht so leicht zu erkennen gibt, »bedeutet unter Machtgesichtspunkten einen Vorteil« (S. 129). Denn offene transparente Kommunikation, durchschaubare Interessen usw. sind mit Machtbeziehungen und mikropolitischem Taktieren nicht vereinbar. Macht wird deshalb auch als ein »Kräfteverhältnis« (Friedberg, 1988, S. 42) und Organisationen werden als von Interessen geprägte »mikropolitische Kräftefelder« (Edding, 2009, S. 172) bezeichnet. Innerhalb dieses Kräftefeldes werden von den Akteuren_innen Spiele (der Macht) gespielt, die entlang formeller und informeller Spielregeln organisiert sind (vgl. Crozier u. Friedberg, 1979, S. 68). Wer in eine Organisation als Mitglied eintritt, hat also nicht die Wahl, ob er oder sie an den Spielen teilnimmt oder nicht. Mikropolitische Machtspiele finden statt, können mitgespielt und von entsprechenden Machtpositionen aus mitgestaltet werden (vgl. Ortmann, 1988, S. 22).

Dass diese Spiele in einem sozialen Feld stattfinden und genderkodiert sind, wird mit Bourdieus Habitus-Feldtheorie und unter Einbezug gendertheoretischer Ansätze verdeutlicht. Der Fokus liegt entsprechend des Untersuchungsinteresses auf dem »Kraft-, Spiel- und Kampffeld« (Neumann, 1999, S. 458) Management und auf den genderkodierten Spielepraxen der Gruppe der männlichen Führungskräfte, die in einem engen Kontext mit den im Feld reproduzierten mikropolitischen Machtspielen stehen.

Das soziale Kraft-, Spiel- und Kampffeld Management

Studien zum Management als sozialem Feld bilden eine Ausnahme (Hermann, 2004; Schneidhofer et al., 2011). Die Konzeption des Managements als soziales Feld eignet sich für die Analyse der Funktionsweisen von Machtmechanismen und -beziehungen, für die Abbildung mikropolitischer Prozesse sowie für die Untersuchung der Reproduktion von Geschlechterstereotypen aus einer Genderperspektive (Cornils, 2011).

Bourdieu definiert ein soziales Feld »als ein Netz oder eine Konfiguration von objektiven Relationen zwischen Positionen« (Bourdieu, 1996, S. 127), die von Akteurinnen und Akteuren eingenommen werden. Die eingenommene Position – nehmen wird eine Führungsposition – wird durch ihre Kapitalausstattung determiniert. Das Volumen der Ausstattung mit *ökonomischem Kapital* (in Form von Besitz, Geldvermögen), mit *kulturellem Kapital* (in erster Linie Bildung) und mit *sozialem Kapital* (in Form sozialer Netzwerke) beeinflusst die Handlungsmöglichkeiten einer Führungsperson im Feld (vgl. Hermann, 2004, S. 205). Die Akteure_innen im sozialen Feld sind via ihrer eingenommenen Positionen Mitspielende und kämpfen um den Erhalt bzw. die Erweiterung ihrer Position und den Fortbestand des Feldes (vgl. Brake u. Büchner, 2009, S. 66). Bezogen auf Führungspersonen heißt das: Sie sind an dem Erhalt und dem Ausbau ihrer Machtposition im Feld Management interessiert und zudem am Fortbestand des Feldes selbst, das ihnen die Position mit seinen (mikropolitischen) Handlungsmöglichkeiten offeriert. Der Gedanke, dass die Handelnden aus dem Feld »sowohl ihre Energie […] und Ressourcen« (also auch Machtpotenziale) beziehen und ihnen gleichzeitig »das Feld ihre Möglichkeiten und Grenzen vorgibt« (Neumann, 1999, S. 458), ist für die Analyse von mikropolitischen Handlungen von Führungskräften anschlussfähig. Denn der Aufbau und Einsatz von Macht innerhalb der Kampfzone Management wird innerhalb von Organisationen als Mikropolitik bezeichnet (vgl. Ortmann, 2003; Neuberger, 2006; Cornils, 2011, S. 77 f.).

Ein weiterer Begriff Bourdieus, der für die weitere Argumentation von Bedeutung ist, ist der des Habitus. Mit dem Habitus wird erklärbar, wie soziale Praxis innerhalb sozialer Felder hergestellt wird. Der Habitus, »als das in den Körper eingegangene Soziale« (Brake u. Büchner, 2009, S. 60), determiniert, welche Praktiken Akteuren_innen zugänglich sind und welche nicht. Vermittelt über Sozialisationsprozesse, schreibt sich das Soziale »als vergeschlechtlichte Wirklichkeit« (Bourdieu, 1997b, S. 167) in den (Geschlechter-)Habitus ein und offeriert den Männern und Frauen ihre Handlungsmöglichkeiten im sozialen Feld. Die Teilhabechancen im Feld stehen im engen Zusammenhang mit dem hegemonialen feldspezifischen Habitus. Der Karrierehabitus im Management ist vom männlichen Habitus geprägt. Den Kern des männlichen (Karriere-)Habitus bildet hegemoniale Männlichkeit (vgl. Connell, 2000; Meuser, 1998, S. 118).

Das Konzept hegemonialer Männlichkeit fasst Männlichkeit »als in sozialer Interaktion – zwischen Männern und Frauen und von Männern untereinander – (re-)produzierte und in Institutionen verfestigte Handlungspraxis« (Meuser, 2006a, S. 122). »Hegemoniale Männlichkeit ist der Kern des männlichen Habitus, ist das Erzeugungsprinzip eines vom männlichen Habitus bestimmten doing gender« (Meuser, 2006a, S. 123).

Die Karrierepositionen im Management orientieren sich an gesellschaftlichen Mustern hegemonialer Männlichkeit in dem Sinne, dass hegemoniale Männlichkeit als »kulturelles Ideal« (Lehner, 2007, S. 23) die homosozialen und (relationalen) heterosozialen Beziehungen und somit die hierarchischen Über- und Unterordnungsverhältnisse im Feld strukturiert. Demzufolge ist das Management eine »Männerinstitution«, in dessen »Rahmen Männer und Frauen in Beziehung treten«, das aber von »männlichen Interessen und Entwicklungsdynamiken geprägt« (S. 29) ist.

Für Frauen wirken die hegemonialen Voraussetzungen im Management stets als starkes Selektionsprinzip. Für sie war und ist deshalb nicht nur der Einstieg in das soziale Feld erschwert, sondern auch eine Verbesserung ihrer Position steht aufgrund ihrer Nichtkonformität mit dem Karrierehabitus männlicher Herrschaft unter schwierigen Vorzeichen. Der Karrierehabitus im Management beruht auf einer hohen Kapitalausstattung mit ökonomischem, kulturellem und sozialem Kapital (Hermann, 2004, S. 205). Obgleich junge Frauen, dank der Bildungsreform der 1970er Jahre, hervorragend mit kulturellem Kapital ausgestattet sind, weisen bestehende Einkommensunterschiede darauf hin, dass Managerinnen weiterhin im geringeren Maße über ökonomisches Kapital verfügen als ihre männlichen Kollegen. Auch die Ausstattung mit sozialem Kapital weist geschlechtsspezifische Ungleichheit auf. Frauen in Führungspositionen verfügen unter anderem aufgrund der männerbündischen Strukturen im Management weiterhin über ein geringeres soziales Kapitalvolumen als ihre männlichen Kollegen. Da soziales Kapital eine Grundvoraussetzung für das Durchbrechen der gläsernen Decke zum oberen Management darstellt, kommen Frauen dort seltener an (S. 225 f.).

Für eine Analyse der Reproduktion dieser Ungleichheitsverhältnisse scheint es interessant, sich männlichen Vergemeinschaftungspraxen in homosozialen Gruppen zuzuwenden. Sie verweisen auf im Verlauf der (Geschlechter-)Sozialisation erlernte Spielpraxen, die wiederum den Machtspielen im Management ähneln(vgl. Meuser, 2003, S. 85, 2008, S. 131). Beiden ist gemeinsam, dass Männer unter sich die »ernsten Spiele des Wettbewerbs« (Bourdieu, 1997b, S. 203; 1997a) austragen. Diese werden nachfolgend am Fußballspiel mit einem Fokus auf Konkurrenz- und Solidaritätsspiele verdeutlicht. »Konkurrenz und der Kampf um privilegierte Positionen im sozialen Feld« (Neumann, 1999, S. 457) sind für Bourdieu die bestimmenden Faktoren im Kraft-, Spiel- und Kampffeld. Solidarität hingegen korrespondiert mit dem sozialen Kapital, insbesondere Networking-Aktivitäten in »Old-Boys-Netzwerkstrukturen« (vgl. ausführlich Cornils, 2011). Beide, Konkurrenz und Solidarität, sind, wie nachfolgend gezeigt wird, in männlichen Spielpraxen reflexiv aufeinander bezogen.

Die ernsten Spiele des Wettbewerbs

Der geschlechtsspezifisch habitualisierte Spielsinn erhält für die Kon-
kurrenz- und Solidaritätsspiele im Management Bedeutsamkeit. Denn
durch die im Spiel auftretende Sozialisationspraktik hierarchisch organisierten Wettbewerbs verfügen Jungen im Gegensatz zu Mädchen über
zahlreiche Möglichkeiten, sich (bereits in jungen Jahren) in hierarchisch
organisierten Strukturen zu üben (vgl. Meuser, 2006b, S. 173). Jungen
werden in spielerischer Praxis auf die ernsten Spiele des Wettbewerbs
vorbereitet, die für das soziale Feld Management konstitutiv sind. Es
besteht eine Analogie zwischen der hierarchisch organisierten Wett-
kampfsituation im Jungenspiel und den Konkurrenz- und Hierarchie-
bedingungen in der Ökonomie der Arbeitswelt. Denn die bei Jungen
im Spiel zu beobachtende spezifische Mischung von Agon (Prinzip
Wettkampf; der Spieler trägt die Verantwortung für den Spielausgang)
und Alea (Prinzip Würfel; der Gewinn wird per Zufall ermittelt) korrespondiert mit »spezifisch organisierten Institutionen, die Prozeduren der
Entscheidungsfindung und Herstellung von Rangordnung auf Basis von
Adversität organisieren. Jungenspiele und Institutionen der Positions-
und Statusvergabe haben homologe konstitutive Prinzipien« (Gebauer,
1997, S. 280, zitiert nach Faulstich-Wieland, 2008, S. 247). Für Mädchen
gilt dieses nicht im gleichen Maße. Sie reagieren auf soziale Situationen,
die eine Verbindung von Agon und Alea aufweisen, mit Kooperation
und vor allen Dingen Rückzug (vgl. Faulstich-Wieland, 2008). Diese
Prinzipien wiederum widersprechen den sich in hierarchisch organisierten Konkurrenz- und Solidaritätspraxen vollziehenden Positionierungen der Handelnden im sozialen Feld Management. In einem Spiel,
das viele Männer von der Kindheit bis ins hohe Alter begleitet, steht
die Habitualisierung von Konkurrenz und Solidarität im Zentrum: dem
Fußballspiel – *der* sozialen »Arena der Männlichkeit« (Meuser, 2008,
S. 113). Das Fußballspiel ist von innerer wie von äußerer Distinktion
(Ausgrenzung sozialer Gruppen) geprägt. Intern stehen sich die männlichen Beteiligten »als ›Partner-Gegner‹ gegenüber« (S. 116) und stellen
über den Wettbewerb hierarchische Beziehungen unter den Männern
her. Aus heterosozialer Perspektive erfolgt über die Distinktion der
Ausschluss von Frauen. Diese sind wie in allen männlichen Spielen des
Wettbewerbs auf den Platz der Zuschauerinnen verwiesen (vgl. Meuser,
2003, S. 85). Konkurrenz und Solidarität sind im Fußballspiel wie zwei
Seiten einer Medaille, denn »[d]er Wettbewerb entzweit die Männer nicht,
er vergemeinschaftet sie« (Meuser, 2008, S. 116). Im Fußballspiel lernen
die Jungen »die Einheit von Wettbewerb und Solidarität« (S. 118). Sie
erwerben für ihr gegenwärtiges und zukünftiges Leben Freude am Wett-

bewerb und entwickeln die Kompetenz, sich im Wettbewerb zu beweisen. »Dieser generalisierte Spielsinn ist von Nutzen, wenn es darum geht, in den ernsten Spielen des Wettbewerbs zu reüssieren, in denen später über Lebenschancen und Karrieren entschieden wird« (S. 118).

Frauen hingegen verfügen nicht über die gleichen habitualisierten Sozialisationserfahrungen der ernsten Spiele des Wettbewerbs, sondern sind als Zuschauerinnen am Spiel beteiligt und auf Kooperationen im Binnenraum von Beziehungen, in dessen Zentrum häufig emotionale Auseinandersetzungen stehen, konzentriert (vgl. zur Beziehungstheorie Möller, 2005; zur Beziehungsorientierung vgl. Wunderer u. Dick, 1997, S. 18). Vor dem Hintergrund ihrer inkorporierten Sozialisationserfahrungen, die wechselseitig und relational auf männliche Vergemeinschaftungspraxen bezogen sind, betreten sie das von männlichen Regeln dominierte Spielfeld im Management.

Männer verfügen demnach über sozialisierte Kompetenzen für die im Management geführten Wettbewerbsspiele, die von Frauen nicht im gleichen Maße im Verlauf ihrer Geschlechtersozialisation habitualisiert werden. Das weist aus Perspektive der strategischen Organisationssoziologie auf einen Vorteil für die männlichen Führungskräfte hin, die mikropolitischen Machtspiele im Management zu dominieren. Als Mehrheitsgruppe sind sie am Erhalt ihrer Position und Fortbestand des Feldes interessiert. Die mikropolitische Kompetenz, die dafür erforderlich ist, an den Machtspielen teilzuhaben und diese mitzugestalten, ist ihr Kapital, da sie ihnen Gewinne im Feld ermöglicht (vgl. Neumann, 1999, S. 469).

Forschungsvorhaben »Mikropolitik und Aufstiegskompetenz von Frauen«

Im Verbundvorhaben »Aufstiegskompetenz von Frauen – Entwicklungspotenziale und Hindernisse auf dem Weg zur Spitze«[2] untersuchten fünf Teilvorhaben förderliche und hinderliche Faktoren für Aufstiegskompetenz.[3] Im Teilvorhaben »Mikropolitik und Aufstiegskompetenz von Frauen« wurde mikropolitische Kompetenz, als ein Bestandteil von Aufstiegskompetenz, in einer qualitativen Interventionsstudie, an der

---

2 »Aufstiegskompetenz umfasst […] die emotional-motivationale und kognitive Bereitschaft sowie die Befähigung zur beruflichen Weiterentwicklung zur Entschließung von Führungspositionen« (Bamberg et al., 2009, S. 70).

3 Zu den fünf Teilprojekten zählten: Arbeitstätigkeit, technikbezogenes Selbstkonzept, Führung, Mentale Blockaden und Mikropolitik.

Top-Führungskräfte mitwirkten und weibliche Nachwuchsführungskräfte teilnahmen, erforscht.

Forschungsfragen und Coaching-Begriff

Hypothetischer Ausgangspunkt der Studie war, dass das Wissen um Mikropolitik und der kompetente Umgang mit Mikropolitik notwendige Bedingungen für Frauen sind, um in betrieblichen Hierarchien aufzusteigen.
Weiter wurde davon ausgegangen, dass das Coaching in mikropolitischer
Kompetenz die individuellen Handlungsspielräume erweitert und sich dieses positiv auf den Aufstieg von Frauen in Führungspositionen auswirkt.
Unter mikropolitischer Kompetenz wird erstens das Erkennen mikropolitischer Strategien anderer verstanden, die hinderlich oder förderlich
für die eigene Karriere sein können; zweitens zählt dazu, die mikropolitischen Spielregeln innerhalb einer Organisation oder Institution
zu verstehen; und drittens bedeutet mikropolitische Kompetenz, jene
Taktiken in das eigene Handlungsrepertoire zu integrieren, die für die
erfolgreiche Gestaltung der Karriere und zur Verwirklichung beruflicher
Interessen zielführend sind (Cornils et al., 2014).[4]

Im Mittelpunkt der Interventionsstudie standen zwei Fragen:
1. Welche Bedeutung hat Mikropolitik für den Aufstieg von Frauen?
2. Ist mikropolitische Kompetenz durch Coaching erlernbar?

Zur Klärung dieser Fragen und für die Entwicklung der mikropolitisch
orientierten Coaching-Intervention bedurfte es einer Bestimmung des
zu Grunde gelegten Coachingbegriffs. Entgegen der Verwendung eines
unspezifischen Modebegriffs (vgl. Looss u. Rauen, 2005, S. 155) wurde
auf den von der Führungsforschung spezifizierten Coaching-Begriff
Bezug genommen. Demnach ist Coaching »ein Personalentwicklungsinstrument für Führungs- und qualifizierte Fachkräfte, welches im Rahmen
des beruflichen Kontextes eine intensive und in der Passung stimmige
Potenzialentwicklung in Kommunikations-, Interaktions- und Entscheidungsprozessen anbietet. Dies geschieht in Reflexions-/Metare-
flexionsprozessen, die kooperativ gestaltet und deren Ziele gemeinsam
vereinbart werden und deren Vorgehen methodisch fundiert auf mehr-
perspektivischem Wissen der Sozialpsychologie und der Organisations-
wissenschaften beruht« (Jüster et al., 2005, S. 96 f.). Diese Definition lag
der Studie zugrunde, deren Ablauf nun kurz skizziert wird.

---

4 Ewen et al. (2010) entwickelten eine hiervon abweichende Definition mikropolitischer Kompetenz.

Das Forschungsdesign

Die Entwicklung des Coachingsansatzes und die Durchführung der Coaching-Intervention basieren auf einem komplexen qualitativen Untersuchungsdesign, das sich in drei Phasen gliederte. In der ersten Phase wurden für die Exploration von Wissen über den Zusammenhang von Mikropolitik, Führung, Aufstieg und Gender qualitative Experten_inneninterviews mit 26 weiblichen und männlichen Führungskräften geführt, die Topmanagementpositionen in großen Unternehmen (> 250 MA) bekleiden. Ziel der Explorationsphase war die Erforschung von Wissen über den beschriebenen Zusammenhang. Dafür wurden Topmanager_innen nach Situationen befragt, in denen mikropolitische Kompetenz für ihren Aufstieg von Bedeutung war. Aus den Interviewergebnissen wurden sieben für den Aufstieg von Frauen relevante Anwendungsfelder rekonstruiert. 1. Vereinbarkeit von Karriere und Familie/Work-Life-Balance; 2. Netzwerke/Koalitionen bilden; 3. Selbstdarstellung; 4. Emotionen; 5. Unternehmenskultur; 6. Körperlichkeit und 7. das Verhältnis zu Macht (vgl. Cornils, Rastetter, 2010; Rastetter et al., 2011, S. 7 f.).

Auf Basis dieser Anwendungsfelder wurde in der zweiten Phase das sogenannte Mikropolitik-Coaching entwickelt und an die Coaches, die das Coaching mit den Teilnehmerinnen durchführten, vermittelt. An der insgesamt zwölf Monate dauernden Intervention nahmen 30 weibliche Nachwuchsführungskräfte aus Großunternehmen der freien Wirtschaft teil.[5] Zunächst wurden mit den Teilnehmerinnen qualitative Interviews im Bezug auf ihr Wissen über Mikropolitik, ihre mikropolitische Kompetenz und ihren Coaching-Bedarf in den sieben Anwendungsfeldern geführt. Außerdem nahmen sie an einer quantitativen Befragung mit Skalen zu aufstiegs- und mikropolitikrelevanten Konstrukten sowie der Skala »Bereitschaft zu mikropolitischem Handeln im Kontext Aufstieg« (Mucha, 2011) teil. Nach der Vorherbefragung folgte die Coaching-Intervention, die für jede Teilnehmerin drei Gruppen- und zwei Einzelsitzungen in einem Zeitraum von sechs Monaten umfasste. Die Messung der Coaching-Effekte erfolgte mittels Durchführung von Prä-Posttest-Vergleichen mit den gecoachten Personen (vgl. Haubl, 2009, S. 199; vgl. auch Perels u. Otto, 2010, S. 252). Diese Phase wurde unter Einsatz verschiedener Methoden durch das Forschungsteam begleitet. Da aufgrund von Platzgründen auf das methodische Design an dieser Stelle nicht vertiefend eingegangen werden kann, ver-

---

5   Mehr als ein Drittel der Teilnehmerinnen war in technischen Unternehmen beschäftigt; in diesen Branchen ist der Frauenanteil besonders gering.

weise ich auf bereits vorliegende Publikationen, in denen eine ausführliche Darlegung erfolgt (vgl. Rastetter et al., 2011; Cornils et al., 2014). In der dritten Phase wurden mit den Coaches eine Gruppendiskussion zum Zweck der Reflexion und Bewertung der Intervention sowie Einzelinterviews zur Besprechung der Einzelfälle durchgeführt. Für den Prä-Posttest-Vergleich wurden drei Monate nach Abschluss des Coachings erneut qualitative Interviews mit den Teilnehmerinnen geführt. Ob sich das Mikropolitik-Coaching mittelfristig auf die Karriereziele der Teilnehmenden auswirkt, wurde mit einer quantitativ durchgeführten Follow-Up-Messung (vgl. Hagenauer, 2010, S. 245) ein dreiviertel Jahr nach Abschluss der Intervention ermittelt.

    In dem Forschungsverlauf der Studie wurde sukzessive das Mikropolitische Kompetenzmodell (MKM) entwickelt (Cornils et al., 2014). Dieses wird nachfolgend dargestellt.

Mikropolitisches Kompetenzmodell

Dem Mikropolitischen Kompetenzmodell (MKM) liegen Annahmen über Kompetenzlernen im Coaching zu Grunde sowie eine allgemeine Begriffsbestimmung von Kompetenz, die eine Ausgangsbasis für die Definition mikropolitischer Kompetenz bilden. Kompetenzen lassen sich in Lernprozessen aneignen, verändern und entwickeln (Rarrek u. Werner, 2012, S. 43; vgl. Heyse, 2010, S. 55). Deshalb wird davon ausgegangen, dass auch mikropolitische Kompetenz durch Coaching und Praxiserfahrungen vermittel- und erlernbar ist. Lernen wird in diesem Kontext als die »Modifikation von Wissensstrukturen durch Informationsaufnahme und Interpretation« aufgefasst und äußert sich »im Erleben und Verhalten sowie in potenziellen Verhaltensänderungen« (Friebe, 2005, S. 26).

    Bei Kompetenzen handelt es sich um Selbstorganisationsfähigkeiten, sich wandelnden bzw. bereits veränderten Bedingungen situativ anzupassen, indem Verhaltensweisen und -strategien entwickelt und an die soziale Praxis angepasst werden (vgl. Heyse u. Erpenbeck, 2009, S. XIf.). Es ist die Fähigkeit, sich individuelle Ziele zu setzen, sie selbstorganisiert in Handlungen zu realisieren und in neuen Situationen zu lernen (Heyse, 2010, S. 56; Heyse u. Erpenbeck, 2009, S. XVIII).

    Die Bestimmung mikropolitischer Kompetenz orientiert sich an der »Performanzrichtung«, wonach »Kompetenzen als spezifische Handlungsfähigkeiten« aufgefasst werden, die »als Voraussetzungen für die Durchführung und Verwirklichung von Handlungen« gelten (Heyse u. Erpenbeck, 2009, S. XVII).

Die Einteilung von Kompetenzen erfolgt nach »Kompetenzklassen«. Zu bekannten Kompetenzklassen zählen die personale, die aktivitäts- und umsetzungsorientierte, die fachlich-methodische und die sozial-kommunikative Kompetenz (S. XXIV; vgl. Kauffeld et al., 2007), »deren Schlüsselkriterien zusammen die aktive Handlungskompetenz für bestimmte Fach- und Führungsfunktionen bilden« (Hänggi u. Kemter, 2007, S. 544; vgl. Bergermaier, 2011, S. 219). Die Definition der vier Kompetenzklassen im MKM (Sach-, Selbst-, Aktivitäts- und soziale Kompetenz) lehnt an diese Unterteilung in leicht abgewandter Form an. Die personale Kompetenz wird im MKM in Selbstkompetenz übersetzt und die Fach- und Methodenkompetenz gehen im MKM im Begriff Sachkompetenz auf. Im Folgenden werden die vier Kompetenzklassen definiert.

1. *Sachkompetenz:* Bei der mikropolitischen Sachkompetenz handelt es sich um eine fachlich-methodische Kompetenz. Sie beinhaltet die Aneignung fachlichen und methodischen Wissens über Mikropolitik. Die »fachlichen und instrumentellen Kenntnisse, Fertigkeiten und Fähigkeiten« können dafür genutzt werden, in mikropolitisch relevanten Situationen »kreativ Probleme zu lösen« (Erpenbeck u. von Rosenstiel, 2007, S. XXIV). Mikropolitische Sachkompetenz umfasst die kognitive Aneignung von Wissen über Mikropolitik und deren Bedeutung sowie das Erlernen mikropolitischer Taktiken. Sie beinhaltet die Fähigkeiten, mikropolitisches Wissen seinem Sinn nach einzuordnen, zu bewerten und in methodische Instrumente (Taktiken) zu übersetzen sowie gegebenenfalls diese Methoden selbst entsprechend den situationsspezifischen Handlungsoptionen weiterzuentwickeln. Dies führt wiederum zur (Neu-)Aneignung von mikropolitischer Sachkompetenz.

2. *Selbstkompetenz:* Mikropolitische Selbstkompetenz ist die Fähigkeit, mit den inneren Haltungen und Wertvorstellungen selbstreflexiv und bewusst umzugehen. Den Mittelpunkt der Selbstkompetenz bildet die Selbstbewusstheit (»self awareness«; vgl. Kienast, 2012, S. 53), die Selbsterkenntnis und Selbstwahrnehmung umfasst. Selbstkompetenz ist hinsichtlich mikropolitischen Handelns bedeutungsvoll, weil Handlungen durch das Selbstkonzept, das auf verinnerlichten sozialen Rollenerwartungen und Werten basiert, und durch die Fähigkeit zur Selbstreflexion in ihren Möglichkeiten und Ausdrucksformen mitgeprägt werden. Das Selbstkonzept umfasst das Wissen einer Person über sich selbst sowie Prozesse der Selbstwahrnehmung und der Selbstregulation (Mummendey, 2006, S. 25). Ein wesentlicher Bestandteil von Selbstkompetenz ist die Bereitschaft, mikropolitisch zu handeln.

3. *Aktivitätskompetenz:* Mikropolitische Aktivitätskompetenz bedeutet
   die Fähigkeit, selbstorganisiert mikropolitisch zu handeln, um diese
   Handlungen für die Bewältigung von Vorhaben zu nutzen. Es geht
   darum, die erworbene oder bereits vorhandene Sachkompetenz in
   einer sozialen Situation selbstorganisiert in aktive Handlungen in
   der (Arbeits-)Praxis umzusetzen. Aktivitätskompetenz basiert auf
   einer Umsetzungsanstrengung, die sich durch Tatkraft, Eigeninitiative,
   Willensanstrengung sowie die Entscheidung zur Aktivität auszeich-
   net (vgl. Bergermaier, 2011, S. 219; Heyse, Erpenbeck, 2009, S. 133 ff.;
   Sommer et al., 2012, S. 76).

4. *Soziale Kompetenz:* Bei sozialer Kompetenz handelt es sich um die
   Fähigkeit, als Individuum entsprechend den sozialen Bedingungen
   und Kontextsituationen beziehungsorientiert zu handeln (vgl. Bergermaier, 2011, S. 219). Sie beinhaltet die Fähigkeit, soziale Kontexte
   beim mikropolitischen Handeln zu berücksichtigen. Soziale Kompetenz impliziert somit die Befähigung, zu erkennen, in welchen
   sozialen Situationen und mit welchen anderen sozialen Akteur_innen
   mikropolitisch interagiert wird. Sie ist von Bedeutung, da Mikropolitik immer auf Interaktionshandeln basiert, das sich innerhalb
   gesellschaftlicher Strukturen, Institutionen und Ordnungen vollzieht.
   Soziale Kompetenz umfasst damit im weitesten Sinne die Fähigkeit
   zu *kontextsensiblem* mikropolitischen Handeln (Cornils et al., 2014).[6]

Auf Grundlage dieser Definitionen kann konkretisiert werden, welche mikropolitischen Kompetenzaneignungsprozesse in der Coaching-
Gruppe durch die Intervention ausgelöst und welche Kompetenzklassen
schwerpunktmäßig berührt wurden.

Mikropolitische Kompetenzaneignung im Mikropolitik-Coaching

Die Analyse der umfassenden Datenlage der Intervention zeigt, dass
das Mikropolitik-Coaching die teilnehmenden Nachwuchsführungskräfte bei der Entwicklung von Sach-, Aktivitäts- und sozialer Kompetenz sowie teilweise von Selbstkompetenz unterstützte. Zu Beginn
des Coachings stand die Vermittlung von Wissensinhalten im Vorder-

---

6 Eine ausführlichere Darlegung des Modells am empirischen Material – einem
   Vergleich zwischen Top-Managern_innen und weiblichen Nachwuchsfüh-
   rungskräften – findet sich in Cornils et al. (2014).

grund; wandten die Teilnehmerinnen die so erworbene mikropolitische Sachkompetenz aktiv in der beruflichen Praxis an, erwarben sie durch diesen Prozess Aktivitätskompetenz und gewannen gleichzeitig neue Erkenntnisse über andere soziale Akteuren_innen – und somit soziale Kompetenz. Eine erfolgreiche Aneignung mikropolitischer Selbstkompetenz zeigte sich nur bei einem Teil der Teilnehmerinnen. Im Vergleich mit den Experten_inneninterviews wurde deutlich, dass die Topmanager_innen über eine ausgeprägte mikropolitische Selbstkompetenz verfügen. Die Aneignung von Selbstkompetenz steht im engen Zusammenhang mit dem Ablauf von Lernprozessen. Selbstkompetenz wird unter anderem durch Wiederholungen und Führungserfahrungen erworben, ist also eine langfristige sowohl durch Coaching als auch Berufserfahrungen zu gewinnende Kompetenz (Cornils et al., 2014). Die zeitlich befristete Laufzeit der Intervention sowie die noch zeitlich begrenzten Berufserfahrungen der Nachwuchsführungskräfte hatten offensichtlich Einfluss auf die Chance zur Entwicklung mikropolitischer Selbstkompetenz. Es stellt sich jedoch die Frage, warum es dennoch einem kleinen Kreis der Teilnehmerinnen möglich war, sich diese Kompetenz anzueignen. Hier spielt ein weiterer, bereits in der Definition von Selbstkompetenz angesprochener Aspekt eine wichtige Rolle, und zwar die Bereitschaft, mikropolitisch zu agieren. Je höher diese Bereitschaft bei den Teilnehmerinnen war, desto ausgeprägter war die Aneignung von Selbstkompetenz. Selbstkompetenz spielt hinsichtlich der Auseinandersetzung mit dem persönlichen Verhältnis zu Macht sowie habitualisierten Geschlechterstereotypen eine bedeutsame Rolle, da die mikropolitischen Aktivitäten mit dem Selbstbild vereinbar sein müssen bzw. durch Reflexionsprozesse neue Verhaltensweisen angenommen und ins Selbstkonzept integriert werden. Habitualisierte Geschlechterstereotype, die machtvollem Handeln entgegenstehen, wirken hinsichtlich des inneren Verhältnisses zu Macht und der Bereitschaft, mikropolitisch zu agieren, blockierend.

Im Hinblick auf die theoretischen Ausführungen über die Wettkampf- bzw. Machtspiele innerhalb der mikropolitischen Arenen spielen im Mikropolitik-Coaching alle vier Kompetenzklassen eine bedeutsame Rolle. Einige Teilnehmerinnen berichteten, dass ihnen die Vermittlung und Aneignung von mikropolitischem Wissen (Sachkompetenz) neue Handlungsspielräume ermöglichte. Sie betonten, dass sie ihre individuellen Problematiken nicht mehr als individuelle, sondern als kollektive betrachten, mit denen Frauen, die innerhalb einer männerdominierten Branche aufsteigen wollen, konfrontiert sind (soziale Kompetenz). Die Teilnehmerinnen überprüften und erprobten das jeweils im Coaching-Prozess vermittelte und in selbstorganisierten Lernprozessen angeeignete mikropolitische Wissen in der beruflichen Praxis und erwarben dadurch Aktivitätskompetenz und soziale Kompetenz.

Die Vermittlung und Aneignung von mikropolitischem Wissen beinhaltete stets einen Genderbezug. Dadurch eigneten die Teilnehmerinnen sich eine mikropolitisch sensible Genderkompetenz an. Die Vermittlung und Chance zur Aneignung dieser spezifischen Genderkompetenz wurde von einem Großteil der Teilnehmerinnen nach Abschluss des Coachings als besonders positiv bewertet. Es wurde betont, dass sie aufgrund dieser Kompetenz über neue Reflexions- und Analysemöglichkeiten beruflicher Situationen und Problematiken verfügten. Dabei spielte auch die Auseinandersetzung mit der geschlechtsspezifischen Machtverteilung im sozialen Feld und das Erkennen der (persönlichen) Reproduktion von Geschlechterstereotypen eine Rolle.[7]

Zusammenfassend kann resümiert werden, dass das für Frauen in Nachwuchsführungspositionen entwickelte Mikropolitik-Coaching Chancen zur Entwicklung und Aneignung von mikropolitischer Kompetenz als ein Aspekt von Aufstiegskompetenz bietet. Die Resultate lassen drei wesentliche Coaching-Effekte erkennen:

a) Die Gruppe der Erfolgreichen (im Sinne der Realisierung beruflicher Ziele, N = 6) verfügte über eine hohe Bereitschaft, mikropolitisch zu handeln.

b) Mit Ausnahme einer Teilnehmerin, die von ihrer Vorgesetzten zur Teilnahme verpflichtet wurde, berichteten alle anderen Nachwuchsführungskräfte von einem Zuwachs mikropolitischer Sachkompetenz.

c) Die Aneignung mikropolitisch sensibler Genderkompetenz wurde von den Teilnehmerinnen als neue Handlungskompetenz wahrgenommen und durchweg positiv bewertet.

Allgemein lässt sich resümieren, dass ein Großteil der Teilnehmerinnen vom Mikropolitik-Coaching in der Weise profitierten, dass sie durch die Teilnahme über erweiterte Handlungsspielräume im Umgang mit mikropolitischen Spielen im Management verfügen.

Auf öffentlichen Veranstaltungen, auf denen wir Ergebnisse und das Coaching-Programm vorstellten, stießen wir auf großes Interesse, aber auch immer mal wieder auf die Kritik, dass dem Coaching ein Defizitansatz zu Grunde liege. Es wurde beispielsweise angemerkt, es entstünde der Eindruck, Frauen seien im Vergleich zu Männern defizitär, was das

---

7   Eine Analyse, inwiefern die Reproduktion der Geschlechterstereotype zur Stabilisierung der vergeschlechtlichten Macht- und Herrschaftsverhältnisse im Management beitragen, erfolgte mit den vorliegenden Daten aus einer bourdieuschen Perspektive an Solidarität und Konkurrenz (Cornils, 2011).

Verfügen über mikropolitische Kompetenz betreffe. Oder es wurde die Feststellung gemacht, dass es sich ausschließlich um eine Anpassung von Frauen an männliche Spielregeln handele. Diese mündete in die Frage, ob es denn für Frauen, die schließlich über eigene (mikropolitische) Kompetenzen verfügten, keine anderen Gestaltungsmöglichkeiten gäbe, als die männlichen dominierten Machtspiele mitzuspielen.

Abschließend nehme ich mich dieser Kritik an, indem ich die Frage diskutiere, ob dem Mikropolitik-Coaching ein Defizitansatz zu Grunde liegt oder ob es sich um ein gleichstellungs- bzw. geschlechterpolitisches Instrument im Kleinen handeln könnte. Auch zur Beantwortung dieser Frage werde ich eine bourdieusche und strategische Feld-Perspektive einnehmen und zusätzlich für den Aufbau meiner Argumentation auf Aussagen von Vertreter_innen der Gleichstellungs- und Geschlechterpolitik zurückgreifen.

Mikropolitik-Coaching für Frauen: Ein Defizitansatz oder Gleichstellungs- und Geschlechterpolitik im Kleinen?

Trotz der weiterhin bestehenden Unterrepräsentanz von Frauen in oberen Führungspositionen und vieldiskutierter öffentlicher Kritik an diesem Zustand gerät seit einiger Zeit der Politikansatz der Frauenförderung in Verruf. In einem Zuge mit der öffentlichen und politischen Diskussion über die Frauenquote geraten auch Frauenfördermaßnahmen zunehmend in den Verdacht, zu einer Benachteiligung von Männern beizutragen oder sogar gleichstellungspolitische Maßnahmen zu unterlaufen. Seitens der Wissenschaft wird die Befürchtung geäußert, dass Instrumente der Frauenförderung existierende Macht- und Geschlechterverhältnisse festigen statt sie in Frage zu stellen (vgl. Wichmann, 2004, S. 25). Demnach basierten reine Frauenfördermaßnahmen auf einem Defizitmodell. Es würden statt der Strukturen der Geschlechterverhältnisse Defizite bei Frauen in den Blick genommen, die es zu beseitigen gälte (vgl. Wetterer, 2006). Es entstünde der Eindruck, als ob Gleichstellung ein Frauenproblem sei. Diese Kritik hatte unter anderem die Weiterentwicklung zu einer neuen Form der Gleichstellungspolitik zur Folge und führte zur Etablierung des Gender Mainstreamings als neuem gleichstellungspolitischem Konzept (vgl. im Überblick Meuser u. Neusüß,

2004).[8] Krell et al. (2000) merken dazu an, dass die Frauenförderpolitik nicht gänzlich verschwand, sondern gemeinsam mit Gender Mainstreaming als »Doppelstrategie« erhalten blieb. Dieses spiegelt sich in aktuellen politischen Ansätzen wider, die fordern, dass frauen- oder männerpolitische Maßnahmen dann zum Einsatz kommen, wenn es darum geht, jeweiligen geschlechtsspezifischen Benachteiligungen entgegenzuwirken (vgl. BMFSFJ, 2012). Riegraf (1996) plädiert hingegen für die Verwendung des Begriffs der Geschlechterpolitik, da dieser dem Anliegen der Gleichstellung in Organisationen am nächsten käme (vgl. S. 31). Während Frauen- und Gleichstellungspolitik eher auf die Förderung Benachteiligter setzte, gehe es in der Geschlechterpolitik darum, »die sozialen Beziehungen von Männern und Frauen zu gestalten« und beide gleichermaßen »zu Subjekten der Geschlechterpolitik zu machen« (Wiechmann, 2004, S. 4).

Geschlechterpolitik und Mikropolitik als strategisches Konzept zeigen in einem Aspekt interessante Anknüpfungsmöglichkeiten, denn beide fokussieren auf die Macht- und Geschlechterverhältnisse in Organisationen. Anders herum: Um Geschlechterpolitik erfolgreich zu implementieren, bedarf es politischer Ansätze und Diskurse. Wird davon ausgegangen, dass in Organisationen eingeführte Geschlechterpolitik »organisationale Wandlungsprozesse« auslöst und in der Folge, »ein ganzes Handlungssystem« umwandelt, wird in mikropolitischer Lesart »die Beschaffenheit des Spiels« (Crozier u. Friedberg, 1979, S. 240 f.) verändert. In dem Gedanken von Crozier und Friedberg über Macht und Organisation ist diese Verknüpfung von organisationalen Veränderungsprozessen aufgrund von aktiver Geschlechterpolitik noch nicht enthalten, aber sie lässt sich mit ihm verknüpfen. Denn würde Geschlechtergleichheit zu einem erklärten Ziel organisationalen Handelns, änderte sich das Handlungssystem bzw., um in Bourdieus Worten zu sprechen, das soziale Kraft-, Spiel- und Kampffeld. Es käme zu einem (Geschlechter-)Spiel, mit anderen, veränderten Spielregeln. Doch genau das kann als eine zentrale Implementierungsbarriere von Gleichstellungspolitik in Organisationen betrachtet werden. Denn, die mikropolitischen Akteure_innen wenden sich in der Regel gegen Veränderungen – vor allen Dingen dann, wenn sie die Machtspiele dominieren –, denn dadurch werden die Bedingungen des Spiels, ihre Machtquellen sowie die potenziell durch die Agierenden kontrollierten Ungewissheitszonen, die mikropolitische Handlungsspielräume ermög-

8   Auf diese Entwicklungen und die unterschiedlichen Diskussionen (eine kritische Analyse zur Umsetzung von Gender Mainstreaming vgl. Englert et al., 2002, S. 451–457) kann an dieser Stelle nicht weiter eingegangen werden.

lichen, in Frage gestellt. Es kann deshalb davon ausgegangen werden, dass jeder neuen Maßnahme innerhalb einer Organisation zunächst einmal mit Abwehr begegnet wird (vgl. Meuser, 2004).

Die genderkodierten mikropolitischen Spielregeln sind folglich schwerer zu verändern als vielleicht angenommen. Die Herstellung neuer Mehrheitsverteilungen zwischen den Geschlechtern durch die Einführung einer Frauenquote im Management stellt vermutlich ein geeignetes Instrument dar. Auf der Handlungsebene könnte das Mikropolitik-Coaching für Frauen als ein Mix aus gleichstellungs- und geschlechterpolitischem Instrument aufgefasst werden. Als eine Art – dem Gegenstand der Mikropolitik entsprechend und angemessen – subversives Instrument, das Frauen die vorteilhafte Situation verschafft, die Geschlechtercodes der Machtspiele der männlich dominierten Gruppe der Führungskräfte im Kräftefeld Management zu dekodieren.

Werfen wir noch einmal einen Blick auf die Effekte des Mikropolitik-Coachings, so zeigt sich, dass die Frauen sich dadurch die Fähigkeit aneigneten, eine »mikropolitische Brille« zu tragen. Sobald sie eine Organisation betraten, begannen sie durch diese Brille die mikropolitischen Prozesse und Machtspiele zu beobachten und zu analysieren. Den Machttaktiken und -interaktionen wird dadurch ihre Unsichtbarkeit genommen. Wie eingangs erwähnt, ist es aber genau das, woraus Mikropolitiker_innen ihre Macht beziehen: aus der Unsichtbarkeit und der Beherrschung von Unsicherheitszonen. Die Fähigkeit und Möglichkeit, die unsichtbaren Spiele und ihre Spielregeln zu verstehen, steigert für die Beobachter_innen die mikropolitischen Handlungs- und Interventionsmöglichkeiten und mindert die Einflussmöglichkeit und Machtentfaltung der anderen Seite.

Zunächst und auf den ersten Blick mag es so erscheinen, als wenn Frauen auf diese Weise »nur« nach männlichen Regeln mitspielen. Es darf aber dabei nicht übersehen werden, dass das Mitspielen im Feld bereits impliziert, die mikropolitischen Spiele zu verstehen und beeinflussen zu können. Damit Frauen im sozialen Feld Management zu einer sozial relevanten Gruppe werden, die »eine eigene positive (Gegen-)Identität« (Neumann, 1999, S. 466) zur bislang machtvollen agierenden Gruppe der männlichen Akteure entwerfen, braucht es m. E. neue, gleichberechtigte Mehrheitsverhältnisse zwischen den Gruppen der männlichen und weiblichen Managern_innen und folglich umfassendere geschlechterpolitische Instrumente. Dadurch eröffnet sich die Chance, dass Frauen und Männer die sozialen Machtbeziehungen so gestalten, dass beide im gleichen Maße zu Subjekten einer Geschlechterpolitik werden, die die Beschaffenheit hat, das Feld, die wirksamen Machtspiele, den feldspezifischen Habitus und folglich die mikropolitischen Arenen und ihre

Mitwirkenden geschlechterpolitisch neu zu konzipieren. Bis dato stellt das Mikropolitik-Coaching für Frauen eine geeignete und wirkungsvolle Maßnahme dar, im Spiel um Aufstiegspositionen im Management subversiv, aktiv und bewusst mitzumischen.

Fazit

Mikropolitik, Organisation und Gender mit Bourdieus Feld-Habitus-Theorie zu verbinden, eröffnet die Chance, die Dynamiken von geschlechtsspezifischen Machtverhältnissen im Management sowohl strukturell als auch individuell zu fassen. Zwischen der Beschaffenheit der mikropolitischen Spiele im sozialen Feld Management und männlich sozialisierten Spiel- und Vergemeinschaftungspraxen existiert eine große Übereinstimmung. Dieses hat zur Folge, dass die im Management dominierenden mikropolitischen Spiele für den Aufbau von Macht männlich habitualisiert sind. In einer bourdieuschen Lesart sind Frauen im mikropolitischen Macht- bzw. Aufstiegsspiel um Führungspositionen im sozialen Kräftefeld Management deshalb marginalisiert, weil ihr Geschlechterhabitus und die habitualisierten Spielpraxen von den ernsten Spielen im Wettbewerb der das Feld dominierenden Männergruppe abweicht. Diese das Feld dominierende Gruppe hat ein Interesse am Machterhalt der von ihnen besetzten (Führungs-)Positionen und damit an dem Fortbestand des Kraftfeldes.

Das Mikropolitik-Coaching setzt auf der individuellen Handlungseben dort an, wo die Karriereentfaltungsmöglichkeiten und Aufstiegschancen von Frauen aufgrund ihrer Minderheitenposition in männlich dominierten Feldern blockiert sind. Eine mikropolitische Betrachtungsweise eröffnet nicht nur den Blick dafür, wie in Organisationen »Prozesse zum Abbau der Benachteiligung von Frauen initiiert, gestaltet und verhindert werden« (Riegraf, 1998), sondern verdeutlicht auch, in welcher Weise die machtpolitischen Geschlechterverhältnisse von allen beteiligten Akteuren und Akteurinnen stets aufs Neue reproduziert werden. In diesem Sinne gibt sich das Mikropolitik-Coaching auf der einen Seite als Gleichstellungsinstrument für den Aufstieg von Frauen in Führungspositionen zu erkennen. Jedoch nicht in einem defizitären Sinne, sondern vielmehr als reformpolitisches Anliegen, als »organisationale Innenpolitik« (Ortmann, 1988, S. 18) sozusagen. Auf einer individuellen Ebene eröffnet es die Möglichkeit, dem Machtvollen das Machtvolle zu nehmen, indem Unsichtbares sichtbar und für eigene Interessen nutzbar wird. Die Analyse mikropolitischer Machtverhält-

nisse aus einer Genderperspektive kann auch als Ansatzpunkt für eine
Geschlechterpolitik aufgefasst werden, die die Analyse der Beschaffenheit der mikropolitischen Spiele als Ausganspunkt für zukünftige
geschlechtergerechte organisationale Wandlungsprozesse nutzt. Folglich verfügt das Mikropolitik-Coaching über geschlechterpolitisches- als
auch gleichstellungspolitisches Potenzial. Es beinhaltet Ansatzpunkte,
der im Management existierenden geschlechtsspezifischen Benachteiligungen von Frauen entgegenzuwirken. Als ein Instrument, das auf der
individuellen Handlungsebene ansetzt, kann es als »Geschlechterpolitik
im Kleinen« aufgefasst werden.

Literatur

Bamberg, E., Iwers-Stelljes, T., Janneck, M., Mohr, G., Rastetter, D. (2009). Auf-
stiegskompetenz von Frauen: Hindernisse und Förderung. In T. Iwers-Stelljes
(Hrsg.), Prävention – Intervention – Konfliktlösung. Pädagogisch-psycholo-
gische Förderung und Evaluation (S. 70–84). Wiesbaden: VS.
Bergermaier, R. (2011). Die LIFO®-Methode und hybride Kompetenzerfassung.
In J. Erpenbeck (Hrsg.), Der Königsweg zur Kompetenz. Grundlagen qua-
litativ-quantitativer Kompetenzerfassung (S. 207–238). Münster: Waxmann.
Blickle, G. (2004). Einfluss ausüben, Ziele verwirklichen. Ein Überblick über
Einflusstaktiken in Organisationen und ihre situationsspezifischen Wirkme-
chanismen. Fachbeiträge Personalführung, 6, 58–70.
Bourdieu, P. (1985). Sozialer Sinn und Klassen. Frankfurt a. M.: Suhrkamp.
Bourdieu, P. (1996). Die Ziele der reflexiven Soziologie. In P. Bourdieu, L. J. D.
Wacquant, Reflexive Anthropologie (S. 95–249). Frankfurt a. M.: Suhrkamp.
Bourdieu, P. (1997a). Eine sanfte Gewalt. Pierre Bourdieu im Gespräch mit Irene
Dölling und Margareta Steinrücke. In I. Dölling, B. Krais (Hrsg.), Ein alltäg-
liches Spiel. Geschlechterkonstruktionen in der sozialen Praxis (S. 218–230).
Frankfurt a. M.: Suhrkamp.
Bourdieu, P. (1997b). Männliche Herrschaft. In I. Dölling, B. Krais (Hrsg.), Ein
alltägliches Spiel. Geschlechterkonstruktionen in der sozialen Praxis (S. 153–
217). Frankfurt a. M.: Suhrkamp.
Brake, A., Büchner, P. (2009). Dem familialen Habitus auf der Spur. Bildungsstra-
tegien in Mehrgenerationenfamilien. In B. Friebertshäuser, M. Rieger-Ladich,
L. Wigger (Hrsg.), Reflexive Erziehungswissenschaft. Forschungsperspektiven
in Anschluss an Pierre Bourdieu (S. 59–80).Wiesbaden: VS.
Bundesministerium für Familie, Senioren, Frauen und Jugend (2012). Gleichstellungspolitik – Politik für Frauen und Männer. Zugriff am 02.12.2013 unter
http://www.bmfsfj.de/BMFSFJ/Gleichstellung/politik-fuer-frauen-und-ma-
enner.html
Connell, R. W. (2000). Der gemachte Mann. Konstruktion und Krise von Männlichkeiten. Opladen: Leske + Budrich.

Cornils, D. (2011). Konkurrenz und Solidarität unter Frauen im Management. Freie Assoziation. Zeitschrift für das Unbewusste in Organisation und Kultur, 14(3+4), 75–102.

Cornils, D., Mucha, A., Rastetter, D. (2014). Mikropolitisches Kompetenzmodell: Erkennen, verstehen und bewerten mikropolitischer Kompetenz. OSC, Organisationsberatung – Supervision – Coaching, 21 (1), 3–19.

Cornils, D., Rastetter, D. (2010). Projekt »Mikropolitik und Aufstiegskompetenz von Frauen«. efas-Newsletter Nr. 14, August 2010, S. 20–21.

Crozier, M., Friedberg, E. (1979). Macht und Organisationen. Die Zwänge kollektiven Handelns. Königstein: Athenäum Verlag.

Edding, C. (2009). Die gute Herrschaft – Führungsfrauen und ihr Bild der Organisation. In M. M. Fröse, A. Szebel-Habig (Hrsg.), Mixes Leadership: Mit Frauen in die Führung (S. 167–182). Bern: Haupt.

Englert, D., Kopel, M., Ziegler, A. (2002). Gender Mainstreaming im Europäischen Sozialfonds – das Beispiel Deutschland. WSI-Mitteilungen, 8, 451–458.

Erpenbeck, J., Rosenstiel, L. von (2007). Einführung. In J. Erpenbeck, L. von Rosenstiel (Hrsg.), Handbuch Kompetenzmessung. Erkennen, verstehen und bewerten von Kompetenzen in der betrieblichen, pädagogischen und psychologischen Praxis (S. XVII-XLVI). Stuttgart: Schäffer & Poeschel.

Ewen, C., Solga, J., Blickle, G. (2010). Mikropolitische Kompetenz: Einfluss und Macht im Projektmanagement. Wirtschaftspsychologie aktuell (4), 40–44.

Faulstich-Wieland, H. (2008). Sozialisation und Geschlecht. In K. Hurrelmann, M. Grundmann, S. Walper (Hrsg.), Handbuch Sozialisationsforschung (S. 240–253). Weinheim u. Basel: Beltz Verlag.

Friebe, J. (2005). Merkmale unternehmensbezogener Lernkulturen und ihr Einfluss auf die Kompetenzen der Mitarbeiter. Dissertation. Heidelberg: Universität Heidelberg.

Friedberg, E. (1988). Zur Politologie von Organisationen. In W. Küpper, G. Ortmann (Hrsg.), Mikropolitik. Rationalität, Macht und Spiele in Organisationen (S. 39–52). Opladen: Westdeutscher Verlag.

Gebauer, G. (1997). Kinderspiele als Aufführungen von Geschlechterunterschieden. In I. Dölling, B. Krais (Hrsg.), Ein alltägliches Spiel. Geschlechterkonstruktion in der sozialen Praxis (S. 259–284). Frankfurt a. M: Suhrkamp.

Hagenauer, G. (2010). Kurzinterventionen versus Langzeitinterventionen. In T. Hascher, B. Schmitz (Hrsg.), Pädagogische Interventionsforschung. Theoretische Grundlagen und empirisches Handlungswissen (S. 243–251). Weinheim u. München: Juventa.

Hänggi, G., Kemter, P. (2007). COMPRO + Competence Profiling. In J. Erpenbeck, L. von Rosenstiel (Hrsg.), Handbuch Kompetenzmessung. Erkennen, verstehen und bewerten von Kompetenzen in der betrieblichen, pädagogischen und psychologischen Praxis (S. 544–554). Stuttgart: Schäffer & Poeschel.

Haubl, R. (2009). Unter welchen Bedingungen nützt die Supervisionsforschung der Professionalisierung supervisorischen Handelns? In R. Haubl, B. Hausinger (Hrsg.), Supervisionsforschung: Einblicke und Ausblicke (S. 179–207). Göttingen: Vandenhoeck & Ruprecht.

Hermann, A. (2004). Karrieremuster im Management. Pierre Bourdieus Sozial-
theorie als Ausgangspunkt für eine genderspezifische Betrachtung. Wiesbaden:
Deutscher Universitäts-Verlag.
Heyse, V. (2010). Verfahren zur Kompetenzermittlung und Kompetenzentwick-
lung. KODE® im Praxistest. In V. Heyse, J. Erpenbeck, S. Ortmann (Hrsg.),
Grundstrukturen menschlicher Kompetenzen. Praxiserprobte Konzepte und
Instrumente (S. 55–174). Münster: Waxmann.
Heyse, V., Erpenbeck, J. (2009). Kompetenztraining. Informations- und Trai-
ningsprogramme. Stuttgart: Schäffer-Poeschel.
Jüster, M., Hildenbrand, C.-D., Petzold, H. G. (2005). Coaching in der Sicht
von Führungskräften – Eine empirische Untersuchung. In C. Rauen (Hrsg.),
Handbuch Coaching (S. 78–98). Göttingen u. a.: Hogrefe.
Kauffeld, S., Grote, S., Frieling, E. (2007). Das Kasseler-Kompetenz-Raster
(KKR). In J. Erpenbeck, L. von Rosenstiel (Hrsg.), Handbuch Kompetenz-
messung (S. 224–243). Stuttgart: Schäffer & Poeschel.
Kienast, W. (2012). Coaching und Reflexivität. Wirkphänomene aus Personal-
wirtschaftlicher Perspektive. Unveröffentlichte Dissertation.
Krell, G., Mückenberger, U., Tondorf, K. (2000). Gender Mainstreaming – Infor-
mationen und Impulse. Hannover: Niedersächsisches Ministerium für Frauen,
Arbeit und Soziales.
Küpper, W., Ortmann, G. (1988). Vorwort: Mikropolitik – Das Handeln der
Akteure und die Zwänge der Systeme. In W. Küpper, G. Ortmann (Hrsg.),
Mikropolitik. Rationalität, Macht und Spiele in Organisationen (S. 7–9). West-
deutscher Verlag: Opladen.
Lehner, E. (2007). Die Organisation als Männerbund. In M. Wolf (Hrsg.), Frauen
und Männer in Organisationen und Leitungsfunktionen. Unbewusste Pro-
zesse und die Dynamik von Macht und Geschlecht. Frankfurt a. M.: Brandes
& Apsel.
Looss, W., Rauen, C. (2005). Einzel-Coaching – Das Konzept einer komplexen
Beratungsbeziehung. In C. Rauen (Hrsg.), Handbuch Coaching (S. 155–182.).
Göttingen u. a.: Hogrefe.
Meuser, M. (1998). Geschlecht und Männlichkeit. Soziologische Theorie und
kulturelle Deutungsmuster. Opladen: Leske + Budrich.
Meuser, M. (2003). Wettbewerb und Solidarität. Zur Konstruktion von Männlich-
keit in Männergemeinschaften. In S. von Arx, S. Gisin, I. Grosz-Ganzoni, M.
Leuzinger, A. Sidler (Hrsg.), Koordinaten der Männlichkeit. Orientierungs-
versuche (S. 83–98). Tübingen: edition diskord.
Meuser, M. (2004). Von Frauengleichstellungspolitik zu Gender Mainstreaming:
Organisationsveränderung durch Geschlechterpolitik. In U. Pasero, B. Prid-
dat (Hrsg.), Organisationen und Netzwerke: der Fall Gender (S. 93–112).
Wiesbaden: VS.
Meuser, M. (2006a). Geschlecht und Männlichkeit. Soziologische Theorie und
kulturelle Deutungsmuster. Wiesbaden: VS.

Meuser, M. (2006b). Riskante Praktiken. Zur Aneignung von Männlichkeit in den ernsten Spielen des Wettbewerbs. In H. Bilden, B. Dausien (Hrsg.), Sozialisation und Geschlecht (S. 163–178). Opladen: Budrich.

Meuser, M. (2008). It' s a Men's World. Ernste Spiele männlicher Vergemeinschaftung. In Klein, G., Meuser, M. (Hrsg.), Ernste Spiele. Zur politischen Soziologie des Fußballs (S. 113–134). Bielefeld: transcript Verlag.

Meuser, M., Neusüß, C. (2004). Gender Mainstreaming. Konzepte – Handlungsfelder – Instrumente. Bonn: Bundeszentrale für politische Bildung.

Möller, H. (2005). Stolpersteine weiblicher Karrieren. Was Frauen hindert, erfolgreich zu sein. OSC, Organisationsberatung – Supervision – Coaching, 12 (4), 333–343.

Mucha, A. (2011). »Das habe ich bewusst nicht gemacht, das ist nicht mein Stil.« – Entwicklung einer Skala zur Bereitschaft zu mikropolitischem Handeln im Kontext Aufstieg. Freie Assoziation. Zeitschrift für das Unbewusste in Organisation und Kultur, 14 (3+4), 117–132.

Mummendey, H. D. (2006). Psychologie des »Selbst«: Theorien, Methoden und Ergebnisse der Selbstkonzeptforschung. Göttingen: Hogrefe.

Neuberger, O. (1995). Mikropolitik. Der alltägliche Aufbau und Einsatz von Macht in Organisationen. Stuttgart: Enke.

Neuberger, O. (2006). Mikropolitik und Moral in Organisationen. Herausforderung der Ordnung. Stuttgart: Enke.

Neumann, K. (1999). Das Fremde verstehen – Grundlagen einer kulturanthropologischen Exegese. Untersuchungen zu paradigmatischen mentalitätsgeschichtlichen, ethnologischen und soziologischen Zugangswegen zu fremden Sinnwelten. Band 1. Münster u. a.: Lit-Verlag.

Ortmann, G. (1988). Macht, Spiel, Konsens. In W. Küpper, G. Ortmann (Hrsg.), Mikropolitik. Rationalität, Macht und Spiele in Organisationen (S. 13–26). Westdeutscher Verlag: Opladen.

Ortmann, G. (2003). Regel und Ausnahme. Paradoxien sozialer Ordnung. Frankfurt a. M.: Suhrkamp.

Ortmann, G. (2012). Macht in Organisationen. Gruppendynamik und Organisationsberatung. Zeitschrift für angewandte Sozialpsychologie, 43 (2), 121–136.

Pasero, U. (2004). Gender Trouble in Organisationen und die Erreichbarkeit von Führung. In U. Pasero, B. Pridda (Hrsg.), Organisationen und Netzwerke: Der Fall Gender (S. 143–164). Wiesbaden: VS.

Perels, F., Otto, B. (2010). Evaluation der Interventionen – Erfassung der Veränderung versus Erfassung des Prozesses? In T. Hascher, B. Schmitz (Hrsg.), Pädagogische Interventionsforschung. Theoretische Grundlagen und empirisches Handlungswissen (S. 252–259). Weinheim u. München: Juventa.

Rarrek, A., Werner, E. P. (2012). Die Krux mit den Fähigkeiten. In J. Erpenbeck (Hrsg.), Der Königsweg zur Kompetenz. Grundlagen qualitativ-quantitativer Kompetenzerfassung (S. 43–52). Münster u. a.: Waxmann.

Rastetter, D., Cornils, D., Mucha, A. (2011). Freie Assoziation. Zeitschrift für das Unbewusste in Organisation und Kultur, 14 (3+4).

Riegraf, B. (1996). Geschlecht und Mikropolitik. Das Beispiel betrieblicher Gleichstellung. Opladen: Leske + Budrich.

Riegraf, B. (1998). Programme allein sind keine Lösung. Frankfurter Rundschau von Pfingsten 1998, Nr. 124.

Schein, V. E., Mueller, R., Lituchy, T., Liu, J. (1996). Think manager – think male: A global phenomenon? Journal of Organisational Behavior, 17 (1), 33–41.

Schneidhofer, T. M, Schiffinger, M, Mayerhofer, W. (2011). Ein altes Spiel mit neuen Regeln? Karrieren, Gender und mikropolitische Taktiken aus einer Bourdieu'schen Perspektive. Freie Assoziation. Zeitschrift für das Unbewusste in Organisation und Kultur, 14 (3+4), 133–154.

Sommer, P., Thalheim, O., Knobloch, P. (2012). Hybride Kompetenzerfassung – ein systematischer Ansatz im Übergangsmanagement Schule-Beruf/Studium. In J. Erpenbeck (Hrsg.), Der Königsweg zur Kompetenz. Grundlagen qualitativ-quantitativer Kompetenzerfassung (S. 69–88). Münster u. a.: Waxmann.

Vormerk, X. (2006). Mikropolitik und Organizational Misbehavior. Eine vergleichende Analyse aus identitätstheoretischer Perspektive. Norderstedt: Grin-Verlag.

Weber, M. (1972). Wirtschaft und Gesellschaft – Grundriss der verstehenden Soziologie. Tübingen: Mohr.

Wetterer, A. (2006). Von der Frauen- zur Geschlechterforschung? Kontinuitäten, Ausdifferenzierungen, Perspektivenwechsel. In I. Hartmann-Tews, B. Rulofs (Hrsg.), Handbuch Sport und Geschlecht (S. 14–25). Wiesbaden: VS.

Wiechmann, E. (2004). Trendreport: Gleichstellungspolitik Im Veränderungsprozess. Düsseldorf: Hans-Böckler-Stiftung.

Wilz, S. M. (2004). Organisation: Die Debatte um »Gendered Organizations«. In R. Becker, B. Kortendiek (Hrsg.), Handbuch Frauen und Geschlechterforschung. Theorie, Methoden, Empirie (S. 443–449). Wiesbaden: VS.

Wunderer, R., Dick, P. (1997). Frauen im Management. Besonderheiten und personalpolitische Folgerungen – eine empirische Studie. In R. Wunderer, P. Dick, Frauen im Management. Kompetenzen, Führungsstile, Fördermodelle (S. 5–205). Neuwied: Luchterhand.

Yukl, G., Guinan, P. J., Sottolano, D. (1995). Influence tactics used for different objectives with subordinates, peers, and superiors. Group & Organization Management, 20 (3), 272–296.

Sabine Scheffler und Agnes Büchele

Gendertroubles in der Beratung

Einleitung[1]

Mit der Modernisierung und Individualisierung westlicher Gesellschaften entstand eine zunehmende Vielfalt von Beratungsansätzen und
-bedarfen als professioneller Interventionsform in allen Lebensvollzügen,
(Entwicklung, Arbeit, persönliche Lebensgestaltung, Bewältigung von
Krisen und Entscheidungen). Es entwickelte sich mit der Komplexität der
Themen auch eine deutliche Nähe zur Bedeutung von Geschlechterverhältnissen, sowohl unter strukturellen als auch persönlichen Aspekten.

Die Frauenprojektebewegung und die Geschlechterforschung machten früh auf die Bedeutung von sozialem Geschlecht/Gender aufmerksam. Dies betraf sowohl die inhaltliche thematische Seite als auch die
Dynamik, wenn Beratung als Kommunikationsprozess gesehen wird.
Es ist deutlich geworden, wie die Art sich mitzuteilen und zu verstehen
von der jeweiligen Geschlechterposition geprägt ist, aber auch Motive
von Verhalten und Zukunftsperspektiven gestaltet. Die Wahrnehmungen und Haltungen der Ratsuchenden und der Professionellen stehen
in der Kommunikation im Mittelpunkt und sind durch die jeweilige
Geschlechterposition gestaltet und geordnet. »Das Geschlecht der beteiligten Personen, Irritationen und Fixierungen der sexuellen Identität,
sexuierte Erfahrungsräume sowie die latenten Geschlechtsbedeutungen
der Sprache – kurz: Gender – sind daher in jeder Beratungssituation
präsent (Großmaß, 2010, S. 64).«

Gleichzeitig ist das Bewusstsein für Geschlechterdifferenzen und ihre
mögliche Variabilität aber minimal, da die Überzeugung von der Natür-
lichkeit der Geschlechterverhältnisse vorherrschend ist. Redet man über
die Ordnung der Geschlechterrelationen und das Bewusstsein darüber,

---

1 Die nachfolgenden Ausführungen sind erstveröffentlicht: Scheffler, S., Bau-
   mann, H. (2011). Gender und Beratung – Das Geschlecht bei der Arbeit. In
   M. Hammerer, E. Kanelutti, I. Melter (Hrsg.), Zukunftsfeld Bildungs- und
   Berufsberatung. Neue Entwicklungen aus Wissenschaft und Praxis (S. 49–59).
   Bielefeld: Bertelsmann.

so ist es, als »müsste man mit den Fischen über das Wasser reden, indem
sie schwimmen« (Lorber, 1999, S. 39).

Der Workshop verfolgte deshalb zwei Ziele:

1. einen Überblick zu geben über den derzeitigen Diskussionsstand zum
   Thema Erwachsenenbildung, Geschlecht und Beratung;
2. mit kleinen Übungen, einen Beitrag zur Reflexion eigener Zuschreibungen und Haltungen zum sozialen Geschlecht, hier Weiblichkeit
   und Männlichkeit zu leisten.

Diskussionsstand

Geschlecht und Geschlechterverhältnisse werden heute als historisch,
kulturell wandelbare Kategorien betrachtet, die für die Betroffenen Ord-
nungs- und Orientierungsfunktion haben, die gesellschaftlich strukturell
die Verteilung von Macht und Einfluss regeln und die Teilhabemöglich-
keiten und Chancen des Einzelnen bestimmen.

Geschlechterverhältnisse regeln Positionen von Männern und Frauen
und bestimmen deren Beziehungen untereinander. Die strukturellen
Möglichkeiten, Identitäten, Zuschreibungen werden von jedem Einzelnen verarbeitet und gestaltet. Soziales Geschlecht/Gender wirkt strukturell und im persönlichen Verhalten, in dem die einzelnen Menschen
Geschlechterpositionen und -zuschreibungen persönlich leben und
durch ihr Verständnis und ihr Verhalten performativ gestalten.

Die Geschlechterdichotomie Frau – Mann als Struktur erscheint auf
drei Ebenen:

– *gesellschaftlich:* als Arbeitsteilung und Zuschreibung unterschiedlicher Verantwortlichkeiten im Privat- und Berufsleben;
– *organisatorisch:* geschlechtsspezifisch geprägte Arbeitszeitstrukturen,
  Personalförderungsmodelle, Beschäftigungsleitbilder, Führungsmo-
  delle;
– *individuell:* Vereinbarkeit von Beruf und Familie, Zuständigkeit für
  Fürsorgeaufgaben, (Kinder, bedürftige Erwachsene), persönliche Ver-
  ständnis- und Handlungskonzepte in Bezug auf Geschlecht (Doing
  Gender).

Frauen und Männer gestalten im Sinne einer persönlichen Identität die
unterschiedlichen, gesellschaftlichen Zuschreibungen und Bedeutungen
für Weiblichkeit und Männlichkeit. Sie nehmen sie in unterschiedlicher
Weise auf und erlauben sich unterschiedliche Spielräume, je nach Status,
Position, Bildung und kultureller Orientierung.

So kann man zwar Aspekte oder Strukturmerkmale von Weiblichkeits-
und Männlichkeitsverständnis beschreiben; dies bedeutet aber nicht,
dass Männer und Frauen *so sind* wie beschrieben, sondern dass diese
gesellschaftlichen Zuschreibungen in der Beratung relevant werden, da
sie mitlaufen und von Beratenden und Ratsuchenden in der Grundorien-
tierung genutzt und gestaltet werden, eben *das Geschlecht bei der Arbeit!*
Zuschreibungen zu Weiblichkeit:
– Frauen wird eine höhere soziale Sensibilität und Kompetenz zugeschrieben.
– Sie zeigen eine stärkere Orientierung an bedeutsamen Beziehungen.
– Frauen haben es leicht, die eigene Hilflosigkeit und Hilfsbedürftigkeit zu zeigen.
– Es fehlt ihnen eher das Zutrauen in Körperkraft und physische Durch-
  setzung.
– Das Bedürfnis nach Anlehnung und Zärtlichkeit wird ihnen zuge-
  schrieben.
– Ihnen wird Gefühlsausdruck und Empathie gestattet.

Zuschreibungen zu Männlichkeit:
– Männer gelten als durchsetzungsfähig und auf ihre Interessen bedacht.
– Sie sollten selbstständig sein und unabhängig.
– Als Norm gilt für sie nach wie vor die Ernährerposition in Beziehun-
  gen und eine Biografie, die vom Erwerbsleben bestimmt ist.
– Konflikte und Spannungen werden handelnd gelöst und nach
  »draußen getragen«, (Externalisierung).
– Von ihnen wird Rationalität und die Kontrolle eigener Befindlich-
  keiten und Situationen erwartet.
– Für sie steht die Funktionalität des Körpers im Mittelpunkt.

Da Beratung als Kommunikationsprozess zu sehen ist, entstehen genderspezifische Erfahrungsräume; häufig genug werden Genderein-
flüsse in der Beratung aber ignoriert. Beratungsprozesse verstärken
so geschlechtsspezifische Ungleichheiten. Beratungsinteraktionen im
Sinne der Geschlechterordnung werden aufrechterhalten, modelliert
und gestaltet, ebenso benutzen die Institutionen und Beratungssysteme Genderordnungen sowohl auf der organisatorischen, kulturellen
als auch Handlungsebene (vgl. Acker, 1991; Lange, 1998; Meuser, 2006).
    Die doch erheblichen geschlechtsspezifischen Differenzen, die
im individuellen Verhalten sehr variieren können, zeigen auf, dass
Geschlecht neben und in Verknüpfung mit Ethnizität und Schicht zu
den zentralen gesellschaftlichen Strukturprinzipien gehört, die mit der
Zuteilung von Chancen, wie spezifischen Lebenslagen verknüpft sind.

Das Strukturprinzip ist überwertig, »Wir können uns nicht nicht geschlechtlich verhalten« (West u. Zimmerman, 1991, S. 13). Die Verhaltensweisen eines Subjekts sind situativ gebunden an die jeweils notwendig erscheinende geschlechtliche Selbstdarstellung. Das eigene Verständnis von Weiblichkeit oder Männlichkeit bestimmt die Art und Weise wie Geschlecht gelebt wird und in die Beratungsdynamik eingebracht wird. Geschlecht ist nicht etwas, was man hat, sondern etwas, was man tut, »doing gender, doing masculinities, femininities«.

Zur Beratungsdynamik

In Beratungszusammenhängen treffen die geschilderten, individuellen Gestaltungen von Gender auf Geschlechterverhältnisse, die Organisations- Erkenntnis- und Handlungsstruktur von Beratung mitbestimmen. So sind Beratungsbeziehungen geprägt durch die hierarchisch-geschlechtlichen Konstruktionen zwischen Professionellen und Betroffenen, die sich gleichsam urwüchsig entfalten. Sie tauchen als »gender troubles« auf und meinen Zuschreibungen, »Verwirrungen [...], die entstehen, wenn erstens [...] Einschätzungen und/oder Emotionen auftreten, die mit dem selbst gewählten Lebensmuster aufgrund des gleichen oder des anderen Geschlechts der beteiligten PartnerInnen [...] zu tun haben und wenn zweitens diese Einschätzungen/Emotionen ... zu kurzschlüssigen, schnellen Einverständnissen oder zu [...] Missverständnissen führen« (Tatschmurat, 2004, S. 234).

Der geschlechtsspezifische Anteil an der Beratungsdynamik wird verschleiert, wenn diese nicht intersubjektiv bewusst reflektiert werden. Dazu gehören geschlechtstypische Polarisierungen, geschlechtssolidarisierende Identifikationen und Gegenübertragungsreaktionen, die Individualisierung struktureller Machtphänomene und umgekehrt die Politisierung originär individueller Konflikte (vgl. Tatschmurat, 2004).

In der Beratungsmethodik, wenn denn genderkompetent gehandelt wird, werden sie als Übertragungs- und Projektionsdynamiken als Überidentifikationen, Konfluenzen, Verunsicherungen, Rivalitäten und Entwertungen erlebbar. Sie werden erfahren, im Sinne des hierarchischen Geschlechterverhältnisses genutzt und bestätigen das asymmetrisch dichotome Geschlechterverhältnis.

Arbeitet man mit den genannten *Zuschreibungsmerkmalen* mit Männern in der Beratung, so ist ihr externalisierender, vermeidender oder eher stumm, kompensierender Bewältigungsstil für Probleme sicherlich im Sinne der Erweiterung von Handlungsspielraum für männliches Selbstverständnis zu hinterfragen; zudem betrachten Männer Beratung als ein weibliches Handlungsfeld, wo sie *sich nicht so gut auskennen,* weniger Kontrolle haben, dennoch bevorzugen sie weibliche Beraterinnen. Generell haben sie es in der Beratungslandschaft schwerer, Ansprüche zu vertreten und durchzusetzen, Männlichkeit und Hilfsbedürftigkeit werden nicht so selbstverständlich miteinander verknüpft (vgl. Kolip, 2004).

Frauen dagegen zeigen sich weniger überzeugt, dass sie ihre Situation wirksam verändern können (Handlungskontrolle, Selbstwirksamkeitsüberzeugung), sie geben sich überkritisch gegen sich selbst und schätzen eigene Fähigkeiten und Kompetenzen eher gering; in der Beratung schätzen sie Männer als kompetenter ein und ihre Unterstützungsbedürftigkeit wird weniger hinterfragt (Kullberg u. Brunnberg, 2001).

»Doing Gender« heißt hier, dass Männer und Frauen in Abgleichung mit der Situation Geschlecht durch ihr Verhalten herstellen. Geschlecht ist etwas, was man tut, darstellt, fühlt und denkt und nicht etwas, was man im Sinne einer konstanten Persönlichkeitseigenschaft besitzt. Geschlecht wird als ein interaktives situationsgebundenes Konstrukt begriffen.

Das Konzept des sozialen Geschlechts macht es möglich, ganzheitlich auf der körperlichen, emotionalen, kognitiven und kontextuellen Ebene, gesellschaftliche Normierungen und individuelle Sicherheiten reflexiv auf ihre Einengungen im individuellen Selbstverständnis und Handlungsspielraum zu hinterfragen.

Die aufgeführten Strukturmerkmale von männlichem und weiblichem Selbstverständnis und das Wissen um die unterschiedlichen Wertigkeiten in der Selbstdarstellung von Männern und Frauen könnte man für die Beratungs- und Betreuungsarbeit nutzen,

– um die Reichweite der professionellen Arbeit zu verbessern,
– um deren Wirksamkeit zu erhöhen,
– um angepasste Rahmenbedingungen zu schaffen,
– um Unterschiede aufzuweichen,
– um individuelle Handlungsspielräume zu erweitern.

Technisch wäre es möglich, im Sinne von Qualitätssicherung spezielle Beratungssysteme für Frauen und Männer zu etablieren, denn unterschiedliche Erfahrungen und Bedürfnisse verlangen Anpassungen bei

– Angeboten,
– Organisationsstruktur,
– Infrastruktur,
– Qualitätsmanagement,
– Evaluation (vgl. Spreyermann, 2007).

Dies heißt aber, »Genderkompetenz« als Theorie- und Handlungswissen wie auch als selbstreflexive Erfahrung in Life-science-Ausbildungen verpflichtend einzuführen; es heißt auch, »Gender Mainstreaming« als organisatorische und politische Strategie, die Gender als Ordnungskategorie auf allen Ebenen als wirksam betrachtet und im Sinne des qualitativen Zugewinns gestalten will, zu fordern und zu fördern.

Solange das nicht geht, gibt es ein paar Übungsvorschläge aus dem Alltag für den Alltag.

Übung zur Selbstreflexion

1. Was tue ich nicht, weil ich eine Frau/ein Mann bin?
2. Was tue ich, weil ich ein Mann/eine Frau bin?
3. Was würde ich gern tun, obwohl ich eine Frau/ein Mann bin?
4. Denken Sie einmal täglich daran: »Ich bin ein Mann!« oder »Ich bin eine Frau!«
5. Fragen Sie einmal täglich Kolleg_innen: »Wie siehst du das als Mann/als Frau?« (Diese Frage kann man auch an Ratsuchende stellen.)
6. Schauen Sie eine Woche lang alle Interaktionen durch die Gender-Brille an. Fragen Sie sich: Was hat das mit dem Geschlecht der Beteiligten zu tun?
7. Kleiden Sie sich einmal wöchentlich ganz geschlechtstypisch; vielleicht so wie »Mutti und Vati in den 1960ern« mit Kostüm, Anzug und Krawatte (sehr spannend!).
8. Vereinbaren Sie, dass Ihr Team über ein halbes Jahr in jeder Arbeitssitzung bei jedem Problem fragt: „Was hat das mit dem Geschlecht der Beteiligten zu tun? (vgl. Fragen 4–8 Koch-Möhr, 2006).

Literatur

Acker, J. (1991). Hierarchy, jobs, bodies: a theory of gendered organizations. In J. Lorber, S. A. Farell (Eds.), The Social Construction of Gender (pp. 162-180). Thousand Oaks, CA: Sage Publications.

Brunnberg, E. (2001). Are boys and girls treated in the same way by the social services. In C. Gruber, E. Fröschl (Hrsg.), Gender-Aspekte in der Sozialen Arbeit (S. 330–345). Wien: Czernin.

Großmaß, R. (2010). Frauenberatung im Spiegel von Beratungstheorie und Genderdiskursen. In Frauen beraten Frauen (Hrsg.), In Anerkennung der Differenz Feministische Beratung und Psychotherapie (S. 61–73). Gießen: Psychosozial.

Kolip, P. (2002). Geschlecht – Gesundheit – Krankheit: Eine Einführung. In P. Kolip, K. Hurrelmann (Hrsg.), Geschlecht, Gesundheit und Krankheit. Männer und Frauen im Vergleich (S. 13–32). Bern: Huber.

Kullberg, C. (2001). Gender and social work research on gender differences in the treatment of clients in social welfare institutions. In C. Gruber, E. Fröschl (Hrsg.), Gender-Aspekte in der Sozialen Arbeit (S. 309–329). Wien: Czernin.

Lange, R. (1998). Geschlechterverhältnisse im Management von Organisationen. München: Hampp-Verlag.

Lorber, J. (1999). Gender-Paradoxien. Opladen: Leske + Budrich.

Meuser, M. (2006).Geschlecht und Männlichkeit Soziologische Theorie und kulturelle Deutungsmuster (2. akt. Aufl.). Wiesbaden: VS-Verlag.

Scheffler, S. (2007). Beratung kann mehr! Fachtagung des Bundesverbands der Frauenberatungsstellen und Notrufe in Freising. Zugriff am 13.05.2014 unter bv-bff. de/dokumente/index.php?doc_rubrik=115

Scheffler, S. (2009). Patientenverhalten von Mann und Frau als soziales Konstrukt, Strukturmerkmal und Verhaltensset – Ergebnisse der Geschlechterforschung und ihre Bedeutung für beraterische Interventionssysteme. Integrative Therapie, 35 (1), 37–41.

Scheffler, S., Baumann, H. (2011). Gender und Beratung – Das Geschlecht bei der Arbeit. In M. Hammerer, E. Kanelutti, I. Melter (Hrsg.), Zukunftsfeld Bildungs- und Berufsberatung. Neue Entwicklungen aus Wissenschaft und Praxis (S. 49–59). Bielefeld: Bertelsmann. http://wbv.de/isbn/9783763947041

Spreyermann, C. (2007). Frauenspezifische Behandlung im Suchtbereich – Hype oder Auslaufmodell. Fachtagung in der Forel-Klinik am 29.11.2007, sfinx, in Bern.

Elisabeth Tuider

Ansätze der Geschlechterforschung in Beratung und Coaching[1]

Selbstverortung im Dschungel der Geschlechterforschung

Feministische Theoriebildung kann heute als »vielstimmiger und heterogener Diskurs« (Hark, 2001, S. 11) charakterisiert werden, denn der sozialwissenschaftliche Fachdiskurs zu Geschlecht und Geschlechterverhältnissen verlief in bestimmten Stationen und so beinhalten heute unterschiedliche Ansätze der Geschlechterforschung auch unterschiedliche methodologische Referenzpunkte auf Gesellschaft/Struktur und Handeln/Subjekt. Es ist nützlich, diese unterschiedlichen geschlechtertheoretischen Ansätze zur Kenntnis zu nehmen, um die eigene Position, die dem Agieren in Beratung und Coaching zugrunde liegt, zu qualifizieren und angesichts neuer Themen, zum Beispiel des Diversity-Diskurses, am aktuellen Reflexionsstand anzuknüpfen. Im Folgenden sollen deswegen fünf geschlechtertheoretische Ansätze in ihren Grundannahmen und Kritiken vorgestellt werden, dies ist der Gleichheitsdiskurs, Differenzdiskurs, Konstruktivismus, Dekonstruktion und Intersektionalität/Diversity.

In Anbetracht des letztgenannten Ansatzes, der Diskussion zur theoretischen und empirischen Relevanz von Diversity, ist auch im sozialwissenschaftlichen Fachdiskurs die Bedeutung der Analysekategorie Geschlecht in den letzten Jahren mehrfach in Frage gestellt worden: Die Tagung der Sektion Frauen- und Geschlechterforschung der Deutschen Gesellschaft für Erziehungswissenschaft 2007 in Marburg trug den Titel »Was kommt nach der Genderforschung?« (Casale u. Rendtorff, 2008) und Margherita Zander, Luise Wartwig und Irma Jansen loten »Geschlecht Nebensache?« (2006) aus und nicht zuletzt verhan-

---

1 Dieser Aufsatz beruht auf der Überarbeitung und Zusammenführung zweier Aufsätze (Tuider, 2012; Tuider u. Sielert, 2011) sowie auf einem Vortrag, den ich im Rahmen der Vortragsreihe des Graduiertenkollegs Dynamiken von Raum und Geschlecht gemeinsam mit Mechthild Bereswill im Januar 2014 gehalten habe.

delten Sünne Andresen, Mechthild Koreuber und Dorothea Lüdke das
Verhältnis von Gender und Diversity als »Albtraum oder Traumpaar«
(2009). Ist es heute also angebracht, Geschlecht/Gender als analytische
Kategorie und als handlungsleitendes Konzept zugunsten von Diversity
zu verlassen? Oder bleibt das Doing Gender in Beratung und Coaching
omnipräsent, ist also ein Undoing Gender unmöglich? Wie sind Überlegungen zur Dekonstruktion von Geschlecht mit den eigenen normativen
Verwurzelungen (z. B. hinsichtlich Zweigeschlechtlichkeit) vereinbar?
Zusammengefasst stellt sich also die Frage, welche unterschiedlichen
Handlungsstrategien aus den unterschiedlichen geschlechtertheoretischen Ansätzen für die Beratungsarbeit resultieren.

Mit den unterschiedlichen methodologischen Annahmen zu
Geschlecht korrelieren, so werde ich am Endes des Beitrages zusam-
menfassen, – auf der politischen oder handlungspraktischen Ebene –
unterschiedliche Überlegungen zu Gleichstellung, Sichtbarmachung und
Repräsentation, Empowerment, Kritik, Anerkennung, Vervielfältigung
oder Veruneindeutigung. Ganz entgegen einer historischen Abfolge
haben sich die verschiedenen geschlechtertheoretischen Ansätze und
handlungspraktischen Überlegungen nicht nacheinander abgelöst, vielmehr stehen sie – zum Teil unvereinbar – nebeneinander.

Geschlecht im Gleichheitsdiskurs

Der Gleichheitsdiskurs hat seine Wurzeln im 19. Jahrhundert und zielt(e)
auf Gleichberechtigung. Die erste deutsche Frauenbewegung formierte
sich als politisch-rechtliche Bewegung mit dem Ziel der gleichberech-
tigten politischen Teilhabe von Frauen, das heißt, es wurde die Tatsache
angegriffen, dass viele Rechte bis dahin vorwiegend Männern vorbehal-
ten waren. Dies betraf unter anderem das Wahlrecht, von dem Frauen
bis dahin ausgeschlossen waren und vor allem den Zugang zu die für
Frauen verschlossenen Universitäten.

Auch das feministische Gleichheitscredo der 1960er Jahre lautete:
»Lasst uns in Bildung, Politik und Wirtschaft das Gleiche dürfen und tun
wie die Männer!« Es ging zunächst darum, für Mädchen und Frauen den
gleichen Zugang zur Bildung, zu Arbeitspositionen, politischer Macht
und materieller Unabhängigkeit zu ermöglichen, wie es für die Männer
seit der Aufklärung selbstverständlich war. Gleiche Bildungsmöglich-
keiten und Karrierechancen, gleiche Bezahlung für die gleiche Arbeit
gelten bis heute als zentrale Punkte in der Diskussion um Geschlechtergerechtigkeit. Konsequenz für und in der Erziehungswissenschaft und

der Bildungsforschung war es, das »katholische Arbeitermädchen vom Lande« ans Bildungssystem anzuschließen und allen Mädchen zum Studium zu verhelfen, was heute eine Fortsetzung in der Forderung von »Frauen in die MINT-Fächer« erfährt.

Seit den 1970er Jahren wurde unter dem Slogan »Das Private ist politisch!« das Geschlechterverhältnis als Herrschaftsverhältnis bewusst gemacht und dies nicht auf individueller sondern auf gesamtgesellschaftlicher Ebene. Der analytische und Kampfbegriff »Patriarchat« erfasst(e) »ein gesellschaftliches System von sozialen Beziehungen der männlichen Herrschaft« (Cyba, 2004, S. 15). Geschlecht ist in dieser Sicht eine »Strukturkategorie«, die die sozialen Stratifikationsmuster und die Organisationsprinzipien einer Gesellschaft – oftmals verdeckt gehalten – durchdringt: die Arbeitsteilung, die Rechtsverhältnisse, die Wertschöpfungsketten und die Herausbildung von Familie und Privatheit (vgl. z. B. Werlhof, 1991; Beer, 1987; Mies, 1988; Becker-Schmidt, 1982)

Die feministische Theorie unter Gleichheitsperspektive zielt(e) deswegen auf die »Umgestaltung des hierarchischen und asymmetrischen Geschlechterverhältnisses, auf Beendigung der Vorherrschaft des männlichen Geschlechts« (Klinger, 1998, S. 36) und um dies zu erreichen, um also die gesellschaftliche Unterdrückung, Exklusion und Benachteiligungen von Frauen sichtbar zu machen, bezogen sich die feministischen Analysen der Frauenforschung auf die »Kategorie: Frau«. Ziel der Frauenforschung war es denn auch, den Androzentrismus der Wissenschaft zu beseitigen und »Frauen sichtbar zu machen, nachdem unübersehbar wurde, dass Frauen in der Wissenschaft in doppelter Hinsicht fehlten: als Forschungssubjekte wie als ›Forschungsobjekte‹« (Faulstich-Wieland, 2006, S. 100). In den feministischen Gleichstellungsforderungen wurde die Eigenverantwortung, die Wahlfreiheit und Selbstbestimmung von Frauen betont. Frauenbeauftragte und eine veränderte Rechtsgrundlage (z. B. das Scheidungsrecht von 1977), Frauenhäuser, Frauentelefone, Krisenzentren für Vergewaltigungsopfer, Selbstverteidigungskurse, Frauenberatungsstellen und Kinderläden sind die erkämpften Symbole und Räume dieser *Frauen*bewegungen. Die Frauenforschung, die Thematisierung der Strukturkategorie Geschlecht und der daran orientierte Gleichheitsdiskurs wurden und werden ob einem Verhaftetsein in einem essenzialistischen und universalistischen Denken kritisiert.

Geschlecht im Differenzdiskurs

Die *positive* Erkundung der Unterschiede zwischen den Geschlechtern steht im Zentrum des Differenzansatzes. Frauen und Männer gelten ihm als grundsätzlich unterschiedlich und wesensverschieden. Sowohl die Soziobiologie als auch die Psychologie und die Psychoanalyse stellten Erklärungen für diese Differenz zwischen Männern und Frauen vor und insbesondere die Sozialisationsforschung trug zur Erforschung von Geschlechts*spezifika* und ihrer gesellschaftlichen Bedingungen bei.

Anknüpfend an Simone de Beauvoirs »Wir werden nicht als Frauen geboren, wir werden dazu gemacht!« (1951/1992) wurde die weibliche Rolle zum sozialen, gesellschaftlichen Produkt erklärt. Das bipolare Differenzparadigma konstatierte zunächst: Männer und Frauen leben in zwei völlig verschiedenen Welten und es galt nun, sich auf das als bewahrend, erhaltend und sozial verantwortlich etikettierte Weibliche zu besinnen und Weiblichkeit positiv zu bestimmen. Carol Gilligan (1982) hat auf die spezifische weibliche »Ethik der Verantwortung« bei Frauen verwiesen. Nancy Chodorow (1985) erörterte die »Friedfertigkeit der Frauen« aus der Analyse der unterschiedlichen Lagen von Söhnen und Töchtern im familiären Sozialisationsprozess. Aufgrund einer weiblich konnotieren Primärerziehung entwickelten Mädchen eine andere Fürsorgebereitschaft (die in letzter Konsequenz dazu führe, dass sie selbst wieder Mutter werden wollen). Im Rahmen der Sozialisationsforschung (vgl. Hagemann-White, 1984; Bilden, 1998) wurde nicht nur die weibliche Sozialisationssituation erforscht, sondern es kam zur Aufwertung des weiblichen Sozialisationsmodus.

In der Erziehungswissenschaft gab es verschiedene Konsequenzen aus diesen Überlegungen zur geschlechtsspezifischen Sozialisation, denen gemeinsam war, dass sich der Blick zunächst voll auf *die Mädchen* richtete. Barbara Schaeffer-Hegel plädierte für ein »feministisches Bildungskonzept« (1987) und der sogenannte »heimliche Lehrplan« der Schulen wurde enttarnt (vgl. Zinnecker, 1975). Als Konsequenz aus diesen Überlegungen und Analysen wurden auch in der schulischen und außerschulischen Jugendarbeit statt Koedukation eine Separation praktiziert und Mädchengruppen und Mädchenräume etabliert, um die Stärkung und das Empowerment von Mädchen und Frauen durch die Bildung von homosozialen Räumen zu fördern.

Unter Differenzperspektive entstanden aber auch zahlreiche Janus-Konzepte: das *weibliche Arbeitsvermögen*, die *weibliche Moral* oder die *weibliche Kommunikationsfähigkeit* schreiben – so die Kritik – potenziell eine Naturalisierung von Geschlechtsunterschieden fort, anstatt zu ihrer Beseitigung beizutragen. In Form der Integration *weiblicher*

Leistungsfähigkeit, weiblicher Teamfähigkeit oder *weiblicher Führungs-qualitäten* – als sogenannte »soft skills« als Anforderung in Organisationen tituliert – werden vermeintliche Geschlechterspezifika, so kritisiert Christa Wichterich, auch in die gegenwärtige neoliberale Marktideologie eingepasst (Wichterich, 2003, S. 84). Das Ziel »Chancengleichheit für alle« ist damit aber nicht verbunden, sondern »Gleichstellung wird zur Frage des persönlichen Vermögens oder Unvermögens« (Wichterich, 2003).

Carol Hagemann-White hat bereits 1984 die Grundlage der Zweigeschlechtlichkeit, den Bezug auf den biologischen Geschlechterunterschied (»sex«) infragegestellt und als »gesellschaftlich entwickelte Übereinkunft« entlarvt. In ihrer sogenannten Nullhypothese betont sie, »dass es keine notwendige, naturhaft vorgeschriebene Zweigeschlechtlichkeit gibt, sondern nur verschiedene kulturelle Konstruktionen von Geschlecht« (Hagemann-White, 1988, S. 230). Die Geschlechterdifferenz zu zementieren, ist also die negative Kehrseite der positiven Erkundung der Geschlechterspezifika. Das statt dessen etablierte b*iplurale* Differenzparadigma konstatiert vielfältige Widersprüche in den jeweiligen Geschlechtskollektiven (»der Frauen« und »der Männer«) und geht davon aus, dass es verschiedene Weiblichkei*ten* und Männlichkei*ten* gibt. Ausgearbeitet wurde diese Pluralität in den Lebensentwürfen von Frau- und Mannsein sowohl in der »Frauenforschung« als auch in der in den 1980er Jahren aufkommenden »Männlichkeitsforschung« (vgl. Connell, 1999; Meuser, 1999; Bourdieu, 1997). Mit dem Ende der 1980er Jahre haben beide sich in die Richtung von »Geschlechterforschung« verändert. Inhalt der Geschlechterforschung ist seitdem die Beziehung und das relationale Verhältnis, in dem Weiblichkeit und Männlichkeit zueinander stehen. Auch auf der politischen Ebene kam es zu signifikanten Verschiebungen: Nicht mehr Frauenbeauftragte sorgen sich um *Frauen*anliegen, sondern Gleichstellungsbeauftragte sind für die Gleichbehandlung von Frauen *und* Männern zuständig.

Doing Gender – Konstruktivismus

Grundlegend in der konstruktivistischen Perspektive ist die Unterscheidung von »sex« (biologischem Geschlecht) und »gender« (sozialem Geschlecht). Im Mittelpunkt des Doing-Gender-Ansatzes stehen die sozialen Situationen und die Interaktionen, die als »formende Prozesse eigener Art« (Gildemeister u. Hericks, 2012, S. 198) verstanden werden, in denen Geschlecht als »soziale folgenreiche Unterscheidung hervorgebracht und reproduziert wird« (Gildemeister, 2004, S. 132). »Doing gender involves a complex of socially guided perceptual, interactional, and micropolitical activities that cast particular pursuits as expressions of masculine and feminine ›natures‹« (Garfinkel, 1967, S. 14).

Geschlecht bzw. Geschlechtszugehörigkeit wurde von Candance West und Don H. Zimmerman (1991, S. 13) in Abgrenzung zum Verständnis von Geschlechtsrolle (»sex roles, gender roles«) als tagtägliche Routine und »recurring accomplishment« definiert, die in jeder Handlung und jeder sozialen Situation routinisiert vollzogen wird und mit unterschiedlichen institutionellen Ressourcen verbunden ist.

Das heißt, Geschlecht wird entsprechend der ethnomethodologischen und interaktionstheoretischen Grundannahme konzipiert, dass das vermeintlich Selbstverständliche des Alltagshandelns und -interagierens – Geschlecht – unter höchst voraussetzungsvollen Annahmen bezüglich den zu erwartenden Handlungen und Praxen erst möglich wird. Alltagstheorien, Wissensbestände und institutionelle Arrangements unterstellen, so zeigten Suzanne J. Kessler und Wendy McKenna (1978, S. 113), eine vermeintlich gegebene Dichotomität, Naturhaftigkeit und Konstanz von Geschlecht, verstanden als Mann *oder* Frau. Doing Gender ist jedoch eine andauernde Praxis von Zuschreibungs- und Darstellungsroutinen, die in der Sozialisation erworben und darüber hinaus verfestigt und identitätswirksam werden. Dieser Prozess beginnt direkt nach der Geburt mit der eindeutigen Zuweisung des Kindes in eine »sex«-Kategorie: Junge *oder* Mädchen. Und davon ausgehend wird ein entsprechendes »gender« (das soziale Geschlecht, wie zum Beispiel der Name, die Kleidung, das Verhalten und Auftreten, die Berufswahl) abgeleitet.

Die Alltagstheorie der Zweigeschlechtlichkeit basiere jedoch unzulässigerweise auf der Annahmen, dass jede_r natürlich, unveränderbar und ein Leben lang *entweder* männlich *oder* weiblich ist und dass die Geschlechtszugehörigkeit am Körper eindeutig ablesbar sei, weil sie eben angeboren, natürlich und unveränderbar sei (vgl. Garfinkel, 1967, S. 122). Vielmehr werden erst durch die Naturalisierung und Essenzialisierung von Geschlecht im Alltagshandeln, in Institutionen und sozialen Ordnungen diese Vorannahmen von Geschlecht als natürliche und biologische Tatsache produziert. Über die Praxis des *Tuns* werden wir, was wir sodann *sind.* »A person's gender is not simply an aspect of what on is, but, more fundamentally, it is something that one does, and does currently, in interaction with others« (West u. Zimmerman, 1991, S. 27).

In der Analyse von Passingprozessen von transsexuellen Personen (vgl. Garfinkel, 1967; Hirschauer, 1993) wird jedoch deutlich, dass das, was durch Kultur unsichtbar gemacht wurde, im Passingprozess sichtbar wird: »the accomplishment of gender« (West u. Zimerman, 1991, S. 18).

Unterschiedliche Interaktionen und Alltagssettings in Arbeit und Beruf, Schule und Ausbildung, Familie und Freundeskreis oder die Wahl der Toilette in der Öffentlichkeit sind vergeschlechtlichte Situationen insofern als dass das Doing Gender in diesen sozialen Arrangements eingefordert wird, da wir verpflichtet sind, »accountable« (zurechenbar) zu werden und zu bleiben. West und Zimmerman kommen deswegen zu dem Schluss, dass Doing Gender »unavoidable« ist (1991, S. 24). Gerade mit dem Verweis auf die hierarchische Zweiteilung der Gesellschaft und der Annahme der natürlichen und essenziellen Geschlechterdifferenz beantworten West und Zimmerman ihre bereits 1987 gestellte Frage »Can we ever not do gender?« negativ. Geschlecht *muss* fortlaufend interaktiv hergestellt werden – auch in Beratungs-, Coachings- sowie anderen Arbeitskontexten und entsprechend der Alltagsordnung der Zweigeschlechtlichkeit kann niemand kein Geschlecht haben.

Geschlechterdekonstruktion

In den feministischen Theorien und der Geschlechterforschung blieb die Unterscheidung der Menschen in grundsätzlich zwei Geschlechter bis Ende der 1980er Jahre weitgehend unangetastet. Aber Anfang der 1990er Jahre geriet das Subjekt des Feminismus und der Geschlechterpädagogik grundsätzlich in die Kritik. Denn welche Frau ist mit der Bezeichnung »Frau« gemeint? (Feministische) Identitätspolitik und identitätsbasierte Arbeit (*von* Frauen *mit* Frauen *für* Frauen) die sich auf das Gemeinsame am Frau- und Mädchen-sein – das vermeintlich weibliche Geschlecht – berief, wurde nun zunehmend in Frage gestellt.

Im Gegensatz zu den konstruktivistischen Ansätzen zielen dekonstruktivistische Ansätze darauf, die Geschlechterdichotomie aufzuweichen, Zuschreibungen aufgrund der Geschlechtszugehörigkeit zu vermeiden, den Normierungen der Geschlechtsidentitäten entgegenzuwirken sowie die Entgrenzung von Geschlecht zu forcieren. Denn, so eine der prominentesten Vertreter_innen dieses geschlechtertheoretischen Ansatzes:

> »Es gibt keine ›richtige‹ Geschlechtsidentität, eine, die zu dem einen statt zu dem anderen Geschlecht gehören würde und die, in welchem Sinn auch immer, dessen kulturelles Eigentum wäre. […] *sondern die Geschlechtsidentität ist eine Imitation, zu der es kein Original gibt;* tatsächlich ist sie eine Imitationsform, die als *Effekt* und Konsequenz der Imitation die Auffassung von der Existenz eines Originals erst produziert. Das Original braucht seine Ableitung, um sich

als Original zu bestätigen, denn Originale sind nur insoweit sinnvoll, als sie sich von dem unterscheiden, was sie als Ableitung produzieren. Wenn es also die Vorstellung der Homosexualität *als* Kopie nicht gäbe, dann hätten wir auch keine Konstruktion der Heterosexualität *als* Original« (Butler, 1996, S. 26).

Insbesondere die Übersetzungen der Thesen Judith Butlers – vorgestellt im Buch »Gender Trouble« (dt.: Das Unbehagen der Geschlechter, 1991) – stellten in Deutschland einen Einbruch dar. Butler bezweifelt darin die Unterscheidung von »sex« und »gender« und arbeitet das biologische ebenso wie das soziale Geschlecht als ein historisches, kulturelles Produkt heraus. Das heißt, es gibt keinen Körper vor dem gesellschaftlichen Zugriff. Damit löst Butler zwar die biologische Grundlage des »Wir Frauen« auf. Anstatt nun aber, wie Butler häufig unterstellt wird, auf die Beliebigkeit und Wahlmöglichkeit von Geschlechterpräsentationen zu verweisen, betont Butler unentwegt, dass Geschlecht immer im Rahmen gesellschaftlicher Normen und Ordnungen hergestellt wird. Das heißt, wir können uns nicht heute als »Frau«, morgen als »Mann« und übermorgen als »transgender« darstellen, wir haben nicht die *Qual der Wahl,* sondern lediglich einen Handlungsspielraum im Rahmen gesellschaftlicher Normen und Ordnungen, wobei der normative Rahmen zur Konstruktion von Geschlecht Heterosexualität ist. Die zwanghafte Wiederholung von Normen, durch die das Subjekt wahrnehmbar, erkennbar – also intelligibel – wird, fasst Butler unter dem Begriff der Performativität zusammen: Performativität erfasst die Handlungen, Darstellungen und Akte, durch die Geschlecht immer wieder hervorgebracht wird und hervorgebracht werden muss. Zu den normierenden Diskursen und dem zentralen gesellschaftlichen Ordnungsprinzipien zählen die Zwei-Geschlechter-Ordnung und die Heteronormativität.

In queer-feministischen Analysen wurde nun die Unmöglichkeit der scheinbar zwangsläufigen und kohärenten Beziehung von Sex-Gender-Begehren (also die »logische« Schließung von einem biologischen auf ein soziales Geschlecht und ein dementsprechendes sexuelles Begehren des »anderen« Geschlechts) betont. Die erste zentrale These von Queer-Theorie verweist darauf, dass Geschlecht und Sexualität nicht natürliche und akulturelle Entitäten, sondern diskursive Effekte wirkmächtiger Bezeichnungs-, Regulierungs- und Normalisierungsverfahren sind (Butler, 1991). Die zweite zentrale These von Queer-Theorie besagt, dass »die Zwei-Geschlechter-Ordnung und das Regime der Heterosexualität in komplexer Weise koexistieren, sich bedingen und wechselseitig stabilisieren. Insbesondere garantieren sie wechselweise jeweils ihre ›Naturhaftigkeit‹ und beziehen ihre affektive Aufladung voneinander« (Hark, 2004, S. 106).

Dekonstruktivistische Theorien und Analysen (vgl. z. B. Engel, 2002; Heidel, Micheler u. Tuider, 2001; polymorph, 2002; Kraß, 2003; Haschemi u. Michaelis, 2005; Hark, 2001; Erel et al., 2007). fokussieren nun einerseits gesellschaftliche Normierungsprozesse. Das heißt, sie zeigen, wie durch die Herstellung sogenannter »unbrauchbarer« Subjekte (wie Schwule, Lesben und Transgenders) Normalität (also die Position »fortpflanzungswilliger heterosexueller Mann«) erst funktioniert. Andererseits wird in dekonstruktivistischen Debatten die Vielfalt, das Uneindeutige, das Mehrfachzugehörige und Grenzüberschreitende von Geschlechterkonstruktionen betont. Drag Kings und Drag Queens, Cross-Dressers, Tunten, polysexuelle, transsexuelle, Intergender- und Transgender-Menschen fungieren als die Figuren der geschlechtlich-sexuellen Uneindeutigkeit.

Die sozialen Ordnungen nicht nur zu untersuchen, sondern damit auch zu verändern und zu dekonstruieren gehen vor allem auf die Arbeiten von Jacques Derrida (1976) zurück. Derrida entwarf ein Vorgehen, um hinter die scheinbar eindeutigen Bedeutungen zu schauen, um dahinterliegende Ideologien und Machtansprüche aufzudecken. Dekonstruktionen, so Nina Degele, »versehen Phänomene mit einem Fragezeichen, setzen sie unter Bedingtheitsvorbehalt, spielen den Gedanken durch, es könnte auch ganz anders sein« (2008, S. 104). Denn Geschlecht ist zwar eine wirkmächtige Inszenierung, die den Effekt hat, als Substanz zu erscheinen. Zugleich ist jede Wiederholung der Geschlechternorm auch eine »Reiteration«, denn es ist nicht die Frage »ob, sondern wie wir wiederholen« (Butler, 1991, S. 217) – was auf die erfolgreiche Umdeutung, auf die Verschiebung von Bedeutungen aufmerksam macht, die mit der Rekonstruktion des Ausgeschlossenen verbunden sein kann. Es ist die Melange oder das In-Between, das von Tunten, Kanaken, Krüppeln, Queers oder Mestizas besetzt wird. Unter dekonstruktivistischer Perspektive geht es also auch in der Beratungsarbeit nicht darum, Geschlechter, Sexualitäten und Körper zu verneinen, sondern Dekonstruktion zielt auf die Verschiebung, Vervielfältigung, auf die Vereindeutigung sowie auf die strategische Auflösung der Gegensätze. Dabei die bestehenden eigenen Weißen Flecken der Theoriebildung nicht zu beachten und Benachteiligungen anstatt sie zu verqueeren zu reproduzieren, sind einige der stärksten Kritiken an einem queer-feministisch dekonstruktivistischen Ansatz.

Diversity und/oder Geschlecht – Intersektionalität

Unter dem Terminus Intersektionalität wird heute, so resümiert Kathy
Davis »*das* zentrale theoretische und normative Problem in der femi-
nistischen Wissenschaft – die Anerkennung von Differenzen zwischen
Frauen [bearbeitet]« (Davis, 2010, S. 58). Denn Anfang der 1990er Jahre
geriet das Subjekt des Feminismus insofern in die Totalkritik als »women
of color« (u. a. Mohanty, 1988; Davis, 1982) und »lesbians of color« (u. a.
Hooks, 1984; Lorde, 1984) die »heteronormative weiße Position des
Mainstream-Feminismus« (Dietze, Haschemi Yekani u. Michaelis, 2007,
S. 107) kritisierten und sich gegen eine einheitliche, weibliche Erfahrungs-
basis ausgesprochen haben (vgl. dazu Mohanty, 1988; Gümen, 1998).
Vielmehr wurde die globale Schwesternschaft, das »Wir Frauen«, als
»eine gewaltvolle, weiße Konstruktion« (Lorey, 2011, S. 105) problema-
tisiert, in der Differenzen unter Frauen nicht wahrgenommen und Herr-
schaftsverhältnisse zwischen Frauen, die sich zum Beispiel durch den
Pass, die Religion oder die Hautfarbe ergeben, ebenso negiert werden
wie die feministische »Komplizenschaft mit imperialistischen Kritiken«
(Castro Varela u. Dhawan, 2005, S. 59).

Verwurzelt im »black feminism« in den USA der 1970er Jahre und verbunden mit antirassistischen und feministischen Politiken jener Zeit hat
die schwarze Rechtswissenschaftlerin Kimberlé Crenshaw, die Lebensrealitäten schwarzer Frauen, die von sozialen, politischen und rechtlichen Marginalisierungen aufgrund von Geschlecht *und* von »race«
gekennzeichnet war, mit der Metapher der Kreuzung (»intersection«)
erstmals erfasst: »Intersectionality is what occurs when a woman from
a minority group […] tries to navigate the main crossing in the city […].
The main highway is ›racism road‹. One cross street can be Colonialism,
then Patriarchy Street […]. She has to deal not only with one form of
oppression but with all forms, those named as road Signs, which link
together to make a double, a triple, a multiple, a many layered blanket
of oppression« (Crenshaw, 1989).

Was hiermit verdeutlicht werden soll, ist, dass Individuen sowohl
kulturell-ethnisch, geschlechtlich als auch religiös, sexuell und innerhalb
einer Klasse und im geopolitischen Kontext positioniert sind. Identitäten und Biografien – so zeigen nicht zuletzt die Ergebnisse der qualitativen Forschung aber auch der Beratungs- und Therapiearbeit – sind
immer gleichzeitig von mehreren Differenzen durchzogen, die aber je
nach Kontext unterschiedlich bedeutsam sein können. Diese Erkenntnis,
das jeder Mensch als Individuum am Schnittpunkt (»intersection«) von
verschiedenen Differenzachsen positioniert ist, war der Anlass, die bis-
herige Einseitigkeit in der Bearbeitung von Geschlecht in der Geschlech-

terforschung, Ethnizität in der Migrationsforschung oder Sexualität in
den Queer-Studies zu verlassen.

Die gegenwärtigen Debatten zu Intersektionalität und Diversität haben
sich mittlerweile darüber verständigt, dass machtvolle Differenzen und
Differenzverhältnisse auf unterschiedlichen Ebenen konzeptualisiert werden müssen (vgl. Bührmann, 2009): auf der Ebene der sozialen Strukturen
(Produktionsweisen, internationale Arbeitsteilung, staatliche Regulationen,
politische Prozesse, ökonomische Strukturen), auf der Ebene der Organisationen (wie z. B. Krankenhäuser, Gefängnisse, Kirchen, Schule), auf
der Ebene der Institutionen (wie z. B. Familie), auf der Ebene der symbolischen Ordnungen und Repräsentationen (Normen, Diskurse, Wissens-
archive), auf der Ebene der sozialen Praktiken und Interaktionen sowie
auf der Ebene der Subjektformationen bzw. Identitätsbildungsprozesse.

Wie aber wirken die unterschiedlichen Differenzlinien genau zusammen? Wie sind sie miteinander verbunden? Und welche verstärken sich
und wie (vgl. Yuval-Davis, 2006)? Und wie können 13, 15 oder 20 verschiedene Identitätsmarker in der Beratungsarbeit angemessen berück-
sichtigt werden? Was in diesen Fragen deutlich wird, ist, dass es mit einer
Bearbeitung des Themas »Geschlecht = Männer & Frauen« und einer
daraus resultierenden Geschlechterpädagogik in Form der »Mädchen-
arbeit« und »Jugendarbeit« nicht getan sein kann. Die Erziehungswissenschaft, Soziale Arbeit und Beratungsarbeit stehen gegenwärtig vielmehr vor der Herausforderung, die verschiedenen Dimensionen von
Differenzverhältnissen zusammenzudenken. Den Blick auf einzelne
Merkmale wie »Frauen«, »Migranten«, »Homosexuelle« oder »Arbeiter-
klasse« und deren Sonderpädagogiken verlassend, thematisiert Diversity
die wechselseitige Verschränkung von unterschiedlichen Macht- und
Differenzverhältnissen und fragt auch nach dem Potenzial, das in der
Vielfalt steckt. Auf dem schwierigen Weg hin zur Anerkennung und
Wertschätzung gegebener Differenzen werden Unterschiedlichkeiten
als Chance begriffen und Diversität willkommen geheißen. Wenn wir
»Vielfalt wertschätzend von der Vielfalt aus« (Hartmann, 2004, S. 30)
denken, wird es möglich, Freude an der Vielfalt zu finden. Letztend-
lich steht Diversity für ein Bemühen um ein hohes Maß an Respekt und
Anerkennung der Würde des Einzelnen (vgl. Tuider, 2008).

Hervorgegangen aus den »Gender Studies«, mit wesentlichen Anre-
gungen aus den »queer-«, »cultural-« und »postcolonial studies«, stellt
sich nun die Frage, ob Geschlecht in der Thematisierung, Konzeptua-
lisierung und Erforschung von Diversity aufgeht bzw. wie das Verhältnis von Geschlecht und Diversity ist. Stellen wir Geschlecht unter das
Dach von Diversity? Oder Diversity unter das Dach von Geschlecht?
Oder stehen Geschlecht und Diversity nebeneinander?

Fazit: Wie also handeln im Kontext von Geschlecht und Beratung?

Was in diesem Abriss deutlich werden sollte, war, dass sich die geschlechtertheoretischen Ansätze und auch die feministischen Handlungsstrategien verändert haben. Auf universitärer Ebene veränderte sich die Frauenforschung in Geschlechterforschung und auf der politischen Ebene sind es nicht mehr Frauenbeauftragte, die für die Institutionalisierung von *Frauen*anliegen Sorge zu tragen haben, sondern Gleichstellungsbeauftragte sind für die Gleichbehandlung von Frauen *und* Männern zuständig. Die Termini Gender Mainstreaming und Diversity-Management stellen vielleicht eine neue Generation von Geschlechterkonzeptualisierungen dar, die eine zeitgemäß Weiterentwickelung der Frauenpolitiken signalisieren.

Knüpfte die gleichstellungspolitische Frauenförderung noch direkt an der Benachteiligung von Frauen an und zielt(e) auf den Abbau von Diskriminierung und auf die Gleichstellung und Förderung von Frauen, so gehen Überlegungen zum Gender Mainstreaming von der Analyse der Situation beider Geschlechter aus. Das Gender Mainstreaming wurde im Jahr 1985 auf der Weltfrauenkonferenz in Nairobi erstmals als Strategie eingebracht, um Defizite der traditionellen Gleichstellungspolitik abzubauen. Die Praxis hatte gezeigt, dass mit den bestehenden Instrumenten spezifischer Frauenförderung eine Gleichbehandlung nicht oder nur langsam zu erreichen war (ist), sondern statt dessen eine Verbesonderlichung von »Frauenpolitik« verstanden als »Frauenförderung« zu beobachten war sowie die Vergabe einer Zuständigkeit an Akteurinnen (von Frauen für Frauen). Mit der Gender-Mainstreaming-Perspektive soll nun vermieden werden, dass weiterhin nur Frauen als das Geschlecht identifiziert werden und Männer einfach Männer bleiben können. Denn Gender Mainstreaming zielt in einem Top-down-Prozess auf die Veränderung der Organisation und will eine qualitative Verbesserung von allen Entscheidungsprozesse und -abläufen auf allen Ebenen einer Organisation bewirken. Gleichstellung wird damit zur Aufgabe aller, und Gleichstellungsbeauftragte wirken als Expert_innen und Consultants.

Diversity Management nimmt die gegebene Diversität zum Ausgangspunkt des Handelns und entwickelt Problemlösungen, um die Herausforderungen einer globalisierten Arbeitswelt besser zu bewältigen. Es ist multinationalen Konzernen (»global playern«) zu verdanken, dass vor dem Hintergrund der Vielfalt von Beschäftigten, vornehmlich auf der Ebene von Führungskräften, das amerikanische Konzept des Diversity Management internationalisiert Einzug in personalpolitische Strategien gehalten hat. »Diversity-Leitbilder« finden sich heute breit über die Sektoren von Wirtschaft, Politik und Sozialer Arbeit oder dem Gesundheitssektor.

Der Amsterdamer Vertrag, das Allgemeine Gleichbehandlungsgesetz sowie die Menschenrechtsdeklaration stellen nun einerseits die Basis zum Einklagen von Diskriminierungen und Benachteiligungen dar. Andererseits werden unter anderem aus diesen Gesetzen die sechs Kerndimensionen von Diversity abgeleitet: Geschlecht, sexuelle Orientierung, Alter, Behinderung, Religion, Herkunft/»Rasse«/Nationalität/ Staatsbürgerschaft. Die Herausforderung für die Diversity Analysen und Arbeit besteht nun darin, die verschiedenen Dimensionen von Differenzen und Differenzverhältnissen zusammen zudenken. Und dies steht in dem Spannungsverhältnis von Defizit und Ressource, von Gleichheit und dem Recht auf Anderssein, von Anerkennung des Differenten und Gleichstellung von Differentem, von »Alle Menschen sind gleich« und »Alle Menschen sind verschieden«.

Dabei kann zwischen dreierlei Konzeptualisierungen von Diversity unterschieden werden:

a) jene, die Differenz*en*/Unterschiedlichkeit*en* thematisieren;
b) jene, die Vielfalt und Differenzen in Zusammenhang mit Macht und Herrschaftsverhältnissen (»matrix of domination«) thematisieren, und
c) jene, die die Uneindeutigkeiten, das In-Between der Entweder-oder-Möglichkeiten, das Mehrfachzugehörige thematisieren.

Diversity ist also nicht die Antwort auf die Frage »Was kommt *nach* der Geschlechterforschung?« (Casale u. Rendtorff, 2008, Herv. E. T.) und Diversity bildet auch nicht nur die logische Fortsetzung einer feministischen Gleichstellungs-, Empowerment- oder Antidiskriminierungspolitik. Sondern Diversity – so wie ich sie verstehe – eröffnet die Möglichkeit, machtvolle (An-)Ordnungen und Normierungen, Instabilitäten und (Un-)Sichtbares sowie Marginalisierungen und Privilegierungen zu thematisieren und zu politisieren. Anstelle eines »Durchstreichens« feministischer Theorien und Kritiken möchte ich hier auf die anhaltende Notwendigkeit eines feministischen Projekts hinweisen, denn die strukturellen Bedingungen, sozialen und materiellen Konsequenzen in einer an Leistung, Konsum und Wettbewerb orientierten Welt sind mehr denn je aktuell.

Intersektionalität/Diversity bleibt dabei einer feministischen Theorietradition und dem Feminismus als politischem Projekt verhaftet, doch verkompliziert sie diese auch, da nun nicht mehr selbstverständlich von dem Gemeinsamen des Frau-Seins ausgegangen werden kann, sondern statt dessen kontextspezifische gesellschaftspolitische Konstituierung von Differenzen und Ungleichheiten zwischen Frauen und weiteren

Geschlechtern mitgedacht werden. Dabei verzichtet eine feministische Politik in intersektioneller Perspektive auf ein politisches Subjekt, wie »Wir Frauen« oder »Wir Lesben« oder »Wir Migrantinnen«, ohne dass damit das Sprechen als Lesbe, als Frau, als Migrantin, als Muslima oder als Schwuler nicht auch punktuell und situativ für notwendig erachtet werden würde, was im Sinne Stuart Halls als »strategischer Essenzialismus« verstanden werden kann. Vielleicht steht es in dieser Hinsicht auch an, sich von einer feministischen Bewegung zu verabschieden, aber feministische Bündnisse, Perspektiven und vor allem Kritiken, die auf die Durchkreuzung von bestehenden Herrschaftsverhältnissen und Machtrelationen zielen, damit nicht über Bord zu werfen. In intersektioneller Perspektive zu arbeiten, zu forschen und Kritik zu üben, bedeutet, die jeweils andere Frage zu stellen, das »Es könnte auch anders sein« zu denken und somit Raum für das Ambivalente und Ambigue zu eröffnen.

Sozialer und Beratungsarbeit in Anlehnung an queer-intersektionelle Überlegungen geht es sodann darum, »Differenzen zu benennen und Artikulationsräume für nicht normgerechte oder dissidente Geschlechter und Sexualitäten zu schaffen. Es geht darum, Differenz in Form von Zuschreibungen und Kategorisierungen zurückzuweisen, aber zugleich Anspruch darauf zu erheben, Unterschiede zum Ausdruck zu bringen und sozial anerkannt zu finden« (Engel, Schulz u. Wedl, 2005, S. 10). Die Ziele reichen dabei von Anerkennung, Unterwanderung bis zum Umsturz gegebener Gesellschaftsverhältnisse. Anstelle eines identitätsverhafteten Sprechens beispielsweise »als Lesbe mit Lesben für Lesben« oder »als Frau mit Frauen für Frauen« umfassen queere Praxen sowohl Koalitionen als auch die Notwendigkeit zur Benennung von simultaner Dominanz und Marginalität, das heißt der Positionierung zum Beispiel als »queer of colour SM« oder als »nicht-trans Feministin of colour« (Haritaworn, 2005, S. 25). Worauf die Anerkennungstheoretiker_innen (vgl. Fraser u. Honneth, 2003; Fraser, 2003; Honneth, 2010) hingewiesen haben, ist, dass es heute nicht mehr um das Aufbegehren gegen Regulationen durch staatliche Institutionen geht, sondern um die sozialen Kämpfe um Anerkennung, um Freiheit, um Toleranz und Solidarität.

Literatur

Andresen, S., Koreuber, M., Lüdke, D. (Hrsg.) (2009). Gender und Diversity: Albtraum oder Traumpaar? Interdisziplinärer Dialog zur Modernisierung von Geschlechter- und Gleichstellungspolitik. Wiesbaden: VS.

Beauvoir, S. de (1951/1992). Das andere Geschlecht. Sitte und Sexus der Frau. Neuübersetzung. Hamburg: Rowohlt.

Becker-Schmidt, R. (1982). Nicht wir haben die Minuten, die Minuten haben
    uns. Zeitprobleme und Zeiterfahrungen von Arbeitermüttern in Fabriken
    und Familie. Bonn: Neue Gesellschaft.
Beer, U. (Hrsg.) (1987). Klasse Geschlecht. Feministische Gesellschaftsanalyse
    und Wissenschaftskritik. Bielefeld: AJZ.
Bilden, H. (1998). Geschlechtsspezifische Sozialisation. In K. Hurrelmann,
    D. Ulich (Hrsg.), Handbuch der Sozialisationsforschung (Studienausgabe,
    5. Aufl., S. 777–812). Weinheim: Beltz.
Bourdieu, P. (1997). Die männliche Herrschaft. In I. Dölling, B. Krais (Hrsg.), Ein
    alltägliches Spiel. Geschlechterkonstruktion in der sozialen Praxis. Frankfurt
    a. Main: Suhrkamp.
Bührmann, A. (2009). Intersectionality – ein Forschungsfeld auf dem Weg zum
    Paradigma? Tendenzen, Herausforderungen und Perspektiven der Forschung
    über Intersektionalität. Gender. Zeitschrift für Geschlecht, Kultur, Gesell-
    schaft, (2), 28–44.
Butler, J. (1991). Das Unbehagen der Geschlechter. Frankfurt a. Main: Suhrkamp.
Butler, J. (1995). Körper von Gewicht. Frankfurt a. Main: Suhrkamp.
Butler, J. (1996). Imitation und Aufsässigkeit der Geschlechtsidentität. In S. Hark
    (Hrsg.), Grenzen lesbischer Identitäten. Berlin: Quer Verlag.
Casale, R., Rendtorff, B. (2008). Was kommt nach der Genderforschung? Zur
    Zukunft der feministischen Theoriebildung. Bielefeld: Transkript.
Castro Varela, M., Dhawan, N. (2005). Postkoloniale Theorie. Eine kritische
    Einführung. Bielefeld: Transkript.
Chodorow, N. (1985). Das Erbe der Mütter. München: Frauenforschung.
Connell, R. W. (1999). Der gemachte Mann. Konstruktion und Krise von Männ-
    lichkeiten. Opladen: Leske + Budrich.
Crenshaw, K. (1989). Demarginalizing the Intersection of Race and Sex: A Black
    Feminist Critique of Antidiscrimination Doctrine. The University of Chicago
    Legal Forum, 139–167.
Cyba, E. (2004). Patriarchat: Wandel und Aktualität In R. Becker, B. Kortendiek
    (Hrsg.), Handbuch Frauen und Geschlechterforschung (S. 17–22). Wiesba-
    den: VS.
Davis, A. (1982). Rassismus und Sexismus. Schwarze Frauen und Klassenkampf
    in den USA. Berlin.
Davis, K. (2010). Intersektionalität als »Buzzword«. Eine wissenschaftssozio-
    logische Perspektive auf die Frage: »Was macht eine feministische Theorie
    erfolgreich?« In H. Lutz, M. T. Vivera Herrera, L. Supik (Hrsg.), Fokus Inter-
    sektionalität. Bewegungen und Verortungen eines vielschichtigen Konzepts
    (S. 55–68). Wiesbaden: VS.
Degele, N. (2008). Gender/Queer Studies. Paderborn: UTB.
Derrida, J. (1976). Die Schrift und die Differenz. Frankfurt a. M.: Suhrkamp.
Dietze, G., Haschemi Yekani, E., Michaelis, B. (2007). »Checks and Balances«.
    Zum Verhältnis von Intersektionalität und Queer Theory. In K. Walgenbach,
    G. Dietze, A. Hornscheidt, K. Palm (Hrsg.), Gender als interdependente Kate-

gorie. Neue Perspektiven auf Intersektionalität, Diversität und Heterogenität (S. 107–140). Opladen: Barbara Budrich.

Engel, A. (2002). Wider die Eindeutigkeit: Sexualität und Geschlecht im Fokus queerer Kritik der Repräsentation. Frankfurt a. M.: Campus.

Engel, A., Schulz, N., Wedl, J. (2005). Queere Politiken. Analysen, Kritiken, Perspektiven. Kreuzweise queer: Eine Einleitung. In femina politica (1), 9–23.

Erel, U., Haritaworn, J., Gutiérrez Rodríguez, E., Klesse, C. (2007). Intersektionalität oder Simultanität?! – Zur Verschränkung und Gleichzeitigkeit mehrfacher Machtverhältnisse – eine Einführung. In J. Hartmann, C. Klesse, P. Wagenknecht, B. Fritzsche, K. Hackmann (Hrsg.), Heteronormativität. Empirische Studien zu Geschlecht, Sexualität und Macht (S. 239–250). Wiesbaden: VS.

Faulstich-Wieland, H. (2006). Einführung in die Gender-Studies (2. Aufl.). Paderborn: UTB.

Fraser, N. (2003). Widerspenstige Praktiken. Macht, Diskurs, Geschlecht. Frankfurt a. Main: Suhrkamp.

Fraser, N., Honneth, A. (2003). Umverteilung oder Anerkennung?: Eine politisch-philosophische Kontroverse. Frankfurt a. M.: Suhrkamp.

Garfinkel, H. (1967). Passing and the managed achievement of sex status in an ›intersexed person‹. Studies in Ethnomethodology (1), 116–185.

Gildemeister R., Hericks, K. (2012). Geschlechtersoziologie. Theoretische Zugänge zu einer vertrackten Kategorie des Sozialen. München: Oldenbourg.

Gildemeister, R. (2004). Doing Gender. Soziale Praktiken der Geschlechterunterscheidung. In R. Becker, B. Kortendiek (Hrsg.), Handbuch Frauen und Geschlechterforschung (S. 132–140). Wiesbaden: VS.

Gilligan, C. (1982). Die andere Stimme. Lebenskonflikte und Moral der Frau. München: Piper.

Goffman, E. (1994). Interaktion und Geschlecht. Frankfurt a. M.: Campus.

Gümen, S. (1998). Das Soziale des Geschlechts. Frauenforschung und die Kategorie »Ethnizität«. Das Argument 224, 187–201.

Hagemann-White, C. (1984). Sozialisation weiblich – männlich? Opladen: Leske + Budrich.

Hagemann-White, C. (1988). Wir werden nicht zweigeschlechtlich geboren … In C. Hagemann-White, M. S. Rerrich (Hrsg.), FrauenMännerBilder. Männer und Männlichkeit in der feministischen Diskussion (S. 224–236). Bielefeld: AJZ.

Haritaworn, J. (2005). Am Anfang war Audre Lorde. Weißsein und Machtvermeidung in der queeren Ursprungsgeschichte. femina politica. Zeitschrift für feministische Politik-Wissenschaft 14, H. 1, 23–35.

Hark, S. (2001). Deviante Subjekte. Die paradoxe Politik der Identität (2. Aufl.). Opladen: Leske + Budrich.

Hark, S. (2004). Lesbenforschung und Queer Theory. In: R. Becker, B. Kortendiek (Hrsg.), Handbuch Frauen und Geschlechterforschung (S. 104–111). Wiesbaden: VS.

Hartmann, J. (2004). Vielfältige Lebensweisen transdiskursiv. Zur Relevanz dekonstruktiver Perspektiven in Pädagogik und Sozialer Arbeit. In J. Hartmann (Hrsg.), Grenzverwischungen. Vielfältige Lebensweisen im Gender-, Sexualitäts- und Generationendiskurs (S. 17–32). Innsbruck: STUDIA.

Heidel, U., Micheler, S., Tuider, E. (Hrsg.) (2001). Jenseits der Geschlechtergrenzen: Sexualitäten, Identitäten und Körper in Perspektiven von Queer Studies. Hamburg: Männerscharmskriptverlag.

Hirschauer, S. (1993). Die soziale Konstruktion der Transsexualität. Über die Medizin und den Geschlechtswechsel. Frankfurt a. M.: Suhrkamp.

Honneth, A. (2010). Kampf um Anerkennung: Zur moralischen Grammatik sozialer Konflikte. Frankfurt a. M.: Suhrkamp.

hooks, b. (1984). From margin to center. Feminist theory. Boston: South End Press.

Kessler, S. J., Mc Kenna, W. (1978). Gender. An ethnomethodological approach. New York: Wiley.

Klinger, C. (1998). Liberalismus – Marxismus – Postmoderne. Der Feminismus und seine glücklichen und unglücklichen »Ehen« mit verschiedenen Theorieströmungen im 20. Jahrhundert. In A. Schlichter, A. Hornscheidt, G. Jähnert (Hrsg.), Krisische Differenzen – geteilte Perspektiven. Zum Verhältnis zwischen Feminismus und Postmoderne (S. 18–41). Opladen: Leske + Budrich.

Kraß, A. (2003). Queer Denken. Queer Studies. Frankfurt a. M.: Suhrkamp.

Lorde, A. (1984). Sister outsider, Essays and speeches. Trumansburg/New York.

Lorey, I. (2011). Von den Kämpfen aus. Eine Problematisierung grundlegender Kategorien. In S. Hess, N. Langreiter, E. Timm (Hrsg.), Intersektionalität revisited. Empirische, Theoretische und Methodische Erkundungen (S. 101–116). Bielefeld: Transkript.

Meuser, M. (1999). Geschlecht und Männlichkeit. Soziologische Theorie und kulturelle Deutungsmuster. Opladen: Leske + Budrich

Mies, M. (1988). Patriarchat und Kapital. Zürich: Rotpunktverlag.

Mohanty, C. T. (1988). Aus westlicher Sicht: feministische Theorie und koloniale Diskurse. beiträge zur feministischen theorie und praxis, (23), 149–162.

polymorph (Hrsg.) (2002). (K)ein Geschlecht oder viele? Transgender in politischer Perspektive. Berlin: Querverlag.

Prengel, A. (1995). Pädagogik der Vielfalt: Verschiedenheit und Gleichberechtigung in Interkultureller, Feministischer und Integrativer Pädagogik. Opladen: Leske + Budrich.

Schaeffer-Hegel, B. (1987). Plädoyer und Thesen für ein feministisches Bildungskonzept. In A. Prengel u. a. (Hrsg.), Schulbildung und Gleichberechtigung (S. 121–129). Frankfurt a. M.: Frauenliteraturvertrieb.

Smykalla, S., Vinz, D. (Hrsg.) (2011). Intersektionalität zwischen Gender und Diversity. Theorien, Methoden und Politiken der Chancengleichheit. Münster: Westfälisches Dampfboot.

Tuider, E. (2008). Diversität von Begehren, sexuelle Lebensstile und Lebensformen. In R.-B. Schmidt, U. Sielert (Hrsg.), Handbuch Sexualpädagogik und Sexuelle Bildung (S. 245–254). Weinheim: Juventa.

Tuider, E. (2012). Geschlecht und/oder Diversität? Das Paradox der Intersektionalitätsdebatten. In E. Kleinau, B. Rendtorff (Hrsg.), Differenz, Diversität und Heterogenität in erziehungswissenschaftlichen Diskursen. Schriftenreihe der

Sektion Frauen- und Geschlechterforschung in der Deutschen Gesellschaft für Erziehungswissenschaft (S. 79–102). Opladen: Barbara Budrich.

Tuider, E., Sielert, U. (2011). Diversity statt Gender? Die Bedeutung von Gender im erziehungswissenschaftlichen Vielfaltsdiskurs. In A. Qualbrink, A. Pithan, M. Wischer (Hrsg.), Geschlechter bilden (S. 20–38). Gütersloh: Gütersloher Verlagshaus.

Werlhof, C. von (Hrsg.) (1991). Was haben die Hühner mit dem Dollar zu tun. München: Frauenoffensive.

West, C., Fenstermaker, S. (1995). Doing difference. In N.-L. E.. Chow, D. Wilkinson, M. B. Zinn (Hrsg.), Race, class and gender: common bonds, different voices (S. 357–384). London: Sage.

West, C., Zimmerman, D. (1987). Doing Gender. Gender & Society (I), 125–151.

Wichterich, C. (2003). Femme global. Globalisierung ist nicht geschlechtsneutral. Attac Basistexte 7, Hamburg: VSA.

Yuval-Davis, N. (2006). Intersectionality and feminist politics. European Journal of Women's Studies, (13), 193–209.

Zander, M., Wartwig, L., Jansen, I. (2006). Geschlecht Nebensache? Zur Aktualität einer Gender-Perspektive in der Sozialen Arbeit. Wiesbaden: VS.

Zinnecker, J. (1975). Der heimliche Lehrplan. Weinheim u. Basel: Beltz.

Teil 3: Praxeologie der geschlechtergerechten Beratung

Katrin Oellerich

Nicht den ganzen Gender-Eimer auskippen? Trainingsplanung und Durchführung von Gendermaßnahmen im Sinne von GEMAINSAM

Vorbemerkungen

Im Angesicht der demografischen Entwicklungen und dem daraus resultierenden Fachkräftemangel stehen Organisationen vor großen Herausforderungen – es fehlen qualifizierte Mitarbeiter_innen. Das größte Potenzial um diesen Entwicklungen entgegenzutreten wird – neben älteren Arbeitnehmer_innen und Migrant_innen – in fachkompetenten Frauen gesehen. Vor diesem Hintergrund wurde das Verbundvorhaben »GEnderMAINstreAMing. Veränderungen erreichen (GEMAINSAM)« ins Leben gerufen. Die zentralen Ziele dieses Verbundvorhabens sind die Erhöhung des Genderbewusstseins und der Geschlechtergerechtigkeit in Organisationen. Unter Genderbewusstsein wird hier das Bewusstsein von Frauen und Männern für geschlechtergerechtes Handeln, die Einstellungen zu Rollenvorstellungen und genderbezogenen Verhaltensweisen im Umgang miteinander, sowie die Wahrnehmung von Potenzialen und Hemmnissen für beide Geschlechter in verschiedenen gesellschaftlichen Bereichen verstanden. Die Erhöhung bzw. Herstellung von Geschlechtergerechtigkeit meint die Erweiterung individueller Handlungsmöglichkeiten in Bezug auf die Verwirklichung einer selbstbestimmten Lebensgestaltung für Frauen und Männer (vgl. www.gemainsam-projekt.de; Oelkers u. Rohde, 2013). Es wird dabei davon ausgegangen, dass die *Bearbeitung* des Genderbewusstseins, also »die Reflexion des jeweiligen eigenen Geschlechterkonstruktionsprozesses […] genderbewusste Verhaltensweisen anstoßen und im Idealfall Geschlechtergerechtigkeit« hergestellt werden kann (Möller u. Müller-Kalkstein, 2012, S. 282).

Anders als in *herkömmlichen* Gendermaßnahmen geht es darum mit Hilfe eines *Diagnoseinstruments* zielführend auf Basis der Ergebnisse zu intervenieren, sprich nicht den ganzen *Gender-Eimer* auszukippen, sondern die Menschen *dort abzuholen, wo sie stehen* (weitere Ausführungen zum theoretischen Hintergrund und der Zielsetzungen der Trainings siehe auch Rohde und Oelkers in diesem Band). Es werden also in Anlehnung an die Ergebnisse zum Entwicklungsstand der Organisation

in puncto Genderawareness passgenaue Gendertrainings geplant und
durchgeführt, deren Teilnehmer_innen sich zum einen in diesem Rahmen selbst reflektieren und zum anderen genderrelevantes Wissen vermittelt bekommen. Außerdem wurde eine Train-the-Trainer-Schulung
entwickelt, in der die Teilnehmer_innen befähigt werden, eigenständig
Gendertrainings im Sinne des GEMAINSAM-Vorhabens durchzuführen
bzw. im Anschluss als Multiplikator_innen in ihren Heimatorganisa-
tionen im kleineren oder größeren Rahmen fungieren zu können. Hier
gibt es eine weitere Neuerung im Vergleich zu anderen Gendertrainings:
Auch die Teilnehmer_innen der Train-the-Trainer-Schulungen füllen im
Vorfeld das Diagnoseinstrument aus. Die Ergebnisse fließen dann in die
Schulung ein. Im Mittelpunkt stehen hier – neben der Vermittlung von
genderrelevantem Wissen und Handwerkszeug zur Trainingsplanung –
die Reflexion des eigenen Genderbewusstseins und der Haltungen zum
Thema Geschlecht sowie die Auseinandersetzung mit der Rolle als Gen-
dertrainer_in. So kann davon ausgegangen werden, dass Trainer_innen,
die selbst das Diagnoseinstrument ausgefüllt haben und sich auf Basis
der Ergebnisse reflektieren, wirksamere Trainings durchführen können
(Abdul-Hussain, 2012; Frey, 2003).

Vom Training zum Gendertraining

Im beruflichen Kontext stellen Trainings zunächst einmal eine Lern-
form dar, die den Erwerb von Wissen, Fertigkeiten und Kompetenzen
zum Ziel hat. Es wird durch mindestens eine/n Trainer_in geleitet bzw.
gesteuert und erfolgt in einem begrenzten Zeitraum von in der Regel
einem bis fünf Tagen. Es geht nach Goldstein (1997) um die systematische Aneignung von Wissen, Fähigkeiten und Einstellungen, die die
Leistungen im Arbeitskontext verbessern bzw. effektiver machen. Dabei
werden unterschiedliche Lernformen eingesetzt, je nachdem, welche
Inhalte vermittelt werden. Zum einen wird hier häufig die Form des
Lehrvortrags bzw. des theoretischen Inputs gewählt. Entweder in Form
der Ein-Weg-Kommunikation, bei der nur der/die Trainer_in spricht
oder in interaktiverer Weise, wie etwa im sogenannten Lehrgespräch.
Der Trainer streut hier zum Beispiel Denkfragen, Blitzlichtfragen oder
Kontrollfragen an das Plenum in den Vortrag ein. Zum anderen sei hier
die Impulsmethode genannt – ein kontinuierlicher Wechsel zwischen
Trainer_innen-Input und Teilnehmer_innen-Arbeit auf Basis des voran-
gegangenen Inputs mit anschließender Aufgabenstellung – oft ein Wechsel zwischen Theorie und praktischem Ausprobieren. Die Arbeitsformen

können je nach Inhalt und Anlass, Aufgabenstellung und Setting variieren. Aufgaben können in Einzelarbeit, Tandems, Kleingruppen oder im Plenum sowie in schriftlicher oder mündlicher Form bearbeitet werden (Weidenmann, 1998). Des Weiteren stehen unterschiedliche Medien zur Ausgestaltung von Trainings zur Verfügung. Die Bandbreite ist groß und von den Innhalten, den Präferenzen der trainierenden Person, der Kultur im Trainingsumfeld sowie den Teilnehmer/innen abhängig. Es kann aber wohl behauptet werden, dass die meisten Trainings heute Computer gestützte Vortragsformen beinhalten. Des Weiteren kommen häufig Flipcharts, Metaplanwände und Moderationskarten zum Einsatz. Eine angemessene Mischung bzw. Abwechslung unterschiedlicher Medien und Methoden wird häufig als zielführend beschrieben. Diese allgemeinen Trainingsgrundlagen finden in der Gestaltung der Gendertrainings im Sinne von GEMAINSAM Anwendung.

Einen zentralen Aspekt für die Gestaltung von Trainings zur Erhöhung des Genderbewusstseins, stellte im Rahmen des Verbundvorhabens die *Übersetzung* der Genderforschung in lebensnahe Interventionen dar, also der Schritt Forschungsergebnisse, theoretische Konzepte und Analysen für die Praxis handhabbar zu machen und genderrelevantes Wissen in praktische Bezüge zu überführen.

Um nun das Genderbewusstsein in Organisationen durch Gendertrainings zu erhöhen, bedarf es – neben genderrelevantem Wissen – einer Reflexion der Wertesysteme ihrer Mitglieder und ihres Umfelds. Hierbei sollte die Organisation nicht nur in ihrer Gesamtheit betrachtet, sondern auch einzelne Subsysteme in Augenschein genommen werden, denn sie können Unterschiede in Bezug auf ihre Haltungen und geltenden Wertesysteme enthalten. Diese unterschiedlichen mentalen Modelle müssen unter Berücksichtigung der Unternehmenskultur als Ansatzpunkte für die Erhöhung des Genderbewusstseins aufgedeckt werden (Möller u. Müller-Kalkstein, 2012). Es bedarf Interventionsmaßnahmen, die eine Wertereflexion fördern, also der Werte, die das Handeln wie selbstverständlich unterlegen bzw. bedingen. Diese Werte sind allerdings komplex und nicht leicht zugänglich. Es ist eine Trainingskonzeption von Nöten, die diese Reflexion nicht als Umerziehungsmaßnahme erleben lässt (Abdul-Hussain, 2012). Im Gegenteil – es sollte eine Reflexion des eigenen Genderbewusstseins angeregt werden, um die verborgenen Botschaften selbstständig entdecken zu können.

Möller und Müller-Kalkstein (2012) gehen davon aus, dass Gendertrainings nur dann wirksam sein können, wenn genderrelevantes Wissen und entdeckte Handlungsmöglichkeiten sich mit persönlichen Erfahrungen und emotionalen Erlebnisqualitäten der Teilnehmer_innen verbinden. Des Weiteren spielt die *Transferierbarkeit* der Trainingsinhalte in den (Arbeits-)Alltag eine wichtige Rolle für die Wirksamkeit von Trainingsmaßnahmen. Dass erworbene Wissen und/oder die gesammelten Erfahrungen sollten auf verschiedene Situationen übertragbar, also generalisierbar sein und über die Zeit aufrechterhalten werden können (Broad u. Newstrom, 1992; Kauffeld, 2010). Wie unsere Erfahrungen in unterschiedlichen Organisationen zeigen, bedarf es auf organisationaler Ebene einer strategischen Entscheidung des Vorstands, also eines top-down Prozesses – für Gender-Mainstreaming-Maßnahmen, um die Wichtigkeit des Themas zu unterstreichen und Wirksamkeit zu erreichen.

Von der Erhebung zur Intervention

Wird in einer Organisation entschieden, dass ein Gendertraining im Sinne von GEMAINSAM mit einer bestimmten Gruppe durchgeführt werden soll, verläuft der Prozess wie folgt: Die zukünftigen Teilnehmer_innen füllen zunächst das Diagnoseinstrument aus, um die Ausgangslage erfassbar zu machen. Dieser Schritt kann als erste oder *Prä-* Interventionsmaßnahme verstanden werden, da davon ausgegangen wird, dass die Beschäftigung mit der Genderthematik bereits die Selbstreflexion anregt. Die erhobenen Daten werden dann durch das Projektteam ausgewertet und auf Basis der Ergebnisse ein bedarfsorientiertes Training geplant und umgesetzt (vgl. Abbildung 1).

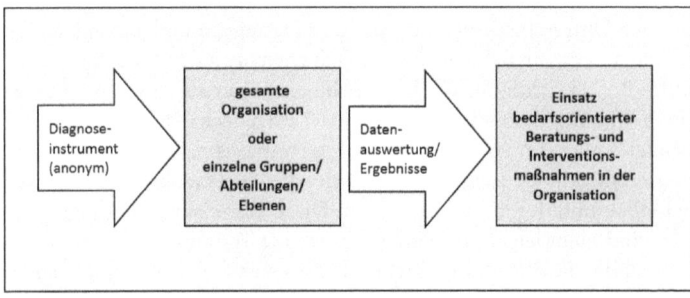

Abbildung 1: Von der Erhebung zur Intervention

Zur Ausgestaltung eines Gendertrainings im Sinne des GEMAINSAM-Verbundvorhabens stehen zahlreiche Interventionsmethoden zur Verfügung. Für den Einstieg in das Training werden *Warm-up-Übungen* vorgeschlagen. Hier wird das »Ankommen« in der Gruppe bzw. im Training fokussiert. Es steht also weniger eine thematische Orientierung, sondern etwa das spielerische Kennenlernen und die Klärung von Wünschen, Erwartungen und Befürchtungen im Vordergrund. Für den *thematischen Einstieg* stehen zum Beispiel ein Gender-Quiz oder eine Übung zur Sammlung von Geschlechtermetaphern zur Verfügung. Diese Interventionen sind kompakt gehalten und haben einen eher themeneröffnenden Charakter, als einen stark die Reflexion anregenden. Auch zur Abrundung der Schulungen werden Übungen vorgeschlagen, wie zum Beispiel eine Feedbackrunde mit den Fokussierungen: Was nehme ich mit? Was lasse ich hier? Woran will ich weiter arbeiten? Diese drei beschriebenen Übungsgruppen stehen nicht direkt in Zusammenhang mit den Ergebnissen des Diagnoseinstruments. Hier erleichtern Kenntnisse über die Trainingsgruppe die Auswahl der passenden Start- und Abschlussübungen zur Rahmung des Trainings. So etwa ist das Gender-Quiz, in dem zum Beispiel geschichtliches Wissen benötigt wird, für Schüler_innen jüngeren Alters sicherlich zu anspruchsvoll.

Des Weiteren ist die Vermittlung von genderrelevantem Wissen immer Bestandteil der Trainings. Unter der Überschrift *Geschlecht als soziale Konstruktion* werden folgende Aspekte erörtert:

– *sozial konstruierte Zuschreibungen* in Bezug auf geschlechtsspezifische Verhaltensweisen und Persönlichkeitseigenschaften;
– *Doing Gender* als Prozess der Zuordnung zu einem Geschlecht auf Basis von Geschlechtsdarstellung und -wahrnehmung, geprägt von individuellen und sozialen Einflussfaktoren (Faulstich-Wieland, 2004; Micus-Loos, 2004);
– *Abgrenzung von* »sex« (biologische Kriterien), »*sex category*« (Zuordnung zu einem Geschlecht auf Basis der biologischen Kriterien) *und* »gender« (Zuordnung zu einem Geschlecht auf Basis gesellschaftlicher Kriterien) (West u. Zimmerman, 1991);
– *Entstehung der Annahme der Zweigeschlechtlichkeit* in Bezug auf Konstanz über die Lebensdauer, der natürlichen Erzeugung von Geschlecht durch Vererbung und Annahme, dass es nur das männliche oder weibliche Geschlecht gibt (Dichotomizität) (Faulstich-Wieland, 2004; Hirschauer, 1994);
– *Denkansätze zur Erweiterung von Handlungsmöglichkeiten* auf Basis des Dreischritts Konstruktion (Bewusstmachung gesellschaftlich konstruierter Zuschreibungen), Rekonstruktion (differenzierte Erkundung der Zuschreibungen), Dekonstruktion (Entwicklung und Aufzeigen von alternativen Handlungsmöglichkeiten und Denkweisen) (Frey et al., 2006).

Hier wird eine Mischung aus theoretischem Input und einem Lehrgespräch verfolgt. Es können ebenso Beispiele aus dem (Arbeits-)Alltag der Trainer_innen wie auch der Teilnehmer_innen einfließen, wobei letztere durch Fragen der Trainer_innen angeregt werden. Gewiss bedarf es hier einer Anpassung des *Vortragsniveaus* an die Zielgruppe – sowohl sprachlich als auch bezogen auf die inhaltliche Vertiefung und das Maß an Provokation und Irritation, das eine Gruppe *aushalten* kann.

Die größte Gruppe der zur Verfügung stehenden Interventionen, stellen die *Übungen zur Erhöhung des Genderbewusstseins* dar. Diese sind explizit auf die Reflexion eigener Denk- und Handlungsmuster und den Einfluss von situational-strukturellen Faktoren ausgelegt. Pro Training werden in der Regel drei bis sechs dieser Übungen durchgeführt, je nachdem, wie die Bedarfe strukturiert sind und wie zeitaufwendig die einzelnen passenden Übungen sind. Die Auswahl dieser Übungen erfolgt nun auf Basis der Ergebnisse des Diagnoseinstruments. Das Vorgehen hierbei wird im Folgenden anhand eines fiktiven Beispiels erläutert. Aus dem Antwortverhalten im Diagnoseinstrument wird zunächst die Ausprägung des Genderbewusstseins der befragten Gruppe ermittelt. Hierbei handelt es sich um einen Durchschnittswert der Angaben der Befragten. Dieser *Reflexionsscore zum Genderbewusstsein* kann die Ausprägungen von einem bis drei Sternen haben (vgl. Tabelle 1). In dem Beispiel zeigt sich, dass die meisten Befragten einen Reflexionsscore von zwei Sternen (30) und sechs einen Score von drei Sternen haben. Dies weist bereits darauf hin, dass in der befragten Gruppe bereits ein gewisses Reflexionsniveau vorausgesetzt werden kann und eine Basis an genderrelevantem Wissen vorliegt.

Tabelle 1: Fiktives Beispiel zum Reflexionsscore (in absoluten Zahlen)

	*	**	***
Reflexionsscore zum Genderbewusstsein		30	6

Die weiteren Ergebnisse sind in folgende vier Bereiche aufgeteilt:
- Vorstellungen über das Geschlecht und Geschlechterverhältnisse/geschlechtsstereotype Vorstellungen,
- Probleme beim Aufstieg in Führungspositionen,
- Eigenschaftszuschreibungen an Frauen und Männer in Führungspositionen und
- Strukturen innerhalb der Organisation.

Für jeden Bereich werden die spezifischen Ausprägungen der Gruppe in der Auswertung angegeben, so dass die Entwicklungspotenziale abgelesen werden können und das Training maßgeschneidert mit passenden Schwerpunkten geplant werden kann. So kann es etwa sein, dass eine Gruppe im Bereich *Strukturen innerhalb der Organisation* wenig Entwicklungsbedarf hat, aber hohe Werte im Bereich *geschlechtsstereotype Vorstellungen* aufweist. Dies würde für eine stärkere Fokussierung auf diesen Bereich sprechen. Die Auswahl der Übungen erfolgt anhand einer Kreuztabelle, in der die Reflexionsscores (ein bis drei Sterne) und die vier Ergebnisbereiche (Vorstellungen über das Geschlecht, Probleme beim Aufstieg in Führungspositionen etc.) angegeben sind. In den Zellen befinden sich jeweils die Kennziffern der Übungen zur Erhöhung des Genderbewusstseins, die für bestimmte Ausprägungen in bestimmten Bereichen geeignet sind. Mit Hilfe dieser Kennzahlen können die Übungen aus dem *Methodenkoffer* herausgesucht werden. Jede Zelle beinhaltet mehrere Übungen, so dass die am besten zur Gruppe passenden von der/dem Trainer_in ausgewählt werden können.

Gendertraining konkret: Analyse des eigenen Genderprogramms

Um einen Einblick in die Umsetzung einer *Übung zur Erhöhung des Genderbewusstseins* zu geben, werden im Folgenden der Aufbau, die Umsetzung und die Ergebnisse am Beispiel der Übung *Analyse des eigenen Genderprogramms* (in Anlehnung an Gardenswartz u. Rowe, 2009) vorgestellt. Diese Übung ist dem Bereich *Vorstellungen über das Geschlecht und Geschlechterverhältnisse* zugeordnet und für Gruppen mit einem Reflexionsscore von zwei bis drei Sternen geeignet. Ziel dieser Übung ist zum einen, die Reflexion fördernder und hemmender äußerer und innerer Faktoren anzuregen und die eigenen Haltungen zu einem selbstbestimmten Leben zu beleuchten. Des Weiteren zielt die Übung auf eine Erweiterung der subjektiven Wahrnehmungen von Handlungsmöglichkeiten und Verwirklichungschancen.

Die Teilnehmer_innen erhalten zunächst einen Reflexionsbogen auf dem unterschiedliche (Geschlechter-)Dimensionen angegeben sind: *Kleidung und Erscheinung; Nahrung und Essverhalten; Haltung zu Arbeit und Arbeitspraktiken; Beziehungen, Familie, Freunde; Kommunikation und Sprache; Umgang mit Zeit und Zeitbewusstsein sowie Werte und Normen.* Diese Dimensionen werden dann anhand folgender Leitfragen bearbeitet:

– Mit welchen Einstellungen/Haltungen sind Sie aufgewachsen? Wodurch wurden diese Einstellungen/Haltungen beeinflusst?
– Hat sich an diesen Einstellungen/Haltungen etwas verändert? Und wenn ja, wodurch sind diese Veränderungen zustande gekommen?
– Wie könnten sich diese Einstellungen/Haltungen in der Zukunft verändern?

Die Teilnehmer_innen bearbeiten den Bogen zunächst in Einzelarbeit und tauschen sich dann in Tandems aus. In dieser Übung wird also zunächst in drei Richtungen geschaut – in die Vergangenheit, ins Hier und Jetzt und in die Zukunft. Im Anschluss daran werden die Ergebnisse anhand der Frage »Was braucht es, damit Sie Ihre Wunscheinstellungen/-Haltungen leben können?« im Plenum ausgewertet. Es werden also von den Dimensionen auf dem Reflexionsbogen losgelöst fördernde Bedingungen und Lösungsansätze gesammelt.

Zur Veranschaulichung der Inhalte werden exemplarisch zwei Beispiele aus der Einzel- und Tandemarbeit wiedergegeben und darauf folgend eine qualitative Zusammenstellung der Ergebnisse der Plenumsarbeit zu förderlichen Bedingungen, um Wunschvorstellungen leben zu können und generierte Lösungsansätze von Teilnehmer_innen aus drei Trainings dargestellt (öffentlicher Dienst, Wirtschaftsunternehmen, gemischte Gruppe).

Einzel-/ und Tandemarbeit

Ein Teilnehmer berichtete zu der Dimension *Haltung zu Arbeit und Arbeitspraktiken,* er käme aus einer Familie, in der Arbeit einen sehr hohen Stellenwert habe. Die Eltern hätten immer viel gearbeitet und dies sei ihm auch so mitgegeben worden. Er stelle aber heute fest, dass er *anders* sei und eigentlich gern mehr Freizeit hätte und für ihn Erwerbsarbeit nicht das Wichtigste sei. Er würde aber trotzdem immer viel arbeiten, hätte aber gern mehr freie Zeit, etwa für die Familie, Freunde oder Gartenarbeit. Er würde spüren, dass diese mitgegebenen Werte *ganz schön tief* in ihm verankert seien und auch im beruflichen Kontext Erwartungen an ihn gestellt würden. Er wolle sich aber davon lösen, weil ihm das sicher gut täte.

Eine andere Teilnehmerin berichtete zu der Dimension *Nahrung und Essverhalten,* dass sie aus einer Familie käme, in der es die *klassische Aufteilung* gegeben habe. Der Vater sei arbeiten gegangen und habe das Geld für das Auskommen der Familie verdient. Die Mutter sei für die Haushaltsführung verantwortlich gewesen, wie etwa die leibliche Versorgung, also etwa das Einkaufen und Kochen. Die Teilnehmerin berichtete weiter, dass sie diese Aufteilung in ihrer Partnerschaft anders lebe. Sie würden beide arbeiten gehen und die Hausarbeit würden sie sich aufteilen. Mal sei der eine dran mit einkaufen, mal die andere mit Kochen. Ihre Tandempartnerin in der Übung fragte, wie denn die Versorgung etwa in Meetings im Arbeitskontext organisiert werde. Die Teilnehmerin sagte, dass sie sich immer darum kümmere. Manchmal würde noch eine Kollegin helfen. Ihre männlichen Kollegen aber würden sich nie beteiligen. Warum das so sei? Sie habe das damals von ihrer Vorgängerin übernommen und es gehe ihr oft sehr *auf die Nerven,* dass immer sie *dran* sei. Dies würde sie gern mit ihren Kolleg_innen besprechen und versuchen eine (geschlechter-)gerechtere Aufteilung der Versorgungsaufgaben zu finden.

Ergebnisse zu förderlichen Bedingungen und Lösungsansätzen

Die Teilnehmer_innen finden es wichtig, die eigenen Wunschvorstellungen und Ziele klar für sich zu definieren. Hierzu braucht es Zeit zur Reflexion und Aufmerksamkeit für sich selbst, um sich von inneren und äußeren Erwartungen lösen und etwas Neues entwickeln zu können. Dabei sei es wichtig, *sich selbst aushalten* zu können, auch wenn die inneren Prozesse mal *schwierig* sind. Es braucht nach Auffassung der Teilnehmer_innen sowohl Selbstbewusstsein und Souveränität als auch Veränderungswillen und Durchhaltevermögen. Wichtig sei aber auch, sich selbst Freiräume zuzugestehen, sich die innere Erlaubnis zu geben: Ich darf mich verändern. Eine Teilnehmerin gab an, dass eine Mischung aus Gelassenheit und Widerstandskraft von Nöten sei, sonst werde es einfach zu anstrengend. In jedem Training wurde geäußert, dass es Mut brauche, anderen gegenüber Neues zu vertreten, sich abgrenzen zu können und Widerstände von außen hinnehmen bzw. aushalten zu können. Wünschenswert sei hier ein humorvoller Umgang mit auftretenden Ambivalenzen.

Auch äußere Faktoren spielen, so die Teilnehmer_innen, für die Umsetzung der Wunschvorstellungen einer geschlechtergerechten Welt eine Rolle. Hilfreich wäre die Akzeptanz von außen, aber auch Rahmenbedingungen bzw. strukturelle Möglichkeiten zu bekommen, die Raum für Veränderung bieten, zum Beispiel Freiheit, die vom/von der Arbeitgeber_in eingeräumt wird. Es brauche ein offenes, unterstützendes, ermutigendes soziales Umfeld, das Veränderungen aushält und in dem Ausprobieren und Entwicklung möglich sind. Der Anlass für eine Veränderung könne ein kleiner Impuls bzw. ein Anreiz von außen sein, der helfe neue Wege zu beschreiten. Es gebe Momente, in denen man im übertragenen Sinne stolpert und dann etwas ganz Neues passiert. Dieses Stolpern können zum Beispiel Menschen sein, auf die man trifft, die als positive oder negative Vorbilder fungieren können, die einem neue Eindrücke und Blickwinkel eröffnen, weiterhelfen und/oder etwa Weichen stellen.

Diese Übung rege eine andere Art des Denkens an, äußerten einige
Teilnehmer_innen. Sie strukturiere Gedanken, die sonst immer *einfach
so im Kopf herumgingen,* und bringe neue Einsichten und Ideen.

Es werden also fördernde und hemmende Faktoren oder auch Stolpersteine und Ressourcen für die Weiterentwicklung sichtbar – losgelöst
von den auf dem Arbeitsblatt angegebenen Dimensionen. Diese sind zu
großen Teilen nicht direkt an die *Geschlechterfrage* geknüpft. Und dennoch spielt sie eine Rolle. Vermutlich wird der Teilnehmer, der weniger
arbeiten möchte, nicht nur positive Resonanz erfahren, wenn er das
Anliegen in seinem Arbeitsumfeld durchsetzen möchte, da es vielleicht
ungewöhnlich für Männer in seinem Unternehmen ist in Teilzeit zu
arbeiten. Ebenso wird es wohl auch die Teilnehmerin, die die leibliche
Versorgung im Besprechungskontext ansprechen und anders verteilen
möchte, nicht ganz leicht haben, wenn sie etwas aufbrechen will, was
doch *schon immer so war.*

Des Weiteren zeigte sich, dass das Zusammentragen der Ergebnisse
in der Gruppe einen stabilisierenden bzw. bestärkenden Charakter hat.
Es wurde zum einen deutlich, dass auch die anderen Teilnehmer_innen
Hemmnisse für Neuerungen sowohl innerlich als auch auf das Umfeld
bezogen wahrnehmen bzw. nicht einfach so ins Neue *hineinspringen*
können. Zum anderen konnten durch die verschiedenen Blickwinkel der
Teilnehmer_innen neue Aspekte gefunden werden, die der/dem Einzelnen nicht präsent waren, aber für eine Weiterentwicklung als förderlich
erachtet werden.

Die Teilnehmer_innen haben in diesem Setting begonnen, ihre eigenen Zuschreibungen und Haltungen zum Thema Geschlecht zu reflektieren sowie hemmende und fördernde äußere und innere Faktoren zu
benennen. Die bewusste Wahrnehmung dieser Aspekte, kann als erster
Schritt zu mehr Geschlechtergerechtigkeit gesehen werden, indem die
subjektiven Blickwinkel auf Handlungsmöglichkeiten und Verwirklichungschancen erweitert werden. Im Anschluss an diesen thematischen
Schwerpunkt wäre dann zum Beispiel eine Übung, die die Entwicklung
konkreter neuer Handlungsmöglichkeiten fokussiert, denkbar.

Und weiter geht's!

Um wirksame Gendertrainings durchzuführen, bedarf es zum einen der
Anpassung der Trainingsinhalte an die Bedarfe der Zielgruppe und zum
anderen einer reflektierten Haltung der Trainer_innen in Bezug auf das
eigene Genderbewusstsein. Zum Anstoßen neuer Denk- und Handlungs-

weisen ist eine inhaltliche Nähe zur Lebenswelt der Teilnehmer_innen, ein
gewisses Maß an Irritation und eine Portion Mut – wie ja auch die Teil-
nehmer_innen der dargestellten Übung herausstellten – von Nöten. Gendertrainings im Sinne des GEMAINSAM-Verbundvorhabens stellen einen
Ansatz dar, der all dies beinhaltet und aufgrund der Anpassungsfähigkeit
an die Zielgruppe, also dem *Nichtauskippen* des ganzen *Gender-Eimers,*
das Genderbewusstsein und in Folge dessen die Geschlechtergerechtigkeit
in Organisationen steigern kann. Der Anfang ist gemacht. Weiter geht's!

Literatur

Abdul-Hussain, S. (2012). Genderkompetenz in Supervision und Coaching. Wies-
    baden: VS Verlag für Sozialwissenschaften.
Broad, M. L., Newstrom, J. W. (1992). Transfer of Training: action-packed strate-
    gies to ensure high payoff from training investments. New York: Basic Books.
Faulstich-Wieland, H. (2004). Doing Gender. Konstruktivistische Beiträge. In
    E. Glaser, D. Klika, A. Prengel (Hrsg.), Handbuch Gender und Erziehungs-
    wissenschaft (S. 175–190). Bad Heilbrunn/Obb.: Klinkhardt.
Frey, R. (2003). Gender im Mainstreaming : Geschlechtertheorie und -praxis im
    internationalen Diskurs. Königstein/Ts.: Helmer.
Frey, R., Hartmann, J., Heilmann, A., Kugler, T., Nordt, S., Smykalla, S. (2006).
    Gender-Manifest. Zugriff am 25.06.13 unter http://www.gender.de/main-
    streaming/GenderMaifesz01_2006.pdf
Gardenswartz, L., Rowe, A. (2009). The diversity tool kit. Revised edition (CD).
Goldstein, I. L. (1997). Training in organizations (4th ed.). Pacific Grove, CA:
    Brooks/Cole.
Hirschauer, S. (1994). Die soziale Fortpflanzung der Zweigeschlechtigkeit. Kölner
    Zeitschrift für Soziologie und Sozialpsychologie, 46 (4), 668–692.
Kauffeld, S. (2010). Nachhaltige Weiterbildung. Betriebliche Seminare und Trai-
    nings entwickeln, Erfolge messen, Transfer sichern. Berlin: Springer.
Micus-Loos, C. (2004). Gleichheit-Differenz-Konstruktion-Dekonstruktion. In
    E. Glaser, D. Klika, A. Prengel (Hrsg.), Handbuch Gender und Erziehungs-
    wissenschaft (S. 112–127). Bad Heilbrunn/Obb.: Klinkhardt.
Möller, H., Müller-Kalkstein, R. (2012). Noch ein Awareness Training!? Wider-
    stände und Möglichkeitsräume. Gruppenpsychotherapie und Gruppendy-
    namik, 48, 278–295.
Oelkers, N., Rohde, J. (2013). Gleichheit und Freiheit als Ansatzpunkte für
    Geschlechtergerechtigkeit. In Sabla, K.-P., Plößer, M. (Hrsg.), Gendertheorien
    und Theorien Sozialer Arbeit. Bezüge, Lücken, Herausforderungen (S. 187–
    200). Opladen & Farmington Hills: Barbara Budrich.
Weidenmann, B. (2007). Erfolgreiche Kurse und Seminare (7. Aufl.). Weinheim:
    Beltz.
West, C., Zimmerman, D. H. (1991). Doing gender. In J. Lorber, S. Farrell (Hrsg.),
    The social construction of gender (S. 13–37). Newbury Park: Sage Publication.

Astrid Schreyögg

Dual Career Couples in Deutschland und ihre Unterstützungsmöglichkeiten

Vorbemerkungen

Vor einiger Zeit war zu erfahren, dass Deutschland das Land mit der geringsten Geburtenrate in Europa ist. Zwar stieg die Gesamtbevölkerung Europas 2008 um insgesamt zwei Millionen, diese Zahl begründet sich jedoch aus Geburten in Spanien, Frankreich, Italien und Großbritannien (Mühling u. Schwarze, 2011). Vor allem gut ausgebildete junge Frauen sind in einen »Gebärstreik« eingetreten. Keine von ihnen strebt heute noch die Rolle einer Nur-Hausfrau und Mutter an. Die meisten von ihnen wollen einen »doppelten Lebensentwurf« (Geissler u. Oechsle, 1994) realisieren, nämlich ein Leben mit Beruf und mit Familie. Dann erscheint es geradezu absurd, dass die Mehrzahl von ihnen später ihre Karrierewünsche doch nicht realisieren kann. Wir erfahren allenthalben, dass junge Frauen das bessere Abitur und den besseren Studienabschluss machen als die Männer (z. B. Abele, 2008). Nach der Geburt von Kindern geraten sie aber doch in eine berufliche Sackgasse. Dieses *Schicksal* ereilt auch zahlreiche Akademikerinnen. Dann ist zu fragen: Was ist das für ein volkswirtschaftlicher Irrsinn, wenn eine Gesellschaft manchen Frauen millionenschwere Ausbildungen etwa als Augenärztin oder als Biochemikerin *spendiert*, um sie nach der Geburt von Kindern in Reservate zwischen Spielplatz und Küche zu parken!

Die Alternative dazu ist das Leben von Doppelkarrierepaaren. Diese »Lebensstilpioniere« (Behnke u. Meuser, 2006) machen zwar in Deutschland erst einen kleinen Teil der Bevölkerung aus (Ostermann u. Domsch, 2005), es ist aber zu erwarten, dass genau diese Lebensform, die in Frankreich oder in skandinavischen Ländern schon eine Selbstverständlichkeit darstellt, auch hierzulande immer häufiger üblich wird. Paare, denen es gelingt, zwei anspruchsvolle Karrieren mit einem Familienleben zu kombinieren, berichten immer wieder, wie glücklich sie diese Lebensform macht. Sie berichten aber auch, dass sie eine Fülle von Komplikationen zu meistern haben.

In diesem Beitrag werde ich zunächst erläutern, was unter einem »Dual Career Couple« (DCC) und einer Doppelkarriere-Familie zu verstehen ist, welche Themen solche Paare bewegen, welche Vorteile von ihnen berichtet werden, aber auch, welche Konflikte im Leben von Doppelkarrierepaaren eine besondere Rolle spielen. Zum Abschluss werde ich Unterstützungsmöglichkeiten in der Arbeitswelt und durch Coaching dieser Familien aufzeigen (Schreyögg, 2013).

Begriff, Rezeptionsgeschichte und einige empirische Befunde zum Thema »Dual Carreer Couples«

Im Gegensatz zu »Dual Earner Couples«, in denen beide Partner einem Broterwerb nachgehen (müssen) und deren Quote 1998 in Deutschland bei 57 % lag, handelt es sich bei »Dual Career Couples« um einen kleinen Teil davon, nämlich um Paare, die beide eine anspruchsvolle Karriere verfolgen. Sie machen in Deutschland erst zwischen 8 bis 15 % aus (Ostermann u. Domsch, 2005). Und bei Doppelkarriere-Familien geht es um berufstätige Akademikerpaare mit Kind bzw. mit mehreren Kindern (Solga u. Wimbauer, 2005). Mit ihrer Berufstätigkeit streben sie nicht nur materielle Sicherheit an, sondern auch mehr Selbstverwirklichung – und natürlich einen höheren sozialen Status.

Diese Konstellation wurde erstmalig Ende der 1960er bis Anfang der 1970er Jahre in den USA durch das Psychologenpaar Rhona und Robert Rapoport (1971) beforscht. In Deutschland behandelte man das Thema mit großer Zeitverzögerung erst 15 bis 20 Jahre später. Hier wurde es zuerst im Bereich der Personalwirtschaft von dem Betriebswirt, Michael Domsch und seinen Mitarbeiterinnen an der Universität der Bundeswehr in Hamburg aufgegriffen (Domsch u. Krüger-Basener, 1992; Ostermann u. Domsch, 2005). Diesem Autor und seinen Ko-Autorinnen geht es primär darum, Unternehmen darauf aufmerksam zu machen, dass sie bei der Karriereentwicklung ihrer Mitarbeiter möglichst frühzeitig auch deren Partnerbeziehung sowie deren sonstigen familiären Hintergrund in ihre Planung einbeziehen. Denn in Zeiten, in denen immer mehr Führungskräfte vergleichbar gut ausgebildete Partnerinnen haben, verlieren Firmen bei der Verlegung von Firmensitzen oft ihre besten Mitarbeiter, wenn nicht auch für die Partnerin entsprechende Arbeitsbedingungen angeboten werden. Denn welcher Manager hat schon Lust, mit seiner Firma dauerhaft nach Singapur umzusiedeln, wenn seine Frau nicht mitgeht, weil sie ihren anspruchsvollen Arbeitsplatz in Deutschland nicht verlassen möchte? Im Allgemeinen hat sie nämlich kein adäquates Angebot in der neuen Stadt in Aussicht. Wie wichtig die Initiativen dieser Autor_innen sind, belegt eine Studie von Ariane Ostermann (2002).

Dafür wurden 42 Unternehmen telefonisch zum Thema DCC befragt. Daraufhin konnten überhaupt nur zwölf der befragten Unternehmensvertreter aus dem Personalbereich mit dem Begriff der Doppelkarriere etwas anfangen. Nach einigen Erläuterungen erachteten dann immerhin 69 % der Befragten das Thema als relevant. Die Bereitschaft zur Umsetzung entsprechender Maßnahmen ist aber bislang nur bei sehr wenigen Firmen vorhanden (Ostermann, 2002, Ostermann u. Domsch, 2005).

Im Jahr 2001 nahmen sich die Familientherapeut_innen, Ute und Ulrich Clement, der Thematik an. Unter Bezugnahme auf amerikanische Autor_innen (z. B. Hobfall u. Hobfall, 1994 u. a.) meinten die Clements, »im Gegensatz zu komplementär organisierten traditionellen Beziehungen« haben diese Paare »aufgrund ihrer symmetrischen Struktur« »besondere Herausforderungen zu bewältigen« (Clement u. Clement, 2001, S. 1). Das heißt, hier spielen regelmäßig eine Reihe von Konflikten eine Rolle, zu deren Bewältigung vor allem »der Umgang mit der kritischen Ressource Zeit gesehen« werden muss. Nach Meinung der Autor_innen ist hier »die Bewertung von Familien-Zeit als existenzielle, also sinnstiftende Zeit« eine ganz grundlegende Voraussetzung für das Gelingen dieser Lebensform. Wie ich nachfolgend zeigen möchte, spielt die Zeit bzw. ihre Strukturierung für Doppelkarriere-Familien tatsächlich eine ganz besondere Rolle.

Seit Mitte der 2000er Jahre begannen dann etliche Soziologinnen und Soziologen im Rahmen von Forschungsprojekten der Deutschen Forschungsgemeinschaft an der Universität Dortmund das Phänomen systematisch zu beforschen. Als Markstein in der Auseinandersetzung mit dem Thema kann der von Heike Solga und Christine Wimbauer 2005 herausgegebene Sammelband »Wenn zwei das Gleiche tun …« gelten. Dieses Buch ging aus einer Arbeitsgruppe auf dem 32. Kongress der Deutschen Gesellschaft für Soziologie im Oktober 2004 in München hervor. Diese Publikation widmet sich allerdings dem Phänomen in betont kritischer Absicht: Obwohl beide Partner_innen von Dual Career Couples das Idealbild einer egalitären Partnerschaft verfolgen, ergibt sich im Verlauf ihres Zusammenlebens doch ein erhebliches Maß an Ungleichheit. Diese Ungleichheit lässt sich nach Meinung der Autorinnen auf zwei Fragestellungen zuspitzen:

– Gehen mit der Gleichheit des Bildungsniveaus auch gleiche Chancen im Arbeitsmarkt einher?
– Und wie wird die in der Partnerschaft entwickelte Gleichheit/ Ungleichheit paarintern hergestellt und begründet?

Die Mehrzahl dieser Untersuchungen zeigt, dass die Paare ihre Partnerschaft zwar egalitär starten, mit der Geburt von Kindern aber meistens

traditionelle Rollenmuster einrasten. »Aus Partnerinnen werden Mütter, konfrontiert mit hoher Erwartung an familiale Verfügbarkeit; aus
Partnern werden Väter, konfrontiert mit hoher Erwartung an monetäre
familiale Versorgungsleistungen« (Solga u. Wimbauer, 2005, S. 3). Die
Untersuchungen zeigen außerdem, dass sich diese traditionellen Rollenmuster bei Mobilitätsentscheidungen bzw. bei berufsbedingtem Umzug
in der Regel zu Gunsten des Mannes noch vertiefen.

In neueren Untersuchungen wird allerdings deutlich, dass an dieser
Retraditionalisierung meistens das gesamte Umfeld mit Vorgesetzten,
Arbeitskolleg_innen, Großeltern usw. beteiligt ist. Denn Doppelkarrierepaare, besonders wenn sie augenscheinlich glücklich sind, erzeugen bei
Paaren in traditionellen Partnerbeziehungen, oft erhebliche Dissonanzen,
weil dann nämlich die Frauen, die das Hausfrauenmodell leben, wieder
mit der Enttäuschung über ihren eigenen Karriereverzicht konfrontiert
sind. So zeigt sich bei Durchsicht der einschlägigen Literatur insgesamt,
dass DCCs ohne Kinder als viel weniger prekär gelten und dementsprechend viel seltener thematisiert werden, denn mit der Geburt von
Kindern wird ja die Ungleichheit zwischen Mann und Frau erst deutlich.

Die Vorteile von Doppelkarrierepaaren

Carlisle (1994) betont, dass die Komplexität von Familie und Partnerschaft bei DCCs im Vergleich zu traditionellen Familien zwar enorm
ansteigt, wenn diese Komplexität aber bewältigt wird, tun sich besondere Vorteile auf. Für die Paare scheinen sie vorrangig in immateriellen
Potenzialen zu liegen. So berichteten die von Carlisle Befragten zu 77 %
eine *hohe Selbstachtung*. 58 % der Befragten gaben an, dass sie sich auch
durch den Partner in angenehmer Weise *anerkannt* fühlen. 58 % betonten,
dass sie einen *größeren Zusammenhalt* erleben und 48 % bemerkten ein
verbessertes Kräftegleichgewicht. Und 48 % der Befragten hoben noch
die *vermehrte Autonomie* der Partner hervor. Das heißt, »dass Doppel-
karriere-Beziehungen nicht nur Lebensformen zur Optimierung von
Erfolg sind, sondern auch zur Generierung von Lebensqualität« (Clement u. Clement, 2001, S. 6). Unter Bezugnahme auf Hobfall und Hobfall (1994), die auch Selbstwirksamkeit, Selbstwertgefühl und Intimität als
Vorteil von DCCs in den Vordergrund stellen, meinen Ute und Ulrich
Clement, dass Doppelkarrieren, wenn sie denn funktionieren, sogar zur
Generierung von besonderen psychischen Ressourcen dienen können.

Im Übrigen ergeben sich in solchen Partnerschaften auch *faktische
Vorteile:* Sie haben *mehr Geld zur Verfügung*, wodurch sich auch mehr

finanzielle Möglichkeiten für sie selbst und für die Kinder ergeben. Sie haben dadurch generell *mehr Optionen für einen gehobenen Lebensstil.* Aufgrund der Einkommenssituation besteht außerdem ein gutes *finanzielles Polster für die Altersvorsorge* und für die Ausbildung der Kinder, für deren Auslandsaufenthalte usw. Im Übrigen ergibt sich aufgrund der Einkommensverhältnisse auch die Möglichkeit *vielfältiger kultureller Bereicherung* durch Reisen und andere Aktivitäten. So berichteten die Befragten, dass das gesamte Familienleben potenziell *mehr Tiefe und mehr Breite der Lebenserfahrungen* bereithalte.

Die Themen von Dual Career Couples

Wie Ute und Ulrich Clement (2001) unter der Überschrift »Lob der traditionellen Ehe« etwas sarkastisch anmerken, erweist sich das klassische »Hausfrauenmodell« (Pfau-Effinger, 2000) trotz aller Bemühungen um Frauenemanzipation als überaus robust. Erstaunlich viele Paare verständigen sich nämlich trotz gleicher Ausbildungsniveaus nach der Geburt von Kindern eben doch auf eine traditionelle Rollenaufteilung mit all ihren Vor- und Nachteilen. Das heißt, sie »plumpsen« in die gesellschaftlichen Schablonen hinein.

Doppelkarriere-Familien befinden sich dagegen in einer »anspruchsvollen« Kooperationsgemeinschaft, weil sie laufend über eine Vielzahl von Themen konferieren müssen. Im Prinzip unterliegen sie wie viele formale Doppelspitzen in Unternehmen dem Zwang zur Konsensfindung. Im Falle laufend divergierender Positionen könnte nämlich die Partnerschaft ebenso wenig überleben wie eine Firma, in der zwei gleichberechtigte Chefs ständig unterschiedlicher Meinung sind. Im Übrigen würden die Kinder, als der »so genannte dritte Teil der Konstellation« ebenso konfus reagieren wie unterstellte Mitarbeiter_innen, die einer ständig streitenden Doppelspitze in Gestalt ihrer Vorgesetzten ausgesetzt sind (Schreyögg, 2004). Die Partner müssen ja alle Karriereentscheidungen mit dem Familienleben in Einklang bringen und umgekehrt das Familienleben mit den Karrieren. Aus diesem Grund ergibt sich im Vergleich zu traditionellen Paaren eine enorme Breite an Themen, die gemeinsam verhandelt werden müssen. Sandra Morgan (1985) hat diese Themen in fünf Kategorien unterteilt:

1. So ist zu diskutieren, ob nach der Familiengründung die eine oder die andere *Karriere* unterbrochen werden soll oder ob es irgendwelche Einschränkungen für die Kinder mit sich brächte, wenn beide Karrieren fortgeführt würden. Als wichtiger Diskussionspunkt wurde auch

die generelle Einstellung bzgl. einer Balance zwischen Karriere und
Familie genannt. Und natürlich wurde auch die Priorität der beiden
Karrieren als Diskussionspunkt beschrieben.

2. Für jedes Doppelkarrierepaar mit Kindern stehen laufend Fragen
der *Kinderbetreuung* zur Diskussion: Da geht es zum einen um die
Suche und die Auswahl von Betreuern, ihr Alter, ihre Persönlichkeit,
das Ausmaß ihres Engagements und natürlich die Finanzierbarkeit.
Ein anderes Thema, das besonders oft kontrovers diskutiert wird, ist
die mit den Kindern gemeinsam zu verbringende Zeit. Und es wird
diskutiert, wer welche Aufgaben mit den Kindern zu erledigen hat,
wer also das Kind zum Kindergarten, zur Klavierstunde usw. bringt.

3. Auch die *Hausarbeit* enthält für Doppelkarrierepaare kontroversen
Gesprächsstoff: Wie nämlich sollen die Aufgaben verteilt werden? Ist
eine Haushaltshilfe, ein Fensterputzer_in, ein Gärtner usw. zu enga-
gieren, in welchem Umfang und zu welchem Preis? Wer ist für das
allgemeine Hausmanagement zuständig, es zu erledigen oder seine
Erledigung zu organisieren bzw. zu überwachen? Wie werden die
Mahlzeiten, die Reinigung, die Wäsche und der Einkauf organisiert?
Außerdem ist zu klären, wer für den Garten, für Reparaturen, für
Arztbesuche der Kinder und ähnliches zuständig ist.

4. Im Verlauf der inhaltlichen Diskussionen fallen *beziehungsrelevante
Themen* an. Das heißt zunächst, das Paar muss metakommunizie-
ren, sich also mit seiner eigenen Kommunikation auseinandersetzen.
Und es muss sich in geeigneter Weise mit der Konkurrenz zueinander befassen. Das wird zwar selten sehr offen geschehen, wenn
das Konkurrenzthema aber dauerhaft verleugnet wird, trägt das zur
Entstehung von untergründigem Konfliktpotenzial bei, das sich in
anderen Bereichen etwa als Problem in der Sexualität äußern kann.
Besonders viel wird natürlich über gemeinsam zu verbringende Zeit
diskutiert, wie viel oder wie wenig Zeit sich die Partner füreinander
nehmen. Und schließlich steht in Frage, wie viel Zeit sich jeder für
sich selbst genehmigen kann.

5. Als *übergreifende Themen* finden sich bei jedem Doppelkarrierepaar
Fragestellungen, die Geld betreffen (wie soll das verdiente Geld ver-
wendet werden), das Zeitmanagement (wer ist wann für was zuständig),
Stress (wie lässt er sich minimieren) und Überlastung (wie lassen sich
Aufgaben »gerechter« verteilen). Cornelia Behnke und Michael Meuser (2006) zeigen, dass sich berufliche Sinnsysteme auch im familiären
Bereich niederschlagen. So ist das Verhältnis zum Kind stärker ratio-
nal bestimmt als bei traditionellen Paaren. Priddat (2001, S. 97) spricht
gar von einer »Logistik der Kinderbetreuung«. Das heißt, eine gut
funktionierende DCC-Familie wird auch zum Organisationsprojekt.

Besondere Problembereiche

Aus dem Bisherigen ergibt sich, dass DCCs eine ganze Reihe von Problemfeldern und damit verbundene Konflikte zu bewältigen haben. So ermittelte Wayne Carlisle (1994) im Rahmen einer Befragung von US-amerikanischen Doppelkarrierepaaren, dass 82 % Arbeitsüberlastung beklagten. 63 % gaben an, weniger Zeit für die Partnerschaft zu haben. 28 % beklagten Rollenkonflikte, 21 % einen verlangsamten Karriereprozess und 14 % erlebten geschäftlichen Druck. Was aber nun im Einzelnen Probleme macht, differenzierten Falkenberg und Monachello (1990) in zwei zentrale Stressbereiche von DCCs: Interaktion/Verhalten und Identität/Einstellungen.

Interaktion/Verhalten

Als sehr wesentlich betonen diese Autoren im Bereich der Interaktion und dem Verhalten der Einzelnen *Rollenüberlastung.* Damit meinen sie Entscheidungsprobleme, in welche Rolle die meiste Zeit, das meiste Engagement und die meiste Verantwortung investiert werden soll. Von diesen Problemen berichten mehr Frauen als Männer, ob sie nämlich mehr in die Mutterrolle, in die Rolle der Gattin oder in ihre Karriererolle investieren sollen. Deshalb erleben Frauen auch insgesamt mehr innere Konflikte. Ein anderes Problem betrifft *Rollenwechselschwierigkeiten,* das heißt, wie kann der Wechsel zwischen dem beruflichem Umfeld, dem partnerschaftlichen und dem häuslichen Bereich möglichst flüssig gehandhabt werden? Und welche Schwierigkeiten treten in den jeweiligen Rollen auf? Wie ist der *Haushalt* organisiert? Wer hat welche Verantwortlichkeiten? Und wie wird die Rollenverteilung erlebt? In den Rollen *Elternschaft/Beziehung zu den Kindern* stellen sich Fragen, wie die Rollenverteilung zwischen den Partnern ist und wie die zeitliche Aufteilung in Bezug auf die Erziehung der Kinder? Außerdem steht die Frage an, wie viel Zeit insgesamt mit den Kindern verbracht wird? Eine weitere Rolle betrifft das *Finanzmanagement.* Wer verdient wie viel? Wie wird mit dem Einkommen umgegangen? Für was wird es ausgegeben oder gespart? Wie werden die Entscheidungen getroffen?

Identität/Einstellungen

In der zweiten Stress-Kategorie sind *psychologische Belastungen durch Intra- und Interrollenkonflikte* gemeint. Wie werden die verschiedenen

Rollen von Partnerschaft, Karriere, und Elternschaft wahrgenommen, gewichtet und beurteilt? Wie stehen die Partner zu ihrer eigenen Karriere und zu der Karriere des Partners? Welchen Stellenwert hat die Partnerschaft? Welche Wahrnehmungsunterschiede bestehen bezüglich der Rollen zwischen den Partnern? Hier können sich auch Divergenzen in den Einstellungen zum Lebensstandard ergeben. Welche Ansprüche werden an die Höhe und die Qualität des Lebensstandards gestellt? Wie sind die Möglichkeiten und wie der Wille zur Verwirklichung dieser Wünsche? Wie ist das soziale Netzwerk der Familie? Welche Einstellungen kommunizieren nahe Verwandte, Bekannte und Freunde? Wie wird die Doppelkarrierepartnerschaft am Arbeitsplatz von Kollegen und Vorgesetzten beurteilt? Spielt Normendruck eine Rolle? Gibt es gesellschaftliche Normen, die dem Selbstverständnis der Individuen nicht entsprechen und die doch Druck auf den einen oder anderen Partner ausüben?

Ute und Ulrich Clement (2001) unterscheiden demgegenüber bei Doppelkarrierepaaren zwei Konfliktachsen: Konflikte des Beruf-Familie-Übergangs (Außen-innen-Schnittstelle) und Konflikte des partnerschaftsinternen Ausgleichs (Innen-innen-Schnittstelle).

Konfliktachse außen/innen: Zeitkonkurrenz und Kulturkonflikt

Bei DCCs ergibt sich immer eine *Zeitkonkurrenz* zwischen Beruf und Familie. Denn bei anspruchsvollen Tätigkeiten, die nur begrenzt zu routinisieren sind, ist die Arbeitszeit oft nicht genau zu kalkulieren. Verantwortliche Tätigkeiten, die man zumeist mit persönlichem Ehrgeiz ausfüllt, werden selten als »fertig« definiert. So ist etwa die Forschungsarbeit in einem biochemischen Labor nie wirklich beendet. Man hat immer ein Argument länger und noch länger in dem Labor zu bleiben. Im Übrigen enthalten viele anspruchsvolle Tätigkeiten ein erotisierendes Element. So sprechen auch Kasper et al. (2002) von der »Erotisierung des Managements«. Clement und Clement (2001, S. 3) sprechen ganz ähnlich von dem »euphorisierenden High-Gefühl, in Zentren ökonomischer oder politischer Macht halbe Nächte durchzuarbeiten, hochverantwortliche chirurgische Notoperationen nach Nachtdiensten mit Schlafdefizit durchzuführen, wissenschaftliche Versuchsreihen am Wochenende durchlaufen zu lassen, mit Jetlag aus einer transatlantischen Konferenz in eine entscheidende Sitzung zu eilen – das Bewusstsein am schnell pochenden Puls der Welt zu sein, übt einen magischen Sog aus …« Wer hat denn Lust angesichts solcher Herausforderungen nach Hause zu eilen, um ein schreiendes Baby zu wickeln und zu füttern? Aus diesem Grund ergibt sich bei

Karrierepaaren schnell eine Priorisierung der Karriere zu Ungunsten der Familie. Wenn diese Tendenz vertieft wird, entsteht zunehmend Distanz zur Familie. Das dadurch (zumeist auf Seiten der Männer) entstehende emotionale Defizit wird vielfach durch eine Verdichtung von Beziehungen am Arbeitsplatz aufgefüllt. Hier fühlen sie sich total verstanden, denn hier teilt man ja die Sorgen um die Sache. So kann die Ehe mit der Doppelkarriere-Partnerin schnell ins Wanken geraten.

Arlie Hochschild (2002) zeigt anhand amerikanischer Verhältnisse, wie sich bei Doppelverdienern oft ein regelrechter Zeitkrieg ergibt. Wenn beide Partner, Mann und Frau, darauf bestehen, dass ihre Karriere zentral wichtig ist, geht keiner von beiden mehr nach Hause. Die Kinder werden dann den Kindermädchen überlassen.

Diese Priorisierung von Karrierebelangen steht auch auf der Basis eines *Kulturkonflikts*. Arbeitswelten weisen andere Sinnsysteme auf als Familienwelten. Und in unserer Gesellschaft ist eine grundsätzliche strukturelle Dominanz der Erwerbsarbeit gegenüber der Familienarbeit festzustellen (Oechsle, 2002). Das bedeutet, Arbeitszeit ist ernstliche, maskuline Zeit, sie muss ordentlich abgewickelt werden. Familienzeit dagegen gilt als Frauen- und Kinderzeit, die man verschieben kann. Wenn man heute keine Zeit hatte wegen dringender Arbeiten mit dem Kind zu spielen, kann man es ja leicht auf morgen oder übermorgen verschieben. Es drängt ja nicht. Diese beiden Welten können allerdings ernstlich aufeinander stoßen, wenn etwa ein Kunde auf dem Handy wegen eines wichtigen Termins anruft und gleichzeitig das Kind weint, weil es sich verletzt hat.

Arlie Hochschild (2002) weist noch auf einen anderen Kulturunterschied hin: Im Berufsleben, soweit es sich in Organisationen vollzieht, findet jeder der Partner eine bereits bestehende Struktur vor, innerhalb derer er sich bewegen kann. Selbst wenn diese Strukturen heutzutage zunehmend durch Entbürokratisierungen labilisiert werden, sind sie doch noch stützender als die Situation zuhause. Im häuslichen Milieu bestehen keine anonymisierten Vorabstrukturen, sie müssen von den Eltern erst selbst erschaffen und dann aufrechterhalten werden. Das heißt, die vergleichsweise wohlgeordnete Welt der Arbeit kontrastiert vielfach mit dem Chaos zuhause, das immer wieder neu gebändigt werden muss.

Konfliktachse innen/innen

Die Innen-innen-Konflikte betreffen nun die Konflikte innerhalb der Paarbeziehung. Hierbei geht es immer um Zuständigkeiten. Wer übernimmt dauerhaft welche Verantwortung in der Familie für was? Hier schlagen zunächst psychodynamische Merkmale durch. Wenn ein Teil des Paares, der besonders extravertiert oder narzisstisch ist, sich besonders gerne in der Öffentlichkeit durch Vorträge usw. produziert, wird er oder sie kaum Lust haben, zuhause die weniger sensationellen Vorgänge, die mit Haushalt und Kinderbetreuung zusammenhängen, zu erledigen. So ergibt sich dann eine schleichende Asymmetrie zwischen dem Paar. Ein Teil investiert immer mehr Zeit in die Präsentation nach außen, der andere Teil ist bereit, das Familiensystem im Hintergrund zusammenzuhalten.

Hier schlagen nach Meinung von Clement und Clement immer auch geschlechtstypische Phänomene in der Partnerschaft durch. Frauen sind durch ihre Sozialisation meistens besser vorbereitet, »hintergrundsi-chernde« Aufgaben zu übernehmen. Vereinfacht gesagt, Männer sehen den *Dreck in der Ecke* meistens nicht, und es stört sie auch seltener, wenn sich die Kinder beim Essen bekleckert haben. Schon dadurch ergibt sich bei Doppelkarrierepaaren ein zumindest latentes Komplementärver-hältnis in Richtung der traditionellen Rollenverteilung. Symmetrische Paargestaltungen sind allerdings ohnedies äußerst schwierig langfristig aufrechtzuerhalten.

Das größte Problem bei Doppelkarrierepaaren scheint die *Versetzung* oder die *regionale Veränderung der Berufstätigkeit* von einem Partner. Die Paare erleben Versetzungen prinzipiell als negativ, weil sie zu stark in das private Gefüge eingreifen. Der Widerstand gegen Umzüge von Karrierepaaren wurde in den USA schon in den 1970er und 1980er Jahren belegt. In entsprechenden Untersuchungen zeigte sich, dass die Immo-bilität umso stärker ist, je höher und gleichwertiger die Ausbildung, die Erfahrungen und das Gehalt der Partner sind (Dietsh u. Walsh Saderson, 1985, zit. nach Ostermann u. Domsch, 2005). Bis heute bleibt die räumli-che Mobilität von Doppelkarrierepaaren ein gravierendes Problem. Eine Untersuchung von der Personalberatung Baumgartner & Partner (zit. nach Ostermann, 2002) ergab, dass von 100 befragten Unternehmen sich nur 10 % bei einem langfristigen Auslandsaufenthalt eines Partners_in ernsthaft um die beruflichen Möglichkeiten des anderen Partners_in bemühen. Und natürlich wissen die Unternehmen, dass sich der Wider-stand gegenüber Umzügen bei DCC's erheblich erhöht.

Unterstützung für DCC's in der Arbeitswelt

Autoren aus dem Bereich der Personalwirtschaft (Ostermann u. Domsch, 2005, S. 169) schlagen als Unterstützung zunächst die Schaffung einer offenen Kommunikationskultur vor, in der Probleme von DCC's nicht etwa nur als Privatproblem betrachtet werden, sondern wo sie als Kernstück einer qualifizierten Laufbahnberatung in den Blick kommen. In manchen Fällen erweist es sich auch als günstig, wenn der/die Partner_in in ein- und derselben Firma tätig sind. Dadurch ergibt sich oft eine flexiblere Einteilung der Arbeitszeit. In Firmen sollte es auch Workshops geben, die sich mit dem Thema der Doppelkarrierepaare befassen. Einerseits ist es für junge Karrieremenschen selbstverständlich geworden, dass ihr/e Partner_in ebenfalls beruflich aufstrebt, andererseits ist es für viele junge Paare noch immer nicht selbstverständlich, die eigenen Lebensstilpräferenzen zu formulieren, widerstreitende Lebensziele zu priorisieren und diese gleichzeitig mit denen des/der Partners_in abzugleichen. Andererseits sollten aber auch Firmenchefs begreifen, dass Mitarbeiter_innen, die im Rahmen einer DCC-Situation viele Kompetenzen im Sinne von Stresstoleranz, Organisationsfähigkeit und Verantwortungsbewusstsein erlernt haben, besonders wertvolle Mitarbeiter_innen sind.

Unterstützung von DCC's durch Coaching

Der Anlass für Coaching ist bei diesen Paaren meistens eine zu treffende Entscheidung beruflicher oder privater Art. Als krisenhaft werden dabei besonders Stellenangebote in entfernt liegenden Regionen wahrgenommen. Das Thema Doppelkarriere schält sich in seiner ganzen Breite und Komplexität aber häufig erst im Verlauf eines längerfristigen Coachings heraus. Paare, die mich bislang aufsuchten, hatten

– entweder Fragestellungen, wie sie angesichts eines Karriereangebotes für einen der Partner_innen ihr Familienleben neu organisieren können.

– Oder es stellte sich im Verlauf von Management-Coaching des/der einen Partners_in heraus, dass das Paar sein Berufs- und Privatleben noch nicht befriedigend geregelt hatte.

Nun ist zwar jedes DCC etwas anders und muss dementsprechend auch jeweils etwas anders beraten werden. Im Coaching dieser Konstellation schälen sich aber regelmäßig einige grundlegende Fragestellungen heraus:

– Welche Art hat die Liebesbeziehung des DCC's?

– Wie lässt sich eine gute Balance von Geben und Nehmen in der Beziehung schaffen?

– Wie kann man eine gute Organisation des Privaten mit einem möglichst verlässlichen Umgang mit Zeit herstellen.

Die spezifische Art der Liebesbeziehung

Bei Doppelkarriere-Paaren ist vieles wie bei zwei Geschäftspartner_
innen sachbezogen zu verhandeln. Dadurch stellt diese Partnerschaft
eine Relativierung der heute oft hoch gepriesenen romantischen Liebesbeziehung dar. In dieser steht ja das Primat der emotionalen Übereinstimmung der Partner im Vordergrund. Emotionales »Wegschwim-
men im Liebesrausch« stellt so ziemlich das Gegenteil einer gelungenen
DCC-Beziehung dar. Die »Codierung von Intimität« (Luhmann, 1982)
und dadurch auch die Bezüge zu Sexualität, zu Freundschaft und Ehe
werden hier immer durch die Notwendigkeit sachdienlicher Kooperation eingefärbt. Es lässt sich behaupten, dass die Relation von DCCs als
postmoderne Variante von Liebesbeziehungen besonders hohe Anforderungen an die persönliche Reife des/der Partners_in stellt.

Die »romantische Liebe«, als Passion, entwickelte sich nach dem
Rokoko. Jetzt wurde eine Bündelung intimer Phänomene aus Freundschaft und Sexualität üblich, die dann sogar in die rechtlich legitimierte
Form der Ehe münden sollte (Böhme, 1985). Dies geschah historisch
gleichlaufend mit der Entdeckung individueller Subjektivität, die jetzt
nicht mehr nur eine Sache des Adels war, sondern die auch für untere
Stände maßgeblich wurde (Elias, 1976). Als grundlegend demokratisierte
und symmetrische Liebesvariante treffen bei der Leidenschaft im Sinne
der romantischen Liebe zwei Menschen aufeinander, um ihre existenzielle Einsamkeit zu überwinden (Pages, 1968). Sie suchen im anderen
maximale Korrespondenz, das heißt, sie wollen sich auf ein beidseitig
entwickeltes Extremmaß intersubjektiver Verständigung einsteuern. Das
Risiko liegt hierbei in der emotionalen Überfrachtung, die nun auch noch
in einem rechtlich legitimierten Rahmen, eben in der Ehe, zu realisieren
ist. So ist die romantische Liebe immer von Enttäuschungsreaktionen
des einen oder der anderen Partners_in bedroht. Bei dieser Art der Liebesbeziehung entsteht idealerweise tiefes gegenseitiges Berührtsein vom
anderen als je einmaligem Wesen. Deshalb spielt hier auch gegenseitiger
Respekt als Leitlinie eine zentrale Rolle.

Wenn das Paar Kinder hervorgebracht hat, kann es nicht ausbleiben,
dass die jeweiligen Sozialisationserfahrungen der Partner als pädagogische Überzeugungen durchschlagen. Hier ist keineswegs immer Übereinstimmung zu erwarten, obschon heute zunehmend soziale Homo-
gamie üblich wird. Gleichheit der sozialen Herkunft und der Bildung ist
aber auch keine Garantie für die gelingende Kooperation eines Paares,
denn auch innerhalb einer bestimmten sozialen Gruppierung ergeben
sich heute höchst unterschiedliche Lebensentwürfe. So ist jedes Paar
mit Kindern gezwungen, sich laufend auseinanderzusetzen über die

jeweiligen Überzeugungen im Hinblick auf die Kindererziehung, die
Haushaltsführung usw.

Die spezifische Balance von Geben und Nehmen

Bei Paaren, die beide eine anspruchsvolle Karriere pflegen und mit
Kindern zusammenleben, ergibt sich ähnlich einer Geschäftsbeziehung
zumindest unterschwellig immer die Frage, wer wie viel in die Beziehung investiert. Diese »Aushandlungsprozesse benötigen als Grundlage Gerechtigkeits- oder zumindest Fairnessvorstellungen zwischen
den Partnern« (Clement u. Clement, 2001, S. 9). So finden zumindest
verdeckt immer Bilanzierungen zwischen den Partner_innen statt. Wie
Verdienstkonten wird innerhalb der Partnerschaft bzw. innerhalb einer
Familie ein möglichst gerechter Ausgleich zwischen individueller Schuld
und individuellem Verdienst angestrebt. Nach Boszormenyi-Nagy (1984,
zitiert nach Clement u. Clement, 2001) erwartet jedes Individuum innerhalb einer Partnerschaft Entschädigung für seinen eigenen Einsatz. Clement und Clement (2001) zitieren hierfür zwei Balance-Prinzipien: Eine
tauschorientierte Beziehung und eine gemeinsamkeitsorientierte Beziehung. Im ersten Fall prüft jeder, ob auf jedes Geben ein gleichwertiges
Nehmen erfolgt, also was jemand gibt, will er auch zurückbekommen.
Beim zweiten Prinzip ist die Logik des Gebens eine andere. Hierbei
speist jeder in ein gemeinsames Reservoire ein, zu dem beide gleichermaßen Zugang haben und damit auch die Berechtigung, sich aus diesem
zu bedienen. Das ist dann unabhängig davon, wer im Einzelnen wie viel
»eingezahlt« hat. Andererseits entstehen im Leben von Doppelkarrierepaaren immer wieder Situationen, in denen ein/e Partner_in durch vorü-
bergehende berufliche Ereignisse oder eine akademische Leistung weniger geben kann als der andere.

Langfristig werden sich allerdings Imbalancen als Konflikt auswir-
ken. Denn in vielen Fällen investiert ein Teil des Paares übermäßig viel
Zeit und Energie in die familiäre Situation. Meistens ist es die Frau, weil
sie erwartet, vom Partner dauerhaft geliebt zu werden. Das führt aber
eher zu beidseitiger emotionaler Unfreiheit als zur Etablierung einer
guten Balance.

In Krisensituationen wechselt oft einer der Partner_innen vom
Gemeinschaftsprinzip zum Tauschprinzip, das heißt, dann wird jede
Investition in die Beziehung möglichst punktgenau gegengerechnet.
Solche Aushandlungsprozesse ranken sich bei DCC's besonders oft um
die Berufszeit, das heißt, wer kann sich wie viel Zeit für seine Karriere
genehmigen.

Eine gute Organisation des Privaten und ein verlässlicher Umgang mit Zeit

Ein qualifizierter Umgang mit Zeit ist wahrscheinlich das zentrale Erfolgsgeheimnis von Doppelkarrierepaaren. Das Leben eines DCC's muss grundsätzlich ein relativ strikt geplantes Leben sein. Dabei spielt besonders die Relation von Berufs- und Privatzeit eine zentrale Rolle. Wie vor allem Arlie Hochschild (2002) in ihrer soziologischen Studie über den Umgang von Familien mit Zeit dargestellt hat, handelt es sich um einen höchst neuralgischen Punkt. Wie bereits angesprochen, neigen viele Paare dazu, Freizeit bzw. Familienzeit für dringend zu erledigende berufliche Tätigkeiten zu verwenden. Diese Zeit sollte aber Qualitätszeit sein, die man gezielt mit der Familie verbringt. Damit das gelingt, muss die Freizeit bzw. Familienzeit konsequent geplant werden. Arlie Hochschild beschreibt eindrucksvoll, wie viele Berufstätige sich mit der Planung des Berufs bereits so verausgabt fühlen, dass sie es versäumen, auch die Freizeit zu planen. Sie kommen dann aus der perfekt strukturierten Arbeit in eine völlig unstrukturierte Familiensituation. Diese können sie dann nur noch als schrecklich chaotisch begreifen. Die Idee der meisten Menschen ist: »Ich komme nach Hause und entspanne mich einfach nur.« In einer DCC-Situation mit Kindern werden sie aber meistens genau dann vom häuslichen Chaos überrollt. Das erzeugt natürlich massive Aversionen. Aus diesem Grund meint Arlie Hochschild, neigen viele Führungskräfte dazu, möglichst spät nach Hause zu gehen.

Die Notwendigkeit einer Planung von Freizeit, ist die entscheidende Basis eines soliden Familienmanagements. Hierbei ist der erste Schritt, dass sich das Paar klar wird: »Ohne Helfer geht es nicht.« Selbst wenn Oma und Opa gerne einspringen, sollten bei DCCs professionelle, also bezahlte Helfer zur Verfügung stehen. Oma und Opa kann man nämlich nicht einfach »anweisen«, wann und wie die Kinder ins Bett gebracht werden sollen usw. Verwandte sind ganz wunderbare Zusatzunterstützer. Das Familienleben funktioniert aber reibungsloser mit bezahltem Personal. Diesem muss man auch nicht ständig dankbar sein.

So beginnt die Planung bereits bei einer generellen Strukturierung des Familienlebens. Das bedeutet auch, Reinigungshilfe oder Haushälterin, Kindermädchen und andere Helfer sollten eingeplant werden. Sie sind möglichst professionell auszuwählen, anzuleiten, zu führen, bei ihrer Arbeit entsprechend zu kontrollieren und zu beurteilen. Auch der tagtägliche Feierabend sollte geplant werden. Weder Mann noch Frau sollten also nicht etwa nur die Füße hochlegen, denn die Kinder wollen auch zu ihrem Recht kommen, man soll ihnen vorlesen, mit ihnen spielen usw.

Wochenenden und die Urlaube geraten auch grundsätzlich glücklicher und befriedigender, wenn sie solide vorgeplant werden.

Je klarer die Familienzeit geplant wird, desto deutlicher grenzt sie sich zur Arbeitszeit ab, desto verlässlicher ist die Situation für die Kinder. Nichts ist für Eltern wie Kinder nervtötender, als wenn die Kinder ständig auf später vertröstet werden und sie den Eltern laufend hinterherquengeln. Kinder jeden Alters sind ausgesprochen liebenswürdig, wenn sie sich auf die Versprechen der Eltern verlassen können.

Ein »gutes« Leben eines Doppelkarrierepaares ist also ein gut geplantes Leben. Das heißt nicht, dass es nun zwanghaft zugehen muss, aber die Verlässlichkeit ist für alle ein zentraler Punkt. Wie sich vielen empirischen Untersuchungen entnehmen lässt, ist es für Kinder durchaus akzeptabel, wenn beide Eltern berufstätig sind. Wichtig ist aber, dass die Zeit, die sie mit ihren Eltern verbringen, eine gute, eine qualifizierte Zeit ist. Dann werden sie auch später gerne an diese Zeit zurückdenken.

Literatur

Abele, A. E. (2008). Karriere im »Doppelpack«. Lehrstuhl für Sozialpsychologie, Friedrich-Alexander-Universität Erlangen-Nürnberg. Vortrag in Konstanz am 19.02.2008.

Behnke, C., Meuser, M. (2003). Modernisierte Geschlechterverhältnisse? Entgrenzung von Beruf und Familie bei Doppelkarrierepaaren. In Gottschall, K., Voß. G. (Hrsg.), Arbeit und Leben im Umbruch. Mering u. München: Hampp Verlag.

Behnke, C., Meuser, M. (2006). »Wenn zwei das Gleiche wollen«. Konkurrenz und Kooperation bei Doppelkarrierepaaren. Vortrag AIM-Gender, 4. Tagung. Stuttgart Hohenheim 02.-04.02.2006.

Böhme, G. (1985). Anthropologie in pragmatischer Hinsicht. Frankfurt a. M.: Suhrkamp.

Carlisle, W. (1994). Sharing home responsibilities. Woman in dual-career-mariage. In C. Konek, I. Wolfe, S. L. Kitch (Ed.). Women and careers. Issues and challenges (pp. 138–152). Newbury Park: Sage Publication.

Clement, U., Clement, U. (2001). Doppelkarrieren. Familien- und Berufsorganisation von Dual Career Couples. Zugriff am 12.05.2014 unter www.uteclement.de/pub-doppelkarrieren.html.

Domsch, M., Krüger-Basener, M. (1992). Personalplanung und -entwicklung für Dual Career Couples (DCCs). In L. von Rosenstiel, E. Regnet, M. Domsch (Hrsg.), Führung von Mitarbeitern. Handbuch für erfolgreiches Personalmanagement (S. 561–572). Stuttgart: Schäffer Poeschel.

Elias, N. (1976). Geschichte der Zivilisation. Frankfurt a. M.: Suhrkamp.

Falkenberg, L., Monachello, M. (1990). Dual-Career and Dual-Income-Families: Do they have different needs? Journal of Business Ethics, 9, 339–351.

Geissler, B., Oechsle, M. (1994). Lebensplanung als Konstruktion: Biographische Dilemmata und Lebensentwürfe junger Frauen. In U. Beck, E. Beck-Gernsheim (Hrsg.), Riskante Freiheiten (S. 139–168). Frankfurt a. M.: Suhrkamp.

Hobfoll, S. E., Hobfoll, I. H. (1994). Work won't love you back. The Dual Career Couple's Survival Guide. New York: Freeman & Company.

Hochschild, A. (2002). Work-Life-Balance. Keine Zeit. Wenn die Firma zum Zuhause wird und zu Hause nur Arbeit wartet. Opladen: Leske + Budrich.

Kasper, H., Scheer, P. J., Schmidt, A. (2002). Managen und Lieben. Führungskräfte im Spannungsfeld zwischen Beruf und Privatleben. Bielefeld: Redline Wirtschaft.

Luhmann, N. (1982). Liebe als Passion. Zur Codierung von Intimität. Frankfurt a. M.: Suhrkamp.

Morgan, S. (1985). Working parents: Issues and strategies for family management. In V. J. Ramsey (Ed.), Preparing professional women für the future (pp. 19–34). Michigan. University Press.

Oechsle, M. (2002). Vorwort. In A. Hochschild, Work-Life-Balance. Keine Zeit. Wenn die Firma zum Zuhause wird und zu Hause nur Arbeit wartet (S. VII–XVII). Opladen: Leske + Budrich.

Ostermann, A. (2002). Dual Career Couples unter personalwirtschaftlich-systemtheoretischem Blickwinkel. Frankfurt a. M.: Peter Lang Verlag.

Ostermann, A., Domsch, M. E. (2005). Dual Career Couples: Die unerkannte Zielgruppe. In W. Gross (Hrsg.), Karriere (n) 2010. Chancen, seelische Kosten und Risiken des beruflichen Aufstiegs im neuen Jahrtausend. Bonn: Deutscher Psychologen Verlag.

Pages, H. (1968). Das affektive Leben der Gruppen. Stuttgart: Klett.

Pfau-Effinger, B. (2000). Kultur und Frauenerwerbstätigkeit in Europa. Theorie und Empirie im internationalen Vergleich. Opladen: Leske + Budrich.

Priddat, B. P. (2001). Frauen als virtuelle Unternehmerinnen: Hyper-organizations of work, life and houshold. Ein Beitrag zur Geschlechterfrage in der New Economy. Soziologica Internationalis, 39 (1), 91–117.

Rapoport, R., Rapoport, R. (1971). Dual-Career-Families. Suffolk: Bunday.

Schreyögg, A. (2004). Coaching von Doppelspitzen. Frankfurtv a. M. u. New York: Campus.

Schreyögg, A. (2013). Familie trotz Doppelkarriere. Vom Dual Career zum Dual Care Couple. Wiesbaden: Springer VS.

Solga, H., Rusconi, A., Krüger, H. (2005). Gibt der Ältere den Ton an? In H. Solga, C. Wimbauer (Hrsg.), »Wenn zwei das Gleiche tun …«. Ideal und Realität sozialer (Un-)Gleichheit in Dual Career Couples (S. 27–53). Opladen: Barbara Budrich.

Solga, H., Wimbauer, C. (Hrsg.) (2005). »Wenn zwei das Gleiche tun …« Ideal und Realität sozialer (Un-)Gleichheit in Dual Career Couples. Opladen: Barbara Budrich.

Gertrud A. Arlinghaus

Gendergerechtigkeit in Führungskultur: Spieglungseffekte im Medium des Tangos für Coaching und Beratung

Vorbemerkung

Gendergerechtigkeit, Tango Argentino, Führungskultur und Beratung, wo liegt hier die Verbindung? Unter der Prämisse »Tango Argentino als Medium in Beratungsprozessen« werden nachfolgend aktuelle Fragestellungen zur Gleichstellung und Gendergerechtigkeit mit ihren impliziten Aspekten Würde, Anerkennung und Teilhabe sowie querliegenden anthropologischen Perspektiven menschlicher Existenz und der daraus resultierenden Problematik der Lebensbewältigung hinsichtlich persönlicher, beruflicher und privater Ebenen von verantwortungsvoller Führungskultur und Wandlungsprozessen beleuchtet. Zunächst werden aktuelle Bestrebungen um Gendergerechtigkeit diskutiert und im Weiteren das schöpferische Potenzial des Tango Argentino als Medium zur Steigerung von Gendergerechtigkeit fokussiert. In diesem zweiten Teil zeigen Ergebnisse einer laufenden Studie den Tango als wandlungsunterstützende Erfahrungsquelle für Beratung, Supervision und Coaching und beispielhaft zwei auf dieser Basis konzipierte Coaching-Tools den Transfer für Führungstrainings.

Bestrebungen um Gendergerechtigkeit und kulturellen Wandel

Gendergerechtigkeit als Begriff verbindet hier die Aspekte Gender als Analysekategorie des Geschlechts in der sozialen Kultur mit dem Begriff der Gerechtigkeit und zielt auf eine Gleichberechtigung und Gleichstellung von Individuen in Anerkennung ihrer sozialen Kultur und menschlichen Würde. Einerseits geht es in einer Frage nach Gendergerechtigkeit um die Vielschichtigkeit des Menschen. In dieser Perspektive werden Fragen nach Gerechtigkeit und Gleichberechtigung, Geschlechterkonstruktionen und Konfliktkategorien, die das gesamte Spektrum menschlicher Existenz betreffen, diskutiert (vgl. Bereswill u.

Ehlert, 2010). Andererseits geht es um den Menschen in seinem Sein. Die anthropologische Philosophie fragt nach dem Menschen in Bezug auf Einheit und Mehrdeutigkeit. Sie fokussiert die Existenz des Menschen auf der Metaebene, außerhalb der Rahmungen sozialer Kultur (vgl. Plesser, 1982, 2003; Gamm et al., 2005), und sieht dennoch den Menschen, mit Bayertz gesprochen, in seiner »›Mehrdeutigkeit der wirklichen Existenz‹« (Bayertz, 2013, S. 247) und den Bedingungen des In-der-Welt-Seins (vgl. Bayertz, 2013, Gamm et al., 2005, Plessner, 2003).

Fragen nach Menschsein, nach Körper, Formen und Haltungen tauchen in Bezug auf Gleichstellung, Gerechtigkeit und Würde über die Jahrhunderte hinweg auf und spielen auch in kulturellen Erscheinungen wie dem Tango Argentino eine Rolle (vgl. Arlinghaus, 2011, 2013). Ein Augenmerk gilt hier der substanziellen Nähe innerer und äußerer Haltungen in Bezug auf gleichstellende Gerechtigkeit und Führungskraft. Ein spezifischer Blick fällt auf die Interaktionsgeschehnisse und Haltungsprämissen im Feld des Tangos und darin begründete Quellen zur Förderung einer gendergerechten sozialen Kultur.

Politische und soziale Rahmenbedingungen schreiben sich in Körper ein. Sie wirken über und auf den individuellen verbalen und nonverbalen Ausdruck auf die soziale Kultur der Menschen (vgl. Butler, 1991, Bourdieu, 1982). Bayertz verweist darauf, dass sich ein »Nachdenken über den Menschen immer auch unter konkreten politischen und sozialen Rahmenbedingungen« (Bayertz, 2013, S. 247) vollzieht. Er greift in seiner Schrift »Der aufrechte Gang« Auswirkungen menschlicher Interpretationen bezüglich der menschlichen Körperhaltung und der Gestaltung des sozialkulturellen Lebens auf (vgl. Bayerts, 2013). Die Aufrichtung des Menschen zählt als eine Ausdrucksform, mit der Menschen in der Welt gegenwärtig sind. In der anthropologischen Darstellung Bayertz illustriert sich der Einfluss auf die soziale Kultur und die Geschlechterverhältnisse in der Zeitgeschichte. Bayrerts diskutiert die Aufrichtung des Menschen, die ihm seit je in seiner Selbstdeutung als Privileg erscheint und in der Antike noch ausschließlich dem Männlichen galt. Platons Philosophie und Ethik beschreibt demnach den Mann als den aufrechten Menschen, welcher seiner Herkunft nach dem Göttlichen ähnlich sei. Ein reines Leben, das heißt gerecht, fromm und frei von Leidenschaften, ermöglicht es dem Mann schon zu Lebzeiten, der Seele göttlichen Raum zu geben. Jenen, die sich davon entfernen und der Vernunft verweigern, droht die Strafe nach dem Tod in anderer leiblicher Form, zunächst als Frau oder, bei schwerwiegenderen Vergehen, als vierfüßiges Tier oder gar ohne Füße als kriechendes Wesen auf die Erde zurückzukehren. Die Strafe geht damit einher, die Anerkennung als gottähnliches Wesen in aufrechter Haltung und über diese eine vernunftbasierte Teilhabe an

Welt zu verlieren (vgl. Bayertz, 2013, S. 46 f.). Auswirkungen des plato-
nischen Denkens sind bis in die Gegenwart spürbar. Menschen, besonders (und nicht nur) Frauen, wird nach wie vor, zum Teil auch durch
sich selbst, eine umfassende Anerkennung als würdige, mit der Vernunft
verbundene, gleichwertige Wesen mit gleichem Recht auf Teilhabe, für
ein selbstbestimmtes und selbstverantwortetes Leben vorenthalten. So
zumindest lassen sich die noch immerwährenden Bestrebungen, die sich
in den folgend angeführten Forschungsergebnissen und in aktuellen
politischen Debatten offenbaren, deuten.

Der Koalitionsvertrag 2005 der Bundesregierung Deutschland sah
nach § 2 der GGO (Gemeinsame Geschäftsordnung der Bundesminis-
terien) vor, notwendige und angemessene Instrumente zur Umsetzung
des Paragrafen, der die Gleichstellung von Frauen und Männern als
durchgängiges Leitprinzip bei allen politischen Maßnahmen verfolgt,
zur Verfügung zu stellen und in jeder Legislaturperiode einen entsprechenden Bericht vorzulegen. Maßgebliche Zielsetzungen sind demgemäß,
die Frauenerwerbsquote zu steigern, gleiche Löhne für gleichwertige
Arbeit zu gewähren und gleiche Karrierechancen und Führungspositionen in Wirtschaft, Wissenschaft und Forschung zu ermöglichen (vgl.
BRD, 2005).

Im ersten Gleichstellungsbericht des BMFSFJ (Bundesministerium
für Familie, Senioren, Frauen und Jugend) von 2011, zurückführend
auf den Koalitionsvertrag 2005, verdeutlicht sich die große Diskrepanz
gesetzter Ziele und realisierter Wirklichkeit. Die Vorschläge der Kommission zur Gleichstellungspolitik fokussieren daher unter anderem
darauf, Rollenbilder zu modernisieren und Wahlmöglichkeiten in allen
Lebensphasen zu fördern, Fehlanreize in Bezug auf die Erwerbsarbeit
zu beseitigen und gleiche Aufstiegschancen zu schaffen (vgl. BMFSFJ,
2011). Gleiche Chancen werden von der Kommission im Sinne »gleicher Verwirklichungschancen« (BMFSFJ, 2011) auf der Grundlage von
gesellschaftlichen Bedingungen und Wahlmöglichkeiten formuliert. Es
impliziert, die Menschen mit Fähigkeiten und Ressourcen auszustatten,
um ein solches Ziel zu erreichen. In der Anerkennung menschlicher
Diversität, neuer Rollenmuster in den Geschlechterverhältnissen und
daraus resultierender Tätigkeiten in führenden oder folgenden Positionen, soll eine Annäherung an die gesetzten Ziele gesucht werden.
Das formulierte Leitbild fokussiert die Befähigung zur eigenständigen
Lebensbewältigung und Lebenssicherung sowie Gleichberechtigung
und Anerkennung der Geschlechter in tradierten wie neuen Lebens-
mustern, auf einer Grundlage von guter Ausbildung und angemessenen
gesellschaftlichen Strukturen (vgl. S. 233). Der Bericht zeigt, dass es nach
wie vor Frauen sind, die beruflich wie privat zuarbeitende Positionen

bekleiden und in der Lebensspanne deutlich gefährdeter sind, in prekäre Situationen zu geraten. Obwohl Frauen hochkarätige Berufsausbildungen genießen, scheinen sie nicht immer auf eine entsprechende Lebensgestaltung vorbereitet, welche auch Bezug nimmt auf innere Prozesse. Möglicherweise wirken hier nach wie vor sprachlich einschreibende Konstruktionen, wie sie durch Judith Butler (1991) diskutiert und seither in Debatten um Gendergerechtigkeit einfließen (vgl. Butler, 1991). Es bleibt zu fragen, wie ein Wandel verinnerlichter Konzepte bezüglich einer gendergerechten Selbst-, Beziehungs- und Führungskultur unterstützt und ermöglicht werden kann.

Neben dem beeinflussen und begrenzen externe Prozesse in Bewerbungs- und Berufungsverfahren die Aufstiegschancen von Frauen. Trotz der freiwilligen Vereinbarungen zwischen Politik und Wirtschaft werden Frauen immer noch führende Positionen vorenthalten. In der Privatwirtschaft sei zwar »der Frauenanteil in der ersten und zweiten Führungsebene von 1995 bis 2010 kontinuierlich gestiegen (von 8,2 Prozent auf 19,6 Prozent), aber der Anteil weiblicher Topmanager bei großen Unternehmen mit mehr als, 20 Millionen Euro Umsatz stieg lediglich von 3,2 Prozent auf 5,9 Prozent« (BMFSFJ, 2011, S. 237). In der Gesamtarbeitszeit dominiert bei den Männern immer noch die haushaltsexterne Erwerbsarbeit, bei den Frauen dagegen die haushaltsinterne Haus- und Sorgearbeit, aus denen in der Folge geschlechtsspezifische Ungleichheiten bis ins Rentenalter resultieren (vgl. BMFSFJ, 2011, S. 237 f.). Tradierte Rollensterotype und Zuschreibungsprozesse verzahnen sich mit den durch Oelkers und Richter (2010) benannten sozial- wie wohlfahrtsstaatlichen Maßnahmen, welche ihrerseits, so die Autorinnen, unterschwellig formulierten Bestrebungen entgegenwirken. Soziale Risiken und prekäre Lagen von Frauen verschieben sich demnach über neue politisch initiierte Sozialarrangements ins Private, da wohlfahrtsstaatliche Strukturen nicht mehr greifen und Verantwortlichkeiten auf die einzelnen Individuen zielen (vgl. Oelkers u. Richter, 2010, S. 15). Und selbst Frauen, die es vermeintlich geschafft haben, berufliche Karrieren zu starten, erleben sich, so Schlüter (2006), nicht selten in konkurrierenden statt anerkennenden Kulturen (vgl. Schlüter, 2006, S. 13). Ihnen wird, nach Henn (2009), mit Hilfe von negativen Zuschreibungen sowie Missgunst und Anfeindungen statt Ehre der Aufstieg erschwert (vgl. Henn, 2009, S. 5). Schweer (2009) verweist auf geschlechtstypische Wahrnehmungsmuster, die neben strukturellen Barrieren im »Glasdeckeneffekt« wirken (vgl. Schweer, 2009, S. 164). Eingeschliffene Strukturen und Muster, unterschiedliche Konkurrenzverhalten und anders gewichtete Führungseigenschaften, nach Henns Analyse sind es Durchsetzungskraft und Belastbarkeit bei Männern und Flexibilität und Teamorientierung bei Frauen, reproduzieren alte Strukturen. Den tradierten Mustern und »männlichen Gewichten« wird mehr Vertrauen geschenkt (vgl. Henn, 2009, S. 5).

Die Realität zeigt, bezüglich der Gleichstellung der Individuen, noch große Diskrepanzen, obwohl die rechtlichen Grundlagen eine solche vorsieht und ein Bedarf der Gesellschaft am Humankapital aller Mitglieder wächst. Entsprechend fordert die Kommission zur Gleichstellungspolitik: »Der Anteil von Frauen in Führungspositionen muss erhöht werden« (BMFSFJ, 2011, S. 242). Mit politischen Mitteln soll die Gleichstellung gefördert und teils erzwungen werden. Der aktuelle Koalitionsvertrag, am 16. Dezember 2013 von der SPD CDU und CSU unterzeichnet, sieht ab 2016 in börsennotierten und mitbestimmungspflichtigen Unternehmen und Aufsichtsräten die lang geforderte 30 % Quotenreglung vor und will Maßnahmen zur Förderung der Frauen in der Privatwirtschaft in allen Ebenen einführen und auch im wissenschaftlichen Führungsbereich die 30 % erreichen. Ziel ist es, die Gleichstellungspolitik voranzutreiben, eine Entgeltungleichheit abzubauen und eine geschlechtergerechte Berufswahl zu forcieren (BRD, 2013). Die bekundeten Wandlungswünsche vollziehen sich zähflüssig, obwohl zunehmend Fachkompetenzen aller Individuen gebraucht wird und Kooperation nach Buer (2009) seit Jahrhunderten den Gemeinschaften ein Überleben sichert (vgl. Buer, 2009, S. 447 ff.).

Fraglich bleibt, wie neben politisch gesetzten, umstrittenen Quotenregelungen, nicht nur für einen angestrebten Nutzen bezüglich des Humankapitals, sondern für eine gerechte und würdige Anerkennung aller Menschen, Einstellungsveränderungen erzeugt und ein Wandel eingeschriebener Strukturen bewirkt werden können, und sich nicht nur die Vorzeichen hegemonialer Machtgefüge ändern.

Die Eroberung, der den Minderheiten vornehmlich vorenthaltenen Räume, läuft unter anderem Gefahr ehemalige Asymmetrien von Herrschafts- und Dominanzgebärden ins Gegenteilige zu kehren. Gegenteilige Asymmetrien und verzerrte Zuschreibungen erzeugen in gleicherweise wie alte Muster erneute Macht- und Herrschaftsverhältnisse sowie eine weitere trennende Sichtweise zwischen fokussierten Polen oder Kulturen (Frau und Mann, Ost und West, führend und folgend usw.). Sie lassen eine tradierte Beziehungs- und Wertekultur in unveränderter Art bestehen und entbehren einen tiefgründigen kulturellen Wandel. Nach Watzlawik (2005) lassen sich Wandlungsprozesse in Prozesse der ersten und zweiten Ordnung differenzieren. In Prozessen der ersten Ordnung bleibt alles beim Alten, je mehr es sich ändert. Erst ein Wandlungsprozess zweiter Ordnung, der eine Diskontinuität oder einen logischen Sprung darstellt, eher unlogisch wie paradox erscheint, und sich gegen die versuchte Lösung und sich nicht gegen die Schwierigkeiten stellt, erzeugt einen Wandel, welcher das System selbst ändert (vgl. Watzlawik, 2005, S. 20, 30 f., 103). Lösungen zweiter Ordnung entstehen in alltäglichen Prozessen, im Gegenwärtigen und der Frage nach dem ›Was‹ im Kontext erweiternder Rahmen, welche den Fokus nicht mehr auf das ursprüngliche Problem richten oder in der Suche nach Vergangenheitsbewältigung und der Frage nach dem ›Warum‹ verharren (vgl. Watzlawik, 2005, S. 105). Was also wären erweiternde Rahmen in Bezug auf Genderfragen und dem Wunsch nach Gendergerechtigkeit? Wäre es denkbar, Fragen nach dem Menschen, wie sie die anthropologische Philosophie stellt und wie sie unter anderem Plessner (2003) in seiner Conditio humana diskutiert, das heißt den Menschen in seinen Möglichkeiten und seiner Balance zu sich und zur Welt, aufzugreifen und damit den Fokus nicht mehr auf trennende Aspekte von Mann und Frau zu lenken, oder stellt es nur einen weiteren Aspekt der gleichen Ebene dar? Und lässt sich möglicherweise die durch Butler (1991) in den Blick genommene Frage nach dem Was bezüglich der Sprache als einen erweiternden Rahmen im Sinne der zweiten Ordnung darstellen, während der Fokus auf sprachlich stigmatisierende männlich oder weiblich konnotierter Zuschreibungsprozesse (vgl. Butler, 1991) den Blick wieder auf das ursprüngliche Problem lenkt? Und erzeugt dieser Blickwinkel möglicherweise erneut über die Frage nach dem Warum, sich reproduzierende eingeschriebene Muster der Beziehungskulturen, die überwunden werden wollen?

Gendergerechtigkeit impliziert nach Kahlert (2003) die Aspekte der Würde, Anerkennung und Entfaltungsfreiheit, gleicher Rechte und Teilhabe (vgl. Kahlert, 2003, S. 32). Diese Aspekte sind auf zwiefache Weise lesbar, in einer selbst- und fremdvermittelnden Form, das heißt erstens als Selbstberechtigung und Selbstanerkennung mit einer selbstvermittelten Würde sowie einer selbstinitiierten Teilhabe an Welt, und zweitens als Andere anerkennend oder durch Andere in gleicher Weise anerkannte Wesen. In diesem Sinne führen die Aspekte unter anderem zurück auf anthropologische Prämissen, unabhängig vom Geschlecht. Der Ausdruck Würde bezeichnet beispielsweise neben der Wertigkeit und Anerkennung einer gesellschaftlichen Position oder Alterszugehörigkeit die innere Qualität dessen, dem Würde zukommt, bezüglich der Eigenschaften, Gesinnungen und Verhaltensweisen sowie im Unterschied zu anderen Lebewesen (vgl. Mürel u. Röh, 2013, Deutsches Wörterbuch). Diese Lesart impliziert keinerlei Bedingungen an dem Wert eines Menschen für die Gesellschaft, sondern dass die Würde des Menschen dem Menschen von jeher zu Eigen ist und vom Menschen selbst einen Ausdruck erfährt. Entsprechend ist sie ein Teil des Individuums. Das Individuum kann sich dieser Würde allenfalls selbst berauben, nicht aber von anderen ihrer beraubt werden.

Dennoch sind Menschen geneigt, nicht nur dem anderen Individuum, sondern auch sich selbst verachtend zu begegnen. Sich dagegenzustellen und sich selbst anzuerkennen wie vermittelnd zu positionieren, stellt mit Plessner gesprochen Gerechtigkeit und Würde wieder her (vgl. Plessner, 2003, S. 108). Sich selbst offen und vermittelnd zu positionieren, eine solche Form drückt sich laut einer aktuellen Studie zum Medium Tango in Entwicklungs- und Bildungsprozessen, nonverbal in einer inneren wie äußeren Haltung, einer Form präsenter Aufrichtung aus. Diese ermöglicht eine offenere Wahrnehmung und klarere Orientierung (vgl. Arlinghaus, 2013). Der angeführte Aspekt der aufgerichteten Haltung, der ursprünglich dem Männlichen oblag (vgl. Bayertz, 2013) und mit Butler (1991) und Bourdieu (1982) gesprochen einschreibende, habitualisierende Wirkungen zeigt, offenbart sich im Tangotanz als ein leitendes Prinzip für alle Beteiligten und alle Rollen und als eine leiblich unterstützende Form, die jedem teilhabenden Geschlecht einen Zugang zu erweiternden Möglichkeiten ihres Selbst im Menschsein bietet.

Tango Argentino – ein Medium

Kulturfakte (Artefakte, Mentefakte, Soziofakte) das heißt beobachtbare Ergebnisse künstlerischer Gegenstände, mentaler Begründungen oder interaktiver Akte, entstehen durch schöpferisches Potenzial. Es ist naheliegend zu untersuchen in welchen Aktivitätsfeldern und Interaktionsgeschehen der Mensch innerhalb alltäglicher sozialer Kultur Gendergerechtigkeit bereits lebt, oder eine Solche im Ansatz vorhanden ist, um diese Formen behutsam aufzugreifen und zu mehren. Wie solche Formen als unterstützende Mittel genutzt werden können, ohne ihr schöpferisches Potenzial zu verlieren und verengt oder dogmatisch instrumentalisiert zu werden, muss an dieser Stelle noch offen bleiben.

In einer laufenden qualitativen Studie[1] untersucht die Verfasserin, im Feld des Tango Argentinos, Verbindungslinien zwischen der Tangokultur und alltäglichen Lebensfeldern. Tango Argentino, eine nach Klein (2009) mehr als hundertjährige Kultur -und Bewegungspraxis, zeigt sich als ein Medium zur Erprobung wohltuender Lebensart. Durch die Rekonstruktion biografischer Entwicklungsprozesse von Tangoexperten_innen (vgl. Arlinghaus, 2011), in Anwendung des episodischen Interviews und Auswertung nach der Grounded Theory, ließen sich deutliche Verschiebungs- und Wandlungseffekte bezüglich modifizierter Rollenvorstellungen und

---

1   Das Projekt ist näher beschrieben in Arlinghaus (2011).

erweiternden Einstellungen, mit Auswirkungen auf balanciertere Handlungsweisen in den Geschlechterverhältnissen ermitteln. Der Tango bietet demnach ein nicht alltägliches und geschütztes Feld zum Probehandeln.

> »Ich glaube, dass das Tangotanzen auch wirklich eine ganz große Chance bietet, Geschlechterrollen probehandelnd mal auszuprobieren, was in der ganz normalen Geschlechterrollensozialisation abgeschnitten wird, nicht zugelassen ist, nicht gefördert wird und so. […] da liegt ne ganz große Chance, als Mann und Frau ganzheitlich zu werden, und zwar in 'ner Form, wie ich mich in meiner Geschlechterrolle einrichten will', und nicht wie ich zu sein habe als Frau oder als Mann. Also mich auch noch mal neu zu erfinden« (I. B. §99).

Die gelebte Interaktionsform des Tangos wirkt wandlungsunterstützend auf Geschlechterrollen. Durch den Rollen- und Perspektivwechsel zeigen sich der Studie zufolge Veränderungen in den Dominanzgebärden, Stärkungen des Selbstbewusstseins und Verschiebungsprozesse von Ängsten. Die Prozesse wirken feldübergreifend auf die alltägliche Praxis.

Aspekte von Gendergerechtigkeit und Tango?

Würdigung, Anerkennung, Selbstberechtigung und Teilhabe stellt sich als ein aktiver innerer Gestaltungsakt dar, das heißt, das Individuum verbindet sich zum Facettenreichtum seiner selbst oder zu dem des anderen, statt zu negieren. Daraus resultiert, dass das Individuum der gegenwärtigen Verschiedenheit von »Wie erlebe ich mich oder dich?« anerkennt und dieser Art des Seins, das heißt zu denken, zu fühlen, zu ahnen, zu erleben Ausdruck verleiht und dem erlebten Ausdruck Achtung schenkt. Die Aspekte von Würde, Anerkennung und Freiheit lassen sich in dieser Lesart nicht verfügen, auch wenn politische Reglungen sie realisieren helfen können. Die Handlung der Anerkennung und Würdigung und die damit einhergehende Freiheit stellen sich vielmehr ätherisch, das heißt flüchtig, nicht substanziell greifbar, dar. Sie entwickeln sich in den Zwischenräumen menschlicher Intra- und Interaktionsprozesse und finden sich nur als etwas Wahrzunehmendes und etwas sich Zeigendes. Eine würdige wie freie Teilhabe, die sich in den Auseinander- und Ineinandersetzung mit Welt zeigt, wird nicht zuletzt durch Selbstermächtigung und Anerkennung der Individuen, in ihren Bedürfnissen und Austauschprozessen, sowie der rahmenden Bedingungen beeinflusst. Gendergerechte Lebensart stellt sich in sämtlichen Lebensbezügen als Herausforderung zum Üben dar.

»Ja, also auch sehr bewusst. Ich hab es früh angefangen, nachdem ich zwei Jahre Tanzerfahrung hatte, hab ich angefangen, systematisch auch die führende Rolle zu lernen. Es war eigentlich aus der Not geboren, […] dann hab ich gedacht, wenn die Männer nicht wollen und wenn die Männer lieber mit 25-jährigen blonden Frauen tanzen, dann muss ich irgendwann mal dafür was tun, dass ich selber entscheiden kann, ob ich tanzen will oder nich. […]. Wobei ich mich zunehmend dann freue darüber, wenn Frauen in Dialog mit mir einsteigen, zu der Musik so. Ja, Führen und Folgen, was bedeutet das für mich. Ich glaube nich, dass ich einen Nachholbedarf hatte an Fähigkeit, als Frau auch zu bestimmen. Ich denke, da bin ich in meiner Persönlichkeit sehr straight, zielorientiert und agiere auch mal andere mitnehmend. Die führende Rolle zu lernen, hat andere interessante Aspekte noch mal mit sich gebracht. Also A die Musikinterpretation, dann aber auch so Sachen, die mir ganz wichtig sind, dass die Frau, mit der ich über die Tanzfläche gehe, auch ein Mann, den ich führe, sich auch vertrauensvoll sich mir anvertrauen können, weil sie auch die Erfahrung machen, dass ich sie heile über die Tanzfläche bringe. Also, also ein gewisser Aspekt der männlichen Sozialisation« (I. B. § 73).

In den Handlungsprozessen von Frau B. zeigt sich ihre Selbstermächtigung zur Teilhabe. Der Wunsch zur Teilhabe führt sie in die aktive Aus- und Ineinandersetzung mit sich selbst und der Welt und zur Änderung ihrer persönlichen Vorstellungswelten. Sie erobert sich neben der tradierten Rolle das Feld der Führenden, statt in beengenden Formen zu verharren, und ermöglicht sich den laufenden Perspektivwechsel. Kulturelle Begrenzungen werden hier überwunden und beiläufig vollzieht sich eine Annäherung an Gendergerechtigkeit und zeitgemäßer Führungskultur.

Übungsfelder wie der Tango geben den sich weitenden Begegnungsformen Raum. Zu fokussieren wäre, wie sich Räume zur gendergerechten Lebensart, bezogen auf alle Lebenssituationen, gestalten lassen. Dem Einzelnen obliegt es, sich mit sich selbst zu verbinden, sich in der eigenen Art, den eigenen Bedürfnissen und Möglichkeiten anzuerkennen und diesem in der Verbindung zu anderen Raum zu geben, sich über die Lebensspanne in diesen Lebenskünsten zu bilden und sie feldübergreifend in den Alltag zu integrieren.

Gendergerechte Lebensart bezieht sich auf alle Lebenssituationen. Zu fragen gilt demnach auch, welche Aspekte in welchen Kontexten zum Tragen kommen und in welcher Art, zum Beispiel in welcher Verbindungsqualität und -intensität, das heißt wie wahrnehmungsoffen oder -blockiert, oberflächlich oder tiefgründig und in welcher zeitlichen Dimension sich Akteure verbinden, wie sie einander in oszillierenden Prozessen teilhaben lassen oder begrenzen und was die Individuen stützt, sich darin frei oder unfrei zu empfinden?

Medialität des Tangos und wandlungs-
unterstützende Erfahrungen

Feinjustierte und fließende Verbindlichkeit, wie sie der Tango fordert und zeigen lässt, wirkt nicht einschränkend sondern gegenteilig erweiternd. Eine solche kann sich als Chance zur kontemplativen Erfahrungsmöglichkeit, auf der Basis von Spiel und Freiheit vollziehen und Neues entstehen lassen. Das Neue konkretisiert sich im Tangospiel als erlebte Verbildlichung der Wirklichkeit. Unsicherheiten, Irritationen, Misstrauen oder sonstige Ängste können im Üben einer verbindlich, präsenten Haltung in einer perspektiv wechselnden, leibreflexiven Interaktion gefahrlos bearbeitet und modifiziert werden und als stabilisierende Essenzen in Alltagsbezüge münden (vgl. Arlinghaus, 2013). Die im Medium des Tangos erlebten Erfahrungsprozesse erinnern teils an einen abduktiven Blitz oder die von Watzlawik angeführten Sprünge. In den Forschungsergebnissen kennzeichnet es sich als etwas nicht klar Definierbares, nur um Umschreibbares.

> »Und das war schon ne Schlüsselsituation, weil es der erste Tanz war und ich gedacht habe: ›Wow, da liegt aber viel drin‹« (I. H. § 17).

> »Da gibt's ne andere Übertragung von Information, die mir jetzt, die mein Gehirn nicht erfassen kann, aber irgendwas funktioniert da anders. Warum auch immer jetzt, aber irgendwas gibt's da auch, ja auf jeden Fall, ja. […] ich hatte auch schon manchmal das Gefühl, dass nicht ich tanze, und er tanzt oder wir tanzen, sondern es tanzt« (I. F. § 57–59).

> »Also ich hab das Gefühl, es tut sich ne Tür auf und ich geh in einen Raum und der andere betritt den Raum auch und das ist aber ein Raum, der innerlich stattfindet, aber nicht äußerlich. […] Und das ist noch für mich relativ neu, ich hab diese Begegnung kurzzeitig erfahren, noch nicht lange Zeit, aber es war trotzdem ein paar Mal möglich und für mich ein ganz wunderschönes Erlebnis. […] und jetzt war es der Tango, der mir das ermöglicht hat, und ich denke dieses, was der Tango vermittelt, die Präsenz und die Bereitwilligkeit beider, und das miteinander aufeinander Eingehen, also nicht das der eine dem anderen was aufstülpt, sondern sie lädt zum Tanz und der andere folgt, dass das eine gute Voraussetzung ist, um eine Begegnung auf dieser Ebenen zu finden« (I. A. § 27–30).

Angesprochen wird eine unbekannte, unerklärbare, nur wahrnehmbare Dimension. Sie wird durch die Teilhabe ermöglicht und beeinflusst trotz der Unkonkretheit maßgeblich das weitere Handeln der Proband_innen. Der Zeitpunkt einer solchen Erfahrung ist ebenso wenig vorherzusagen, er entsteht und scheint von Faktoren der Freiwilligkeit, einer bereitwil-

ligen präsenten feinfühlenden Teilhabe und offenen unverstellten gegenwärtigen Wahrnehmung abhängig zu sein.

Die Prozesse ermöglichen interne wie externe vielseitige Neubehei-
matungen und Modifizierungen eingeschriebener Kultur mit polaren
Ausrichtungen in Bezug auf Geschlechteridentitäten, transkulturellen
oder privaten oder berufsbezogenen Ebenen.

> »Ich wohn halt in England und diese englische Art der Distanz, die hat mich
> also irgendwie zur Frustration gebracht, bis ich den Tango kennen gelernt
> hab. Dann hab ich auch ne Art gefunden, das Sanftere auszudrücken, […] ich
> hab da einfach, ja mehr Ausgleich gefunden auch so in meinem Leben. […]
> und einfach diese Schönheit im Verschiedensein kennen zu lernen und dass
> es eben nicht nur eine Art eben gibt zu führen oder eine Art zu folgen und
> das sogar in der englischen Art« (I. G. § 16).

Durch den Tango offenbarte, beeindruckende Wahrnehmungserfah-
rungen und weiterführende Lösungen kann Fremdes trotz gegebener
Unsicherheiten vertrauensvoll anerkannt und gewürdigt werden. Der
Prozess öffnet, lässt Alternativen erfahren, erleichtert zu wählen und
ermöglicht freie Entscheidungen und unterstützt in dieser Hinsicht
indirekt ein Recht auf Teilhabe.

Sich »Wohlfühlen« fungiert als Barometer in Interaktionsprozessen.
In den Forschungsergebnissen zeigen sich positive wie negative Wirkungen. Erfahrungen, die auf mangelnder Präsenz, mangelndem Vertrauen,
mangelnder Wahrnehmung, geringer Fürsorglichkeit, Auswirkungen
von Narzissmus oder Dominanzgebärden sowie negativer Einstellungen oder vorgetäuscht freundlicher Grundhaltungen wie einer Nicht-
anerkennung der Interaktionspartner/innen basieren, werden als unan-
genehm erlebt. Die Phänomene führen die Proband_innen in unklare
Situationen. Das Vertrauen und die Orientierung schwinden, sie fühlen sich getäuscht, sind begleitet von Ängsten oder Misstrauen, bis hin
zu Phänomenen physischer Schmerzen und psychischer Instabilitäten.
Diesen Effekten wird mit Widerstand bis hin zu Loslösungsprozes-
sen begegnet, während gegenteilige Resonanzen und Spieglungen, die
im »Wohlfühlbarometer« positiv bewertet werden, Klarheit verbreiten,
die Wahrnehmung für sich und andere schärft und das Vertrauen stärkt.
Eine solche Erfahrungs- und Handlungskette erleichtert gegenseitige
kooperative Unterstützung.

In seiner Bedeutung reiht sich die Medialität des Tangos als pro-
funde Art in anerkannte Formen zur Lebenshilfe, der Beratung und
Therapie ein.

>»Da hab ich gemerkt, dass ist nicht nur Tanzen wie alles andere Tanzen, was ich bisher so kannte, sondern das ist viel, viel mehr, das ist irgendwie 'nen Stück Selbsterfahrung, so 'ne Art Therapie für mich, aber immer mit 'ner Positivbilanz« (I. F. § 7).

Der Tango unterstützt, über seine Anforderungen zu feinfühliger Wahrnehmung, Balancierungsakte in privaten und wie professionellen Lebenslagen.

>»[…] dass man einfach feinfühliger wird, für alles, einfach feiner gestimmt. Das man so Schwankungen oder Situationen einfach feiner einschätzen kann. […] Ich sag oft, ich möchte gerne, sagen wir mal, ich will so unterrichten, wie ich auch getanzt werden will« (I. G. §. 49).

>»Ich versuche eben mein Geschäft genau so zu leiten, ja« (I. G § 131).

Je feiner die Submodalitäten im mehrdimensionalen Beziehungsgefüge wahrgenommen und über Handlungen erfahren werden, umso nachhaltiger bleiben die Erkenntnisse und können in alltägliche wie professionelle Handlungen implementiert werden. Sie internalisieren sich, beeinflussen die Vorstellungskraft und konkrete Handlungen. Dieser Effekt zeigt sich bei allen untersuchten Proband_innen. Ihre beruflichen Fachrichtungen umfassen beratende, handwerkliche, pädagogische, künstlerische sowie medizinische Dienstleistungs- und Managementbereiche. Die Erfahrungen unterstützen ihre Führungsprozesse in Bezug auf sich selbst und ihre Unternehmungen. Die im Gleichstellungsbericht benannten Forderungen nach Ressourcenstärkung und Förderung der Wahlmöglichkeiten zur Verwirklichung von Chancen zeigen sich hier implizit. Der Tango wird zum Erfahrungsraum. Die gewonnenen Erkenntnisse fließen als wirkmächtige Mittel, als ein Humankapital, in alltägliche Prozesse zur Lebensbewältigung ein. Sie befähigen und führen in selbstgewählte und selbstgestaltete Lebensbezüge.

Tango – Medium für Coaching – Beratung – Supervision

Die Praxis zeigt, die Teilhabe am Tango wirkt mehr als subsumtionslogisch auf Lebensprozesse. Auf der Basis der bisherigen Ergebnisse legitimieren sich demgemäß wissenschaftlich fundierte und konzeptionalisierte Tools mit leibreflexiven Formaten, für professionelle Beratungssettings.

Grundsätzlich gilt zu fragen welche Rahmungen, welche Inhalte, Methoden und Verfahren erforderlich sind, um das Medium Tango zur Erkenntniserweiterung in die Beratungspraxis einzubinden. Spezielle Fragestellungen erfordern im Weiteren eine Angemessenheit der Konzeption für anfragende Personen und eine Begleitung durch beratende Personen in Aufgabenfeldern des Coaching, der Supervision etc., mit fundierter Ausbildung und gereifter Praxiserfahrung in Tango und Beratung. Diese erst ermöglichen eine fachkompetente Begleitung im Prozess.

In Problemstellungen und Lösungsversuchen obliegt es in Bezug auf die diskutierten Aspekte, den Coaches als begleitenden Personen[2] nicht, direkt Lösungen zu vermitteln. Stattdessen gilt es, die anfragenden Akteure_innen prozessbegleitend zu führen, das heißt Richtungen offen zu lassen, Impulse anzubieten, Unterschiede erleben lassen, Möglichkeiten einräumen, ermutigen und nach zu Konsequenzen fragen, so dass die persönliche Erfahrung und Erkenntnis wirkmächtig werden kann. Entsprechend sollen der Rahmen und das Setting Vertrauen und Sicherheit vermitteln, ein regelgeleitetes freies Spiel ermöglichen, einen Erfahrungsraum bieten, ein Einlassen erleichtern, erweiternde Wahrnehmungsebenen eröffnen, Reflexion anregen und Übungsprozesse zur Implementierung der Erfahrungen einräumen. Die Formen sollen Teilnehmende in intrapersonalen und interaktiven Prozessen einen Zugang zu weiterführenden Lösungen ihrer Anliegen öffnen und sie in der Bewältigung ihrer Problemlagen unterstützen sowie zu weiterführenden Handlungen befähigen.

Der Aspekt des Vertrauens stellt eine besondere Anforderung dar. Vertrauensfördernde Kontexte und Handlungen sowie vertrauengewährende Beziehungen unterstützen die angestrebten Prozesse. Das Erleben von Vertrauen und auch Ängste stellen sich wiederum als etwas sich Zeigendes, sich in den Handlungen Offenbarendes dar. Es sind Phänomene, die sich in der Studie unabhängig von Geschlechtern oder Positionen eher situations- und beziehungsabhängig darstellen und sowohl in impulsgebenden als auch impulsnehmenden Verantwortungslagen empfunden werden.

>>Und dann irgendwann hab ich dann mit ner Frau getanzt, die hat die Augen zugemacht. Und wir haben jetzt nix Großes gemacht. Wir sind nur einfach gegangen, ja. Also kein Tanzen nix. Aber in Tanzhaltung schon, die hat die Augen zugemacht und mir ist der Schweiß ausgebrochen. Das war unglaub-

---

2   Der Begriff »Coach« steht hier und im Folgenden der Einfachheit halber als
    synonymer Ausdruck für die im Prozess der Beratung begleitende Personen

lich, also da war jetzt nichts Gefährliches, aber ich hab plötzlich den Druck der Verantwortung gespürt, ich muss die jetzt führen« (I. K. Z. 143–147).

»Das genau verstanden wird, was hab ich gemeint, und man geht ja los, man hat ja da ziemlich viel Vertrauen, wenn man einfach losgeht, man ist ja in der Fallphase und muss davon ausgehen, dass man da gefangen wird« (I. D. § 25).

»Wenn er jetzt weggeht, dann fall ich ja um, das beruht irgendwie auf ner Freiwilligkeit, dass wir uns beide darauf einlassen, dass wir uns beide da vertrauen, dass wir da füreinander da sind« (I. G. § 49).

Die Episoden verweisen auf kommunikative Aspekte und Dimensionen der Wahrnehmung, das heißt der Selbst- und Fremdwahrnehmung sowie dem Umgang mit dem Wahrgenommenen, die das Vertrauen beeinflussen. Herr D. benennt, je klarer Impulse gesandt, verstanden und transferiert werden, umso leichter ist es, zu vertrauen und sich in unvertraute Lagen zu begeben. Ähnliches stellt Frau G. für beide Interagierende in den Mittelpunkt und ergänzt, dass dieses Prinzip des wechselseitigen Vertrauenschenkens sich nur auf freiwilliger Basis gestaltet. Die Aspekte für vertrauensvolle Interaktionen lassen sich sowohl auf die hier informellen als auch auf formelle Bildungsangebote beziehen.

Auf den Aspekt der Freiwilligkeit in Entscheidungsprozessen sowie risikobehafteten Handlungen und Verbindungen verweist die aktuelle Diskussionen um das Phänomen Vertrauen (vgl. Möller, 2012, S. 17). Folgen wir Schweer (2010), so trägt Vertrauen zur »subjektiven Handlungsorientierung bei« und stellt sich »als ein interindividuell variierendes Wahrnehmungs- und Orientierungsmuster dar« (S. 153). Wechselseitiges Vertrauen erweist sich als Voraussetzung für wohltuend wirkende Interaktionsgefüge. Es ermöglicht Individuen eine offene Wahrnehmung zu sich selbst und der Welt und zeigt sich als eine explizite Grundlage für Entwicklungs- und Wandlungsprozesse.

In den Austauschprozessen führen Diskrepanzen von verinnerlichten Beziehungskonzepten, nicht selten zu Spannungsverhältnissen im Gleichberechtigungsstreben. In Führungsbeziehungen, so Nerdinger (2011), unterstützt wahrgenommene Gerechtigkeit, die sich über die Kommunikation, Respekt und Anerkennung sowie klare Entscheidungsfindung zwischen Mitarbeitern und Management vermittelt, reibungslose Abläufe. Es lässt Vertrauen wachsen und fördert proorganisationale Verhaltensweisen (vgl. Nerdinger, 2011, S. 165 f.), dagegen erzeugen der laufenden Studie (Arlinghaus) zufolge, inkompatible Führungskonzepte sowie eine inkongruente Kommunikationskultur schnell Widerstände und Störungen.

Im Tango Argentino sind die Teilhabenden in leibreflexiven Prozessen bezüglich einfacher bis herausfordernder Problemstellungen gefordert, sich Aspekten gendergerechter Interaktion zu öffnen. Die Anforderungen implizieren, sich wechselseitig zu vertrauen und anzuerkennen, der eigenen Würde einen präsenten Raum zu geben, sich aktiv zu verbinden und sich reziprok wahrzunehmen und damit sich selbst und andere am Geschehen teilhaben zu lassen.

Diese diskutierten Aspekte lassen sich aufgreifen, modifizieren und können von den Coaches erkenntnisleitend in entsprechenden Übungen fokussiert werden. Herausfordernd ist, ein freies regelgeleitetes, erfahrungsunterstützendes Setting zu gestalten, welches nicht zweckgebunden manipuliert oder zu einer technischen Übung verkommt. Entsprechende Settings zu diversen Themen der Gendergerechtigkeit, Führungskultur und Beziehungsführung erprobt (z. T. auswertend) die Verfasserin seit 2011 in Workshops unter anderem während des Fachforums[3] an der Universität Kassel 2013 mit Teilnehmer_innen des Fachforums sowie auf dem Fachtag[4] für Psychodrama und Supervision in Hamburg 2013 und in weiteren öffentlichen wie privatwirtschaftlichen Bildungseinrichtungen.

Coaching-Tools

Für alle Tools gilt es, eine fundierte Rahmung bezüglich der Struktur, Regeln, Rollen und Arbeitsweisen zu gestalten. Grundsätzliche Voraussetzung ist eine freiwillige Teilnahme und Achtung der Rahmung durch alle Beteiligten, auch in Dreieckskontrakten.

Das Tool »Verbundene Positionierung« unterstützt die Verbindung des Individuums zu sich selbst und zur Welt. Es lässt dazu notwendige Voraussetzungen, unterstützende Mittel und hindernde Einflüsse erfahren.

---

3   Fachforum »Geschlechtergerechtigkeit und Beratung«: eine Kooperationsveranstaltung der Universitäten Vechta und Kassel im Rahmen des Verbundvorhabens GEMAINSAM (GEnderMAINStreAMing).

4   Fachtag: Gemeinsam bewegen! Führungskonzepte für Supervision, Coaching und psychosoziale Beratung: eine Kooperationsveranstaltung des Instituts für soziale Interaktion (ISI) Hamburg und der Deutschen Gesellschaft für Supervision (DGSv).

Tabelle 1: Verbundene Positionierung

Anwendungsbereich/ Zielrichtung	Selbstführung, private oder berufliche Beziehungsführung, Wahrnehmungserweiterung
Beinhaltende Aspekte	elementare Verbindungselemente, Positions- und Dispositionsklärung
Erfahrungspotenzial/ Effekte	Auswirkungen vorhandener/mangelnder Präsenz in stabilen und instabilen Phasen auf das Selbst oder Interaktionspartner; Bedeutung und Gewichtung von Langsamkeit, Innehalten, Achtsamkeit, Zentrierung Verbundene Bewegungen können als Qualität zwischenmenschlicher Interaktion statt einer polaren Qualität von Führen und Folgen oder Mann und Frau erfahren werden.
Impulse und Prozessgestaltung	Die TE (Teilnehmenden) bewegen sich frei im Raum und lenken ihre Wahrnehmung auf ihren Körper (den Kontakt am Boden zu spüren, den Körper in seiner Art, sich zu bewegen, die Aufrichtung). Je nach gewünschter Erfahrungsintensität werden einzelne Körperteile angesprochen. Die TE suchen sich einen Platz im Kreis, sie erspüren ihre Position und ihre gegenwärtige Disposition (wie stehe ich, wie fühle ich mich, wie fühlt sich mein Körper an). Der/ die begleitende Coach streut wahrnehmungsunterstützende Submodalitäten (z.B. Neigungswinkel des Kopfes) ein und schult das Gespür für Möglichkeiten und Unterschiede. Die TE geben in deskriptiver Weise eine Rückmeldung zu ihrer Wahrnehmung. Die TE verbinden sich unter Anleitung erstens mit der gesamten Fußsohle am Boden, zweitens aufrichtend nach oben, verankern sich zwischen den Polen, erspüren die Resultate, bringen eine bildhafte Idee hervor und vermitteln der Gruppe eine Rückmeldung über Bilder und Empfindungen und wiederholen den Vorgang auf einem Bein stehend. Der Austausch über innere Bilder, Empfin-

dungen und das Spiel mit dem Potenzial von
Modalitäten und unbekannten Bildern soll
angeregt, unterschiedliche Wirkungseffekte
und Widersprüchlichkeiten kristallisiert und
eine eigene Form zum Wohlfühlen in den
Positionen optimiert werden.

Die TE erzeugen in langsamen Bewegungen
einen Wechsel von stabilen und instabilen
Phasen und suchen nach wohltuenden und
balancierten Formen.

Die TE wählen eine Person als Kooperations-
und Verbindungspartner/in, stellen sich fron-
tal gegenüber, lassen ein Fußbreit Raum zwischen ihren Positionen, gestalten zunächst
ihre persönliche verbundene Wohlfühlposi-
tion und aktivieren ohne direkte Berührung
eine präsente, zugewandte Verbindung zum/
zur Kooperationspartner/in. In dieser Haltung bewegen sie sich, die Verbindungen auf-
rechthaltend im Raum.

Die TE wechseln Kooperationspartner_innen,
Konstellationen und Perspektiven Mann/
Mann, Frau/Frau, Frau/Mann, führend/
folgend, groß/klein, groß/groß, klein/klein,
erfahren/unerfahren, erfahren/erfahren usw.
und erweitern auf diese Weise ihr Erfahrungs-
und Erkenntnisspektrum.

Die TE reflektieren ihre Erfahrungen und
diskutieren Konsequenzen bezüglich ihrer
Themen oder Problemstellungen.

Vorerfahrungen/ Kompetenzen/ Wissen	Vorkenntnisse in der Bewegungspraxis Tango Argentino sind nicht erforderlich. Die Sequenzen lassen sich frei und flexibel gestalten, wenn die begleitenden Coaches über fundierte Kenntnisse und Erfahrungen verfügen.
Problemfaktoren/ Hinweise	Ein Augenmerk der Coaches gilt unter anderem internalisierten Schonhaltungen, ausweichenden oder raumgreifenden Manövern, die wirkmächtig die Interaktionen beeinflussen.

Das Tool verdeutlicht die Wirkung von klaren und präsenten Verbindungen, unabhängig der beteiligten Personen und ihrer Hintergründe. Es bearbeitet unter anderem die Aspekte Orientierung, Vertrauen und Anerkennung, die im Transfer Problemstellungen zur Gendergerechtigkeit belichten.

Das Tool »Rollenclearing« ermöglicht im gefahrlosen Raum, Rollen und ihre Qualitäten, Herausforderungen, Verantwortungslagen und Beziehungssysteme, spielerisch im Perspektivwechsel zu erfahren und unterstützt Entscheidungs- und Anerkennungsprozesse für Rollen.

Tabelle 2: Rollenclearing

Anwendungsbereich/ Zielrichtung	Dieses Tool trägt zur Klärung individueller Bedürfnisse und Entwicklungsstände bei.
Beinhaltende Aspekte	Verantwortungslagen, Entscheidungen, Beziehungssysteme, Rollenherausforderung
Erfahrungspotenzial/ Effekte	Bewusstwerden von symmetrischen wie asymmetrischen Begegnungsebenen. Die Rollenspiele klären Verantwortungslagen und Wirkungen von aktiver oder subtiler Annahme oder Ablehnung der Verantwortungslagen in diversen Rollen sowie der eigenen Vorlieben, Standpunkte und Verbindungsqualitäten.
Impulse und Prozessgestaltung	Die TE üben sich im mehrfachen Perspektivwechsel in der Rolle von Führen und Folgen, im wahrnehmenden Miteinandergehen.
	Die TE entscheiden sich unabhängig von Geschlecht oder sonstiger personaler Konstellation, in der folgenden Sequenz für eine Rolle, die vornehmlich führende oder folgende Rolle.
	Die TE der folgenden Rolle erhalten verdeckt oder offen den Auftrag, sich innerlich stark zu distanzieren und äußerlich eine Verbundenheit zu spielen. Die innerliche Distanzierung beinhaltet sich innerlich mit anderen Interaktionspartner_innen (Vorgesetze, Beziehungspartner_innen, Firmen, Produkte und Entwicklungen anderer usw.) zu verbinden, mit denen gegenwärtig lieber »getanzt« würde als mit derzeitigen Kooperationspartner_innen.

Die TE teilen im Rollenfeedback ihre Erfahrungen und Empfindungen der Gruppe mit und begeben sich anschließend in eine weitere Übung. Diesmal sollen sie sehr entschieden und klar die Anforderungen der gewählten Rolle füllen.

Die TE reflektieren die Übungen im Plenum mit Hilfe von Fragen, wie zum Beispiel: Was wurde gefühlt/erlebt? Was ermöglicht das Fließen? Was erzeugt Blockaden? Wie entsteht ein Moment des gegenseitigen Wohlfühlens oder Unwohlseins? Wie war das Erleben bezüglich informeller Führung oder Rollendiffusität?

Die TE diskutieren in Kleingruppen ihre Erfahrungen in Bezug auf einen Transfer in alltägliche, berufliche oder private Lebensbezüge, tragen ihre Erkenntnisse ins Plenum und vertiefen den Transfer über weiterführende leibreflexive Übungen.

Vorerfahrungen/ Kompetenzen/ Wissen	Vorkenntnisse sind für die TE nicht erforderlich. Die Sequenzen lassen sich flexibel gestalten, wenn die begleitenden Coaches über fundierte Erfahrungen und Kenntnisse verfügen. Es ist sinnvoll, die Übung »Verbundene Positionierung« vorauszuschalten.
Problemfaktoren/ Hinweise	In der Reflexion geht es vornehmlich um die Wahrnehmung der Teilnehmenden und ihrer Prozesse.

Dieses Tool unterstützt die Wahrnehmung wechselseitiger Einflüsse und Wirkungseffekte in der Interaktion. Die Erlebnisse beeindrucken und regen zu weiterführenden Diskussionen, bezüglich seminarspezifischer Aspekte und gendergerechter Führungskultur, an.

Verschiebungsprozesse und Wandel – ein Ausblick

Zur fundierten Nutzung des Mediums Tango in Beratungssettings stellt sich den anwendenden Coaches die Herausforderung, einen konzeptionell gerichteten und gleichzeitig freien Prozess zu ermöglichen und ein entsprechendes Setting für potenzielle und schöpferische Prozesse zu gestalten und zudem darauf zu vertrauen, dass sich ein solcher im Laufe der sich verdichtenden Erfahrungen und Erkenntnisse einstellt. Für die Coaches bedeutet dies, eine anerkennende Haltung bezüglich der teilhabenden Akteure zu entwickeln und mit eigenen zirkulären Schleifen bezüglich Begrenzungen und Weiterentwicklungen reflexiv und zukunftsorientiert umzugehen.

In der Überwindung kultureller Begrenzungen und einer Verwirklichung bzw. Annäherung an Gendergerechtigkeit und zeitgemäßer Führungskultur mag das Medium Tango ein Baustein zur Weiterentwicklung sein.

Der gesuchte Wandel will keine Umkehrung der Machtverhältnisse und erneute Asymmetrien, sondern die Anerkennung der Diversitäten. In dieser Sicht kann Wandel dann nur etwas Drittes bedeuten, etwas, was okzidentale Kultur in den vergangenen Jahrhunderten nicht oder nur wenig lebte. Das ist ein immenser Anspruch und eine kaum vorstellbarere Idee. Und möglicherweise sind es kulturelle Erscheinungen wie der Tango Argentino, die zeigen, dass nicht nur diese Idee schon längst geboren ist, sondern dass sie sich in geschützten Feldern vollzieht und über den spielerischen Transfer in den Alltag dringt. Die Mächte vergangener Zeiten begegneten in ihrer Angst kulturellen, von unten wachsenden Kräften, den aufkeimenden Einflüssen häufig mit Gegenwehr und rechthaberischem Verbot. Wie Wirkmächtige in der Gegenwart damit umgehen, bleibt an dieser Stelle offen.

Literatur

Arlinghaus, G. A. (2011). Zeitgemäß führen lernen – Führen lernen im Medium des Tangos – Analyse von Episoden. In A. Schlüter (Hrsg.), Offene Zukunft durch Erfahrungsverlust? Zur Professionalisierung der Erwachsenenbildung. Generationen und Geschlechterverhältnisse (S. 101–123). Opladen: Barbara Budrich.

Arlinghaus, G. A. (2013). Tango Argentino. Kreatives Spiel-und Erfahrungsfeld für den Transfer in alltägliche Räume. In M. Bäcker, V. Freytag (Hrsg.), Tanz Spiel Kreativität (S. 113–125). Leipzig: Henschel.

Bayertz, K. (2013). Der aufrechte Gang Eine Geschichte des anthropologischen Denkens. München: C. H. Beck.

Bereswill, M., Ehlert, G. (2010). Geschlecht. In K. Bock, I. Miethe (Hrsg.), Handbuch Qualitative Methoden in der Sozialen Arbeit (S. 132–143). Opladen: Barbara Budrich.

BMFSFJ (2011). Gleichstellungsbericht. Zugriff am 14.12.2013 unter http://www.bmfsfj.de/RedaktionBMFSFJ/Broschuerenstelle/Pdf-Anlagen/Erster-

Gleichstellungsbericht-Neue-Wege-Gleiche-Chancen,property=pdf,bereich
=bmfsfj,sprache=de,rwb=true.pdf

Bourdieu, P. (1982). Die feinen Unterschiede. Kritik der gesellschaftlichen Urteils-
kraft. Frankfurt a. M.: Suhrkamp.

BRD (2005). Koalitionsvertrag. Zugriff am 14.12.2013 unter http://www.cducsu.
de/upload/koavertrago509.pdf

BRD (2013). Koalitionsvertrag. Zugriff am 17.12.2013 unter https://www.cdu.de/
sites/default/files/media/dokumente/koalitionsvertrag.pdf S. 102 f.

Buer, F. (2009). Von Darwin lernen. Coaching im struggle for live. In A. Schreyögg (Hrsg.), Organisationsberatung Supervision Coaching (S. 447–454). Wiesbaden: Verlag für Sozialwissenschaften.

Butler, J. (1991). Das Unbehagen der Geschlechter. Frankfurt a. M.: Surkamp.

Deutsches Wörterbuch von Jakob und Wilhelm Grimm (2004). In H. W. Bartz,
T. Burch, R. Christmann, K. Gärtner, V. Hildenbrandt, T. Schares, K. Wegge
(Hrsg.), Der Digitale Grimm. Frankfurt a. M.: Zweitausendeins.

Gamm, G., Gutmann, M., Manzei, A. (2005). Zwischen Anthropologie und
Gesellschaftstheorie. Bielefeld: Transcript.

Henn, M. (2009). Frauen können alles außer Karriere. Zugriff am 14.12.2013
unter http://wissen.harvardbusinessmanager.de/wissen/leseprobe/64135651/
artikel.html

Kahlert, H. (2003). Gendermainstreaming an Hochschulen. Anleitung zum qua-
litätsbewussten Handeln. Opladen: Leske + Budrich.

Klein, G. (2009). Bodies in Translation. Tango als kulturelle Übersetzung. In G.
Klein (Hrsg.), Tango in Translation. Tanz zwischen Medien, Kulturen, Kunst
und Politik (S. 15–39). Bielefeld: Transcript.

Möller, H. (2012). Vertrauens- und Misstrauenskulturen in Organisationen. In
H. Möller, (Hrsg.), Vertrauen in Organisationen. Riskante Vorleistungen oder
hoffnungsvolle Erwartungen (S. 13–29). Wiesbaden: Springer VS.

Mürel, E., Röh, D. (2013). Menschenrechte als Bezugsrahmen Sozialer Arbeit.
Eine kritische Explikation der ethisch-anthropologischen, fachwissenschaft-
lichen und sozialphilosophischen Grundlagen. In E. Mürel, B. Birgmeier
(Hrsg.), Menschenrechte und Demokratie. Perspektiven für die Entwicklung
der sozialen Arbeit als Profession und wissenschaftliche Diziplin (S. 89–111).
Wiesbaden: Springer VS.

Nerdinger, F. W. (2011). Mergers Acquisitions: Fusionen und Unternehmens-
übernahmen. In F. W. Nerdinger, G. Blickle, N. Schaper (Hrsg.), Arbeits-
und Organisationspsychologie (S. 159–173). Berlin u. Heidelberg: Springer.

Oelkers, N., Richter, M. (2010). Die postwohlfahrtsstaatliche Neuordnung des
Familialen. In K. Böllert, N. Oelkers (Hrsg.), Frauenpolitik in Familienhand
(S. 15–23). Wiesbaden: Springer.

Plessner, H. (1976). Die Frage nach der Conditio Humana. Aufsätze zur philosophischen Anthropologie. Frankfurt a. M.: Suhrkamp.

Plessner, H. (1982). Mit anderen Augen Aspekte einer philosophischen Anthropologie. Stuttgart: Reclam.

Plessner, H. (2003). Conditio humana. Gesammelte Schriften VIII. Frankfurt a. M.: Suhrkamp.

Schlüter, A. (2006). Zur Einführung: Bildungs- und Karrierewege von Frauen. In A. Schlüter (Hrsg.), Bildungs- und Karrierewege von Frauen. Wissen – Erfahrungen – biographisches Lernen (S. 9–17). Opladen: Barbara Budrich.

Schweer, M. K. W. (2009). Frauen auf dem beruflichen Vormarsch? Zu selektiven Warhnehmungs-und Bewertungsprozessen im Zuge geschlechtstypischer Karrierewege. In Schweer, M. K. W. (Hrsg.), Sex and Gender. Interdisziplinäre Beiträge zu einer gesellschaftichen Konstruktion (S. 153–171). Frankfurt a. M.: Peter Lang.

Schweer, M. K. W. (2010). Vertrauen in Erziehungs-und Bildungsprozessen. In M. K. W. Schweer (Hrsg.), Vertrauensforschung 2010: A state of the art (S. 151–173). Frankfurt a. M.: Internationaler Verlag der Wissenschaften.

Watzlawik, P., Weakland, J. H., Fisch, R. (2005). Lösungen. Zur Theorie und Praxis menschlichen Wandels. Bern: Huber.

Die Autorinnen und Autoren

Gertrud A. Arlinghaus, Diplom-Pädagogin, ist LfbA im Fach Soziale Arbeit, Universität Vechta, Coach (DGfC) und Tangotrainerin in eigener Praxis, REFA Arbeitsorganisatorin sowie Trainerin in Tangogestützter Bildungsarbeit bezüglich Führung und Beratung.

Agnes Büchele, Dr. [in], Klinische und Gesundheitspsychologin (BDP), Psychologische Psychotherapeutin, ist Supervisorin (DGSv) in eigener Praxis und Lehrbeauftragte an den Universitäten Wien, Köln und Kassel. Sie leitet das Zentrum für angewandte Psychologie, Frauen- und Geschlechterforschung (ZAPF).

Doris Cornils, Diplom-Sozialökonomin, ist Doktorandin an der TUHH, assoziiertes Mitglied der Professur Personal und Gender an der Uni Hamburg, Mitentwicklerin des Mikropolitik-Coachings (Uni Hamburg), Bildungsreferentin, Trainerin und Autorin.

Robert P. Lachner, Diplom-Pädagoge, ist Wissenschaftlicher Mitarbeiter am Lehrstuhl für Pädagogische Psychologie an der Universität Vechta und am dort ansässigen Zentrum für Vertrauensforschung. Er ist Projektmanager von »GEnderMAINStreAMing. Veränderungen erreichen (GEMAINSAM)«.

Heidi Möller, Dr.[in], ist Professorin für Theorie und Methodik der Beratung an der Universität Kassel, Dekanin des Fachbereichs Humanwissenschaften an der Universität Kassel, Psychoanalytikerin und Lehrtherapeutin für Tiefenpsychologie und Gestalttherapie, Lehrsupervisorin, Organisationsberaterin und Coach sowie Autorin und Herausgeberin. Sie hat die Projektleitung für das Teilvorhaben Kassel im Verbundvorhaben »GEnderMAINStreAMing. Veränderungen erreichen (GEMAINSAM)« inne.

Ronja Müller-Kalkstein, Diplom-Sozialwissenschaftlerin, ist als Wissenschaftliche Mitarbeiterin bei der Stadt Wolfsburg tätig. Sie war Wissenschaftliche Mitarbeiterin im Verbundprojekt »GEnderMAINStreAMing.

Veränderungen erreichen (GEMAINSAM)« am Lehrstuhl für Theorie und Methodik der Beratung und promoviert im Fachgebiet Soziologie sozialer Differenzierung und Soziokultur an der Universität Kassel.

Nina A.-L. Oelkers, Prof.[in] Dr.[in], ist Inhaberin des Lehrstuhls für Soziale Arbeit am Institut für Soziale Arbeit, Bildungs- und Sportwissenschaften (ISBS) an der Universität Vechta und Partnerin im Verbundvorhaben »GEnderMAINStreAMing. Veränderungen erreichen (GEMAINSAM)«.

Katrin Oellerich, Diplom-Psychologin, ist Wissenschaftliche Mitarbeiterin am Lehrstuhl Theorie und Methodik der Beratung an der Universität Kassel, Wissenschaftliche Mitarbeiterin im Verbundvorhaben »GEnderMAINStreAMing. Veränderungen erreichen (GEMAINSAM)« sowie Coach und Trainerin.

Julia Rohde, Diplom-Pädagogin, ist Wissenschaftliche Mitarbeiterin im Verbundvorhaben »GEnderMAINStreAMing. Veränderungen erreichen (GEMAINSAM)«.

Sabine Scheffler, Dr.[in], Diplom-Psychologin, Psychologische Psychotherapeutin, ist Professorin (emer.) für Sozialpsychologie, Fachhochschule Köln, Fakultät für angewandte Sozialwissenschaft und Leiterin des Instituts für Geschlechterstudien. Sie ist Supervisorin (DGSv), Trainerin in frauenspezifischer Beratung und Therapie; sowie Gastprofessorin für Frauenforschung an den Universitäten Wien, Innsbruck und der Donau-Universität Krems. Sie leitet das Zentrum für angewandte Psychologie, Frauen- und Geschlechterforschung (ZAPF).

Brigitte Schigl, Prof.[in] Dr.[in], ist Klinische und Gesundheitspsychologin, Psychotherapeutin, (Lehr-)Supervisorin, Universitäts-Lektorin am Institut für Psychologie der Universität Graz, Lehrbeauftragte am Department für Psychotherapie und Biopsychosoziale Gesundheit der Donau Universität Krems und dort Lehrgangsleiterin für Supervision & Coaching.

Astrid Schreyögg, Dr.[in], Diplom-Psychologin, ist Psychotherapeutin, Supervisorin und Coach, Ausbilderin, Dozentin und Autorin sowie Herausgeberin der Zeitschrift »Organisationsberatung, Supervision, Coaching« (OSC) und einer Reihe »Coaching und Supervision«.

Martin K. W. Schweer, Univ.-Prof. Dr., ist Inhaber des Lehrstuhls für Pädagogische Psychologie an der Universität Vechta und Leiter des

dort ansässigen Zentrums für Vertrauensforschung. Er ist Direktor des
Instituts für Soziale Arbeit, Bildungs- und Sportwissenschaften (ISBS),
Leiter von Challenges – Arbeitsstelle für sportpsychologische Beratung
und Betreuung und Projektleiter des Verbundvorhabens »GEnderMAIN
StreAMing. Veränderungen erreichen (GEMAINSAM)«.

Elisabeth Tuider, Prof.[in] Dr.[in], leitet das Fachgebiet Soziologie der Diversität unter besonderer Berücksichtigung der Dimension Gender an der
Universität Kassel, ist Sprecherin des BMBF-geförderten Verbundvorhabens »Peer Violence. Sexualisierte Gewalt unter Jugendlichen im Kontext der Jugend und Jugendverbandsarbeit«, Förderkennzeichen 01SR
1214 (Projekttitel: »Safer Places – Wir achten (auf) uns. Ein Projekt zum
achtsamen Umgang unter Jugendlichen in Jugendverbänden, Jugend-
zentren, Jugendhäusern und Sportverbänden«), Sexualpädagogin und
Mitglied der Gesellschaft für Sexualpädagogik sowie Redaktionsmit-
glied des Sozialmagazins.

-